POMOLOGIE GÉNÉRALE

PAR A. MAS

SUITE DE LA PUBLICATION PÉRIODIQUE

LE VERGER

QUATRIÈME VOLUME

POIRES — N°s 193 à 288

BOURG (AIN)
CHEZ Mme ALPHONSE MAS
Rue Lalande, 20.

PARIS
LIBRAIRIE DE G. MASSON
Boulevard St-Germain, 120.

1879

POMOLOGIE GÉNÉRALE

POIRES

TOME QUATRIÈME

POMOLOGIE GÉNÉRALE

PAR A. MAS

SUITE DE LA PUBLICATION PÉRIODIQUE

LE VERGER

QUATRIÈME VOLUME

POIRES — Nos 193 à 288

BOURG (AIN)
CHEZ Mme ALPHONSE MAS
Rue Lalande, 20.

PARIS
LIBRAIRIE DE G. MASSON
Boulevard St-Germain, 120.

1879

Bourg, Imprimerie Villefranche.

POMOLOGIE GÉNÉRALE

BEURRÉ BAUD

(N° 193)

The fruit Manual. Robert Hogg.
Catalogue Thiery, de Haelen (Limbourg belge).
Catalogue Papeleu. 1856-1857.

Observations. — Les catalogues de MM. Thiery et Papeleu indiquent cette variété comme ayant été obtenue par Van Mons ; je trouve mentionné dans son catalogue de 1823 seulement un Doyenné Baud ; le Beurré Baud a donc été obtenu postérieurement à cette époque. — L'arbre, d'une végétation un peu insuffisante sur cognassier, exige une taille courte pour ménager sa vigueur et atténuer sa très-grande fertilité. Il s'accommode bien de la forme pyramidale. Son fruit est de première qualité et de maturation prolongée.

DESCRIPTION.

Rameaux grêles, à peine anguleux dans leur contour, flexueux, à entre-nœuds de moyenne longueur, verdâtres ; lenticelles très-petites, rares et peu apparentes.

Boutons à bois moyens, coniques, épais et émoussés, parallèles au rameau vers lequel ils se recourbent un peu, soutenus sur des supports saillants dont l'arête médiane se prolonge peu distinctement ; écailles d'un marron rougeâtre terne.

Pousses d'été d'un vert vif, lavées de rouge et couvertes d'un duvet blanc et soyeux à leur sommet.

Feuilles des pousses d'été moyennes, obovales un peu allongées, se terminant un peu brusquement en une pointe peu longue, un peu creusées en gouttière et à peine arquées, bordées de dents larges, profondes et émoussées, s'abaissant sur des pétioles un peu longs, peu forts et recourbés.

Stipules de moyenne longueur, filiformes ou presque filiformes.

Feuilles stipulaires très-fréquentes.

Boutons à fruit assez gros, conico-ovoïdes, un peu courts, épais et émoussés; écailles d'un marron clair ombré de gris.

Fleurs petites; pétales ovales-elliptiques, concaves, à onglet court, écartés entre eux, à peine lavés de rose avant l'épanouissement; divisions du calice longues, très-fines et peu recourbées en dessous; pédicelles un peu longs, peu forts et peu duveteux.

Feuilles des productions fruitières plus grandes que celles des pousses d'été, ovales bien allongées, se terminant régulièrement en une pointe aiguë et ferme, bien creusées en gouttière et bien arquées, régulièrement bordées de dents un peu profondes et peu aiguës, se recourbant sur des pétioles bien longs, forts et peu souples.

Caractère saillant de l'arbre : teinte générale du feuillage d'un beau vert intense; feuilles des pousses d'été remarquablement allongées, creusées et arquées; toutes les feuilles plus ou moins largement dentées.

Fruit petit, conique, un peu court et un peu épais, uni dans son contour, atteignant sa plus grande épaisseur bien au-dessous du milieu de sa hauteur; au-dessus de ce point, s'atténuant par une courbe à peine convexe en une pointe peu longue, épaisse et obtuse à son sommet; au-dessous du même point, s'arrondissant par une courbe assez convexe jusque dans la cavité de l'œil.

Peau assez mince et tendre, d'abord d'un vert décidé semé de points d'un gris vert, nombreux, bien régulièrement espacés et apparents. Une tache d'une rouille brune couvre le sommet du fruit, et une même tache s'étend dans la cavité de l'œil. A la maturité, **fin de septembre, octobre**, le vert fondamental passe au jaune citron et le côté du soleil est seulement un peu doré.

Œil assez grand, ouvert, placé dans une cavité étroite, peu profonde, ordinairement bien régulière et le contenant exactement.

Queue courte, bien forte, bien ligneuse, attachée à fleur de la pointe du fruit dans un pli très-peu prononcé.

Chair blanchâtre, parfois veinée de jaune, fine, beurrée, fondante, abondante en eau sucrée, vineuse et agréablement parfumée.

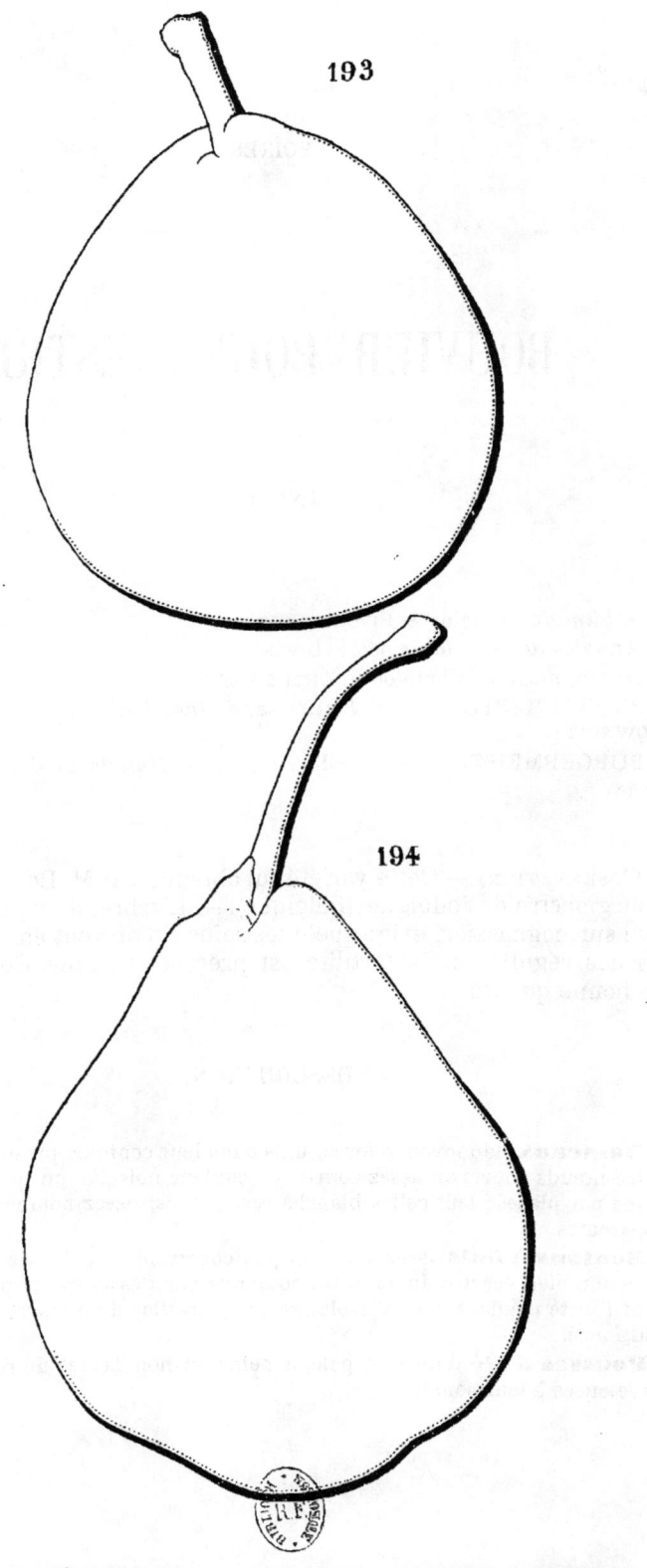

193. BEURRÉ BAUD. 194. BOUVIER BOURGMESTRE.

BOUVIER BOURGMESTRE

(N° 194)

Album de pomologie. Bivort.
Annales de pomologie belge. Bivort.
Dictionnaire de pomologie. André Leroy.
BOURGEMESTER. *The Fruits and the fruit-trees of America.* Downing.
BÜRGERMEISTER BOUVIER. *Illustrirtes Handbuch der Obstkunde.* Jahn.

Observations.— Cette variété fut obtenue par M. Bouvier, ancien bourgmestre de Jodoigne (Belgique). — L'arbre, de vigueur contenue sur cognassier, exige quelques soins si l'on veut en obtenir des formes régulières. Sa fertilité est précoce et bonne. Son fruit est de bonne qualité.

DESCRIPTION.

Rameaux de moyenne force, unis dans leur contour, presque droits, à entre-nœuds courts ou assez courts, de couleur noisette un peu teintée de jaune par places; lenticelles blanchâtres, petites, assez nombreuses et peu apparentes.

Boutons à bois assez gros, un peu courts, bien épaissis à leur base, à direction bien écartée du rameau, soutenus sur des supports peu saillants dont l'arête médiane ne se prolonge pas ; écailles d'un marron rougeâtre peu foncé.

Pousses d'été d'un vert pâle, à peine ou non lavées de rouge et peu duveteuses à leur sommet.

Feuilles des pousses d'été assez petites, ovales un peu allongées, très-sensiblement atténuées vers le pétiole, se terminant régulièrement en une pointe bien aiguë, peu repliées sur leur nervure médiane et bien arquées très-régulièrement bordées de dents très-écartées, peu profondes et peu aiguës, s'abaissant sur des pétioles un peu longs, peu forts et recourbés en dessous.

Stipules de moyenne longueur, filiformes.

Feuilles stipulaires manquant ordinairement.

Boutons à fruit moyens, conico-ovoïdes, un peu allongés, un peu maigres et aigus ; écailles d'un marron rougeâtre peu foncé.

Fleurs petites ; pétales ovales-elliptiques, concaves, à onglet court, très-écartés entre eux ; divisions du calice courtes et peu recourbées en dessous ; pédicelles très-longs, de moyenne force et peu duveteux.

Feuilles des productions fruitières grandes, ovales-élargies, se terminant souvent brusquement en une pointe très-courte et fine, à peine repliées sur leur nervure médiane et souvent largement ondulées dans leur contour, souvent entières ou parfois bordées sur la moitié supérieure de leurs bords de dents peu profondes, couchées et obtuses, s'abaissant bien sur des pétioles longs, un peu forts et cependant bien souples.

Caractère saillant de l'arbre : teinte générale du feuillage d'un vert bleu vif et brillant; grande différence de dimension et de forme entre les feuilles des pousses d'été et celles des productions fruitières, bien pendantes sur leurs pétioles.

Fruit assez gros, conique-piriforme, souvent un peu déformé dans son contour par des côtes aplanies, atteignant sa plus grande épaisseur bien au-dessous du milieu de sa hauteur; au-dessus de ce point, s'atténuant par une courbe d'abord à peine convexe puis à peine concave en une pointe longue, peu épaisse, peu obtuse ou presque aiguë à son sommet ; au-dessous du même point, s'arrondissant par une courbe largement convexe jusque dans la cavité de l'œil.

Peau épaisse, d'abord d'un vert clair semé de points d'un gris brun, extraordinairement petits et nombreux. Souvent une rouille d'un brun rouge couvre le sommet du fruit et forme des traits rayonnant sur sa base. A la maturité, **octobre, novembre**, le vert fondamental passe au jaune citron et le côté du soleil est plus ou moins chaudement doré.

Œil grand, ouvert, placé dans une cavité peu profonde, évasée et souvent irrégulière.

Queue longue, peu forte, bien ligneuse, un peu courbée, d'un brun très-foncé, attachée à fleur de la pointe du fruit et quelquefois entre des plis divergents.

Chair jaunâtre, peu fine, demi-beurrée, bien pierreuse vers le cœur, abondante en eau richement sucrée, vineuse, acidulée et agréablement parfumée.

PETITE COMTESSE PALATINE

(PFALZGRAFINE KLEINE)

(N° 195)

Illustrirtes Handbuch der Obstkunde. Jahn.

Observations. — M. Jahn dit que cette variété, cultivée et estimée aux environs de Meiningen, n'est pas la même que celle décrite, sous le même nom, par Sickler, dans le *Deutsche Obstgartner*. Il ajoute qu'elle porte aussi, chez lui, le nom de Poire Canelle et qu'elle n'a pas de rapports de ressemblance avec les différentes Poires Canelles des auteurs allemands. — L'arbre, d'une vigueur normale sur cognassier, s'accommode bien de la forme pyramidale qui lui est naturelle. Sa véritable destination est la haute tige dans le verger ; il forme une tête élevée et bien feuillue. Il est rustique et sa fertilité précoce est aussi très-grande. Son fruit, assez bon pour la table, est de toute première qualité pour les usages du ménage.

DESCRIPTION.

Rameaux de moyenne force, très-obscurément anguleux dans leur contour, un peu flexueux, à entre-nœuds longs et très-inégaux entre eux, d'un brun verdâtre à l'ombre et d'un brun rougeâtre un peu violet du côté du soleil ; lenticelles jaunâtres, un peu larges, assez nombreuses et un peu apparentes.

Boutons à bois petits, coniques, courts, épais, peu aigus, à direction bien écartée du rameau, soutenus sur des supports peu saillants dont les côtés se prolongent très-obscurément ; écailles d'un marron noirâtre.

Pousses d'été d'un vert vif, colorées de rouge et un peu duveteuses à leur sommet.

Feuilles des pousses d'été moyennes, ovales bien élargies, se terminant presque régulièrement en une pointe courte et recourbée en dessous, largement repliées sur leur nervure médiane et arquées, bordées de dents larges, profondes, émoussées ou un peu aiguës, s'abaissant un peu sur des pétioles assez courts, grêles et peu redressés.

Stipules longues, fines et très-caduques.

Feuilles stipulaires se présentant quelquefois.

Boutons à fruit moyens, conico-ovoïdes, un peu allongés et aigus; écailles d'un marron foncé.

Fleurs assez grandes; pétales arrondis-élargis, peu concaves, à onglet très-courts, se recouvrant bien entre eux; divisions du calice extraordinairement courtes, fines et peu recourbées en dessous; pédicelles très-courts, forts et glabres.

Feuilles des productions fruitières grandes, arrondies-élargies, bien arrondies vers le pétiole, tronquées à leur autre extrémité où elles se terminent très-brusquement en une pointe extraordinairement courte et fine, à peine repliées sur leur nervure médiane, bordées de dents fines, peu profondes, un peu recourbées et un peu aiguës, mal soutenues sur des pétioles peu longs ou courts, grêles et souples.

Caractère saillant de l'arbre : teinte générale du feuillage d'un vert bleu intense et peu brillant; feuilles des productions fruitières remarquables par leur forme élargie, tronquée et se terminant très-brusquement en une pointe extraordinairement courte; tous les pétioles plus ou moins courts et grêles.

Fruit petit, conico-ovoïde ou ovoïde-piriforme, souvent un peu ventru, uni dans son contour, atteignant sa plus grande épaisseur bien au-dessous du milieu de sa hauteur; au-dessus de ce point, s'atténuant par une courbe peu convexe puis bien largement concave en une pointe un peu longue et plus ou moins aiguë à son sommet; au-dessous du même point, s'arrondissant par une courbe bien convexe jusque vers l'œil.

Peau un peu ferme, d'abord d'un vert d'eau semé de petits points bruns et dont on n'aperçoit le plus souvent qu'une très-petite étendue, car il est presque entièrement recouvert d'une couche de rouille bien fondue et un peu rude au toucher. A la maturité, **septembre, octobre**, le vert fondamental passe au jaune paille, la rouille se dore et le côté du soleil est lavé d'un rouge de grenade.

Œil grand pour le volume du fruit, ouvert ou demi-ouvert, placé presque à fleur de sa base dans une dépression étroite, très-peu profonde, sensiblement plissée dans ses parois.

Queue courte, un peu forte, souvent un peu charnue, attachée à fleur de la pointe du fruit dont quelquefois elle semble former la continuation.

Chair jaunâtre, demi-fine, cassante, pierreuse vers le cœur, suffisante en eau richement sucrée et parfumée.

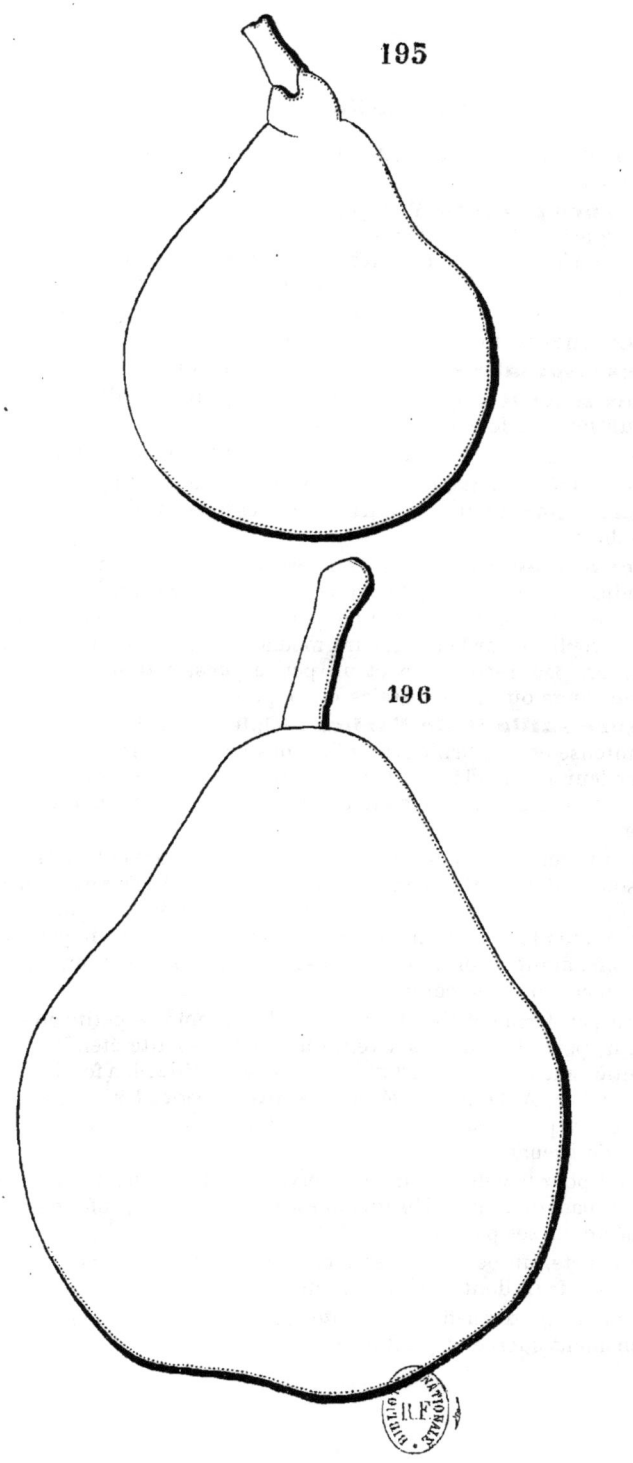

195. PETITE COMTESSE PALATINE. 196. DOCTEUR KOCH.

DOCTEUR KOCH

(N° 196)

Dictionnaire de pomologie. André Leroy.

Observations. — M. André Leroy obtint cette variété de semis. Son premier rapport eut lieu en 1864, et il la dédia au docteur Charles Koch, professeur de botanique et secrétaire général de la Société d'horticulture de Berlin. — L'arbre, de bonne vigueur aussi bien sur cognassier que sur franc, se prête bien aux formes régulières et surtout à celle de pyramide. Sa fertilité est bonne et bien également répartie sur toute sa charpente. Le fruit est d'un beau volume et de bonne qualité.

DESCRIPTION.

Rameaux forts, allongés, obscurément anguleux dans leur contour, flexueux, à entre-nœuds longs, d'un vert jaunâtre du côté de l'ombre, d'un gris jaunâtre du côté du soleil; lenticelles blanchâtres, larges, allongées, assez nombreuses et assez apparentes.

Boutons à bois petits, coniques, peu épais et un peu aigus, soutenus sur des supports renflés dont l'arête médiane se prolonge peu distinctement; écailles d'un marron très-clair.

Pousses d'été d'un vert très-clair, à peine lavées de rouge et presque glabres à leur sommet.

Feuilles des pousses d'été grandes, ovales-allongées et un peu larges, se terminant régulièrement en une pointe bien recourbée, peu repliées sur leur nervure médiane, arquées et souvent largement contournées sur leur longueur, bordées de dents larges, écartées, un peu profondes et aiguës, se recourbant sur des pétioles un peu longs, un peu forts et redressés.

Stipules longues, linéaires, souvent recourbées et contournées.

Feuilles stipulaires fréquentes.

Boutons à fruit assez gros, conico-ovoïdes, peu renflés et aigus ; écailles d'un jaunâtre clair.

Fleurs grandes, parfois semi-doubles ; pétales elliptiques ou ovales-elliptiques, concaves, à onglet peu long, écartés entre eux ; divisions du calice un peu longues, très-finement aiguës et peu recourbées en dessous ; pédicelles longs, de moyenne force et à peine duveteux.

Feuilles des productions fruitières grandes, les unes ovales un peu élargies et se terminant régulièrement en une pointe courte, les autres lancéolées-étroites et se terminant régulièrement en une pointe longue et finement aiguë, à peine repliées sur leur nervure médiane et ordinairement largement ondulées dans leur contour, bordées de dents larges, peu profondes, bien couchées et aiguës, s'abaissant un peu sur des pétioles assez courts, de moyenne force et redressés.

Caractère saillant de l'arbre : teinte générale du feuillage d'un vert pré vif et brillant ; feuilles des pousses d'été remarquablement arquées ou contournées ; quelques-unes des feuilles des productions fruitières véritablement lancéolées, bien rétrécies presque en feuilles de saule.

Fruit gros, piriforme-ventru, peu régulier dans sa forme et parfois déformé dans son contour par des élévations aplanies, atteignant sa plus grande épaisseur bien au-dessous du milieu de sa hauteur ; au-dessus de ce point, s'atténuant par une courbe d'abord convexe puis très-largement concave en une pointe longue, peu épaisse et un peu obtuse à son sommet ; au-dessous du même point, s'atténuant par une courbe largement convexe pour diminuer assez sensiblement d'épaisseur vers la cavité de l'œil.

Peau un peu ferme, d'abord d'un vert clair et gai semé de points d'un vert plus foncé, très-nombreux et peu apparents. On ne remarque ordinairement aucune trace de rouille sur sa surface. A la maturité, **septembre**, le vert fondamental passe au jaune citron clair et le côté du soleil est souvent lavé ou pointillé de rouge clair.

Œil grand, demi-ouvert, enfoncé dans une cavité étroite, profonde, divisée dans ses bords en des côtes inégales qui se prolongent assez souvent mais obscurément jusque vers le ventre du fruit.

Queue de moyenne longueur ou un peu longue, forte, épaissie à son point d'attache au rameau, ligneuse, un peu courbée, attachée un peu obliquement dans un pli plus ou moins prononcé formé par la pointe du fruit.

Chair d'un blanc un peu teinté de jaune, assez fine, beurrée, demi-fondante, abondante en eau sucrée, acidulée et agréablement parfumée.

SOUVENIR DE SIMON BOUVIER

(N° 197)

Album de pomologie. Bivort.
Notice pomologique. de Liron d'Airoles.
Les fruits du jardin Van Mons. Bivort.
Dictionnaire de pomologie. André Leroy.
SIMON BOUVIER. *The Fruits and the fruit-trees of America.* Downing.
ANDENKEN AN BOUVIER. *Illustrirtes Handbuch der Obstkunde.* Jahn.

Observations. — Cette variété fut obtenue par M. Grégoire, de Jodoigne, et dédiée par lui à M. Simon Bouvier. Son premier rapport eut lieu en 1846. — L'arbre, de vigueur moyenne sur cognassier, s'accommode bien des formes régulières et surtout de celle de pyramide qui lui est naturelle. Sa fertilité est précoce et bonne, et la qualité de son fruit est inconstante, tantôt seulement assez bonne, tantôt vraiment distinguée.

DESCRIPTION.

Rameaux de moyenne force, très-finement anguleux dans leur contour, presque droits, à entre-nœuds assez longs, jaunâtres ; lenticelles blanches, arrondies, peu nombreuses, peu larges et apparentes.

Boutons à bois petits, courts, épais et très-courtement aigus, à direction peu écartée du rameau, soutenus sur des supports un peu saillants dont l'arête médiane se prolonge très-finement ; écailles d'un marron rougeâtre peu foncé et presque entièrement recouvert de gris blanchâtre.

Pousses d'été d'un vert très-clair, un peu lavées de rouge et soyeuses à leur sommet.

Feuilles des pousses d'été moyennes, ovales-lancéolées, allongées et étroites, un peu sensiblement atténuées vers le pétiole, s'atténuant longuement et régulièrement à leur autre extrémité en une pointe souvent recourbée en hameçon, peu repliées sur leur nervure médiane et arquées, entières ou presque entières par leurs bords, assez peu soutenues sur des pétioles bien longs, grêles et flexibles.

Stipules longues, linéaires.

Feuilles stipulaires manquant ordinairement.

Boutons à fruit presque moyens, coniques un peu renflés et courtement aigus; écailles d'un marron rougeâtre peu foncé.

Fleurs petites; pétales ovales-allongés et étroits; divisions du calice courtes, finement aiguës et peu recourbées en dessous; pédicelles très-courts, grêles et presque glabres.

Feuilles des productions fruitières plus grandes, plus élargies, moins atténuées vers le pétiole que celles des pousses d'été, se terminant régulièrement en une pointe bien aiguë, très-peu repliées sur leur nervure médiane ou presque planes, souvent largement ondulées dans leur contour, bordées de dents très-peu profondes, couchées et bien émoussées, très-mal soutenues sur des pétioles extraordinairement longs, peu forts et flexibles.

Caractère saillant de l'arbre : teinte générale du feuillage d'un vert clair très-vif, brillant sur les feuilles des productions fruitières; feuilles des pousses d'été remarquablement allongées et peu larges; tous les pétioles extraordinairement longs.

Fruit assez petit, ovoïde-piriforme, uni dans son contour, atteignant sa plus grande épaisseur au-dessous du milieu de sa hauteur; au-dessus de ce point, s'atténuant par une courbe d'abord à peine convexe puis à peine concave en une pointe peu longue, un peu épaisse et obtuse à son sommet; au-dessous du même point, s'atténuant peu par une courbe largement convexe pour s'aplatir ensuite un peu autour de la cavité de l'œil. Il prend aussi quelquefois la forme de Doyenné.

Peau assez fine et mince, d'abord d'un vert décidé semé de points bruns un peu larges, largement et irrégulièrement espacés, souvent confondus avec quelques taches d'une rouille d'un brun fauve qui se condense sur le sommet du fruit et bien largement sur sa base. A la maturité, **octobre**, le vert fondamental passe au jaune citron et le côté du soleil est plus ou moins chaudement doré.

Œil petit, demi-ouvert, à divisions fines, souvent caduques, serré au fond d'une cavité peu profonde, largement évasée, divisée par ses bords en des côtes régulières qui permettent au fruit de s'asseoir solidement.

Queue plus ou moins courte, bien ligneuse, droite, attachée perpendiculairement entre des plis divergents et inégaux entre eux, ou parfois à fleur de la pointe du fruit.

Chair d'un blanc à peine teinté de vert, transparente, bien fine, entièrement fondante, abondante en eau sucrée, relevée d'un agréable parfum de rose qui manque dans certaines années.

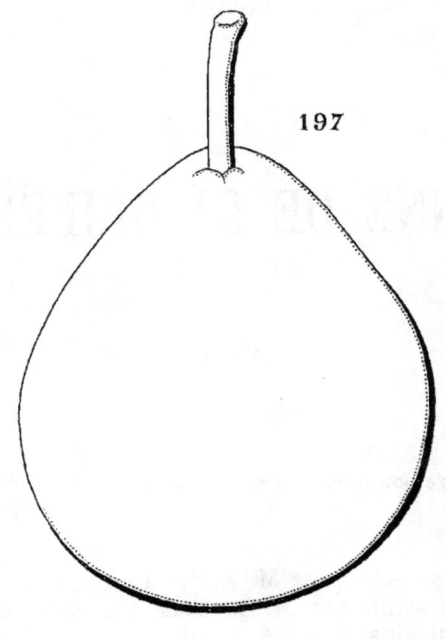
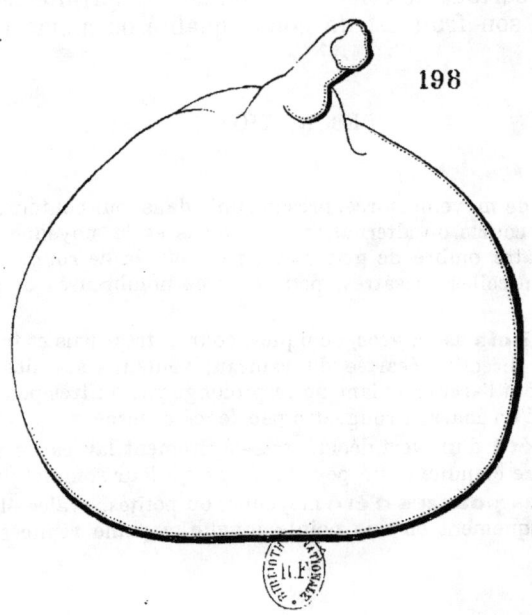

197. SOUVENIR DE SIMON BOUVIER. 198. DOYENNÉ DE LA GRIFFERAYE.

DOYENNÉ DE LA GRIFFERAYE

(N° 198)

Dictionnaire de pomologie. ANDRÉ LEROY.

OBSERVATIONS. — D'après M. André Leroy, cette variété aurait été obtenue de semis par M. Le Gris, amateur d'arboriculture à Angers. Elle fut ainsi nommée du domaine de la Grifferaye, près de Baugé (Maine-et-Loire), où le pied-mère fut élevé. — L'arbre, de bonne vigueur sur cognassier, s'accommode très-bien des formes régulières et surtout de celle de pyramide. Sa fertilité est précoce et grande, et son fruit est de bonne qualité ou même parfois de première.

DESCRIPTION.

Rameaux de moyenne force, presque unis dans leur contour, flexueux, à entre-nœuds courts ou alternativement courts et de moyenne longueur, d'un vert jaunâtre ombré de gris et un peu teintés de rouge à la partie supérieure; lenticelles grisâtres, petites, assez nombreuses et peu apparentes.

Boutons à bois assez gros, coniques, courts, très-épais et très-courtement aigus, à direction écartée du rameau, soutenus sur des supports peu saillants dont l'arête médiane ne se prolonge pas ou très-peu distinctement; écailles d'un marron rougeâtre peu foncé et terne.

Pousses d'été d'un vert décidé, très-légèrement lavées de rouge sur une assez longue étendue et un peu duveteuses à leur sommet.

Feuilles des pousses d'été moyennes ou petites, ovales-élargies, se terminant brusquement en une pointe longue, à peine repliées sur leur nervure médiane et souvent très-largement contournées sur leur longueur, bordées de dents larges, un peu profondes et peu aiguës, bien soutenues sur des pétioles courts, forts, raides et redressés.

Stipules longues, linéaires-étroites.

Feuilles stipulaires fréquentes.

Boutons à fruit assez gros, ovoïdes, épais et courtement aigus; écailles d'un marron rougeâtre peu foncé.

Fleurs moyennes; pétales elliptiques-élargis, concaves, peu lavés de rose avant l'épanouissement; divisions du calice longues, finement aiguës et étalées; pédicelles courts, assez forts et glabres.

Feuilles des productions fruitières plus grandes que celles des pousses d'été, ovales-élargies, se terminant un peu brusquement en une pointe courte, fine, ferme et recourbée, à peine repliées sur leur nervure médiane et à peine arquées, entières ou presque entières par leurs bords, assez bien soutenues sur des pétioles de moyenne longueur, forts et peu flexibles.

Caractère saillant de l'arbre : teinte générale du feuillage d'un vert vif et gai; toutes les feuilles épaisses; tous les pétioles forts et raides.

Fruit moyen, très-irrégulièrement sphérique ou sphérico-conique, ordinairement bosselé dans son contour et inconstant dans sa forme, atteignant sa plus grande épaisseur au-dessous du milieu de sa hauteur; au-dessus de ce point, se terminant un peu en demi-sphère; au-dessous du même point, s'arrondissant par une courbe assez convexe pour ensuite s'aplatir autour de la cavité de l'œil.

Peau fine et tendre, d'abord d'un vert vif semé de points d'un gris brun, très-petits, nombreux, bien nets mais peu visibles à distance. On remarque parfois des traces de rouille dans la cavité de l'œil et plus rarement sur la surface du fruit. A la maturité, **septembre, octobre**, le vert fondamental passe au jaune citron brillant, et le côté du soleil, sur les fruits bien exposés, se lave d'un rouge assez vif.

Œil moyen, fermé, placé dans une cavité large, un peu profonde, un peu évasée et le plus souvent régulière.

Queue courte, forte, charnue, le plus souvent attachée très-obliquement à une sorte de mamelon qui surmonte le fruit.

Chair d'un blanc à peine teinté de jaune, fine, beurrée, fondante, abondante en eau douce, sucrée et agréablement parfumée.

LAFAYETTE

(N° 199)

The Fruits and the fruit-trees of America. Downing.

Observations. — Downing dit que cette variété est originaire de l'Etat de Connecticut. — L'arbre, de végétation un peu insuffisante sur cognassier, s'accommode bien des formes régulières. Sa fertilité assez précoce, est grande l'année de rapport, mais sujette à un alternat complet. Son fruit est seulement de seconde qualité.

DESCRIPTION.

Rameaux peu forts, obscurément anguleux dans leur contour, un peu flexueux, à entre-nœuds courts ou très-courts, d'un brun jaunâtre du côté de l'ombre, d'un brun vineux du côté du soleil; lenticelles blanchâtres, très-petites, assez nombreuses et très-peu apparentes.
Boutons à bois assez petits, coniques-allongés et bien aigus, à direction écartée du rameau, soutenus sur des supports peu saillants dont les côtés et l'arête médiane se prolongent peu distinctement; écailles d'un marron rougeâtre largement bordé de gris blanchâtre.
Pousses d'été d'un vert assez intense et terne, lavées de rouge et duveteuses sur une assez grande longueur à leur sommet.
Feuilles des pousses d'été moyennes, un peu obovales, se terminant régulièrement en une pointe bien aiguë, bien repliées sur leur nervure médiane et un peu arquées, irrégulièrement découpées plutôt que dentées par leurs bords, s'abaissant peu sur des pétioles de moyenne longueur, de moyenne force et un peu souples.

Stipules de moyenne longueur, filiformes ou presque filiformes.

Feuilles stipulaires manquant ordinairement.

Boutons à fruit moyens, conico-ovoïdes, un peu allongés et aigus; écailles d'un marron rougeâtre.

Fleurs moyennes ou petites; pétales arrondis, crispés ou ondulés dans leur contour, à onglet court, se touchant entre eux; divisions du calice courtes, étroites et étalées; pédicelles longs, forts et presque glabres.

Feuilles des productions fruitières moyennes, un peu obovales, et quelques-unes étroites, se terminant un peu brusquement en une pointe un peu longue et fine, concaves et non arquées, presque entières par leurs bords, assez mal soutenues sur des pétioles longs, très-grêles et souples.

Caractère saillant de l'arbre : teinte générale du feuillage d'un vert herbacé vif et luisant; toutes les feuilles un peu sensiblement atténuées vers le pétiole et très-irrégulièrement ou à peine dentées.

Fruit petit, sphérico-ovoïde et très-court, parfois presque sphérique et surmonté d'une sorte de mamelon, uni dans son contour, atteignant sa plus grande épaisseur à peu près au milieu de sa hauteur; au-dessus de ce point, s'atténuant très-promptement par une courbe d'abord bien convexe puis brusquement concave en une pointe très-courte, peu épaisse et peu obtuse à son sommet; au-dessous du même point, s'atténuant par une courbe largement convexe pour diminuer assez sensiblement d'épaisseur vers la cavité de l'œil.

Peau un peu épaisse, d'abord d'un vert vif et gai semé de points d'un gris brun, un peu larges, un peu saillants, très-nombreux et se confondant souvent avec des traits ou taches d'une rouille brune qui se dispersent sur la surface du fruit et se condensent sur son sommet et dans la cavité de l'œil. A la maturité, **octobre**, le vert fondamental passe au jaune citron, la rouille se dore, et le côté du soleil se distingue par une concentration plus grande de points et par un ton un peu plus chaud.

Œil moyen, ouvert, à peine enfoncé dans une cavité étroite, peu profonde, parfois très-obscurément plissée dans ses parois et par ses bords qui offrent plus d'épaisseur.

Queue longue, forte, ligneuse, épaissie vers son point d'attache au rameau, un peu courbée et contournée, d'un brun brillant, attachée à fleur de la pointe du fruit.

Chair jaunâtre, assez fine, fondante, un peu pierreuse vers le cœur, abondante en eau douce, sucrée, mais peu relevée.

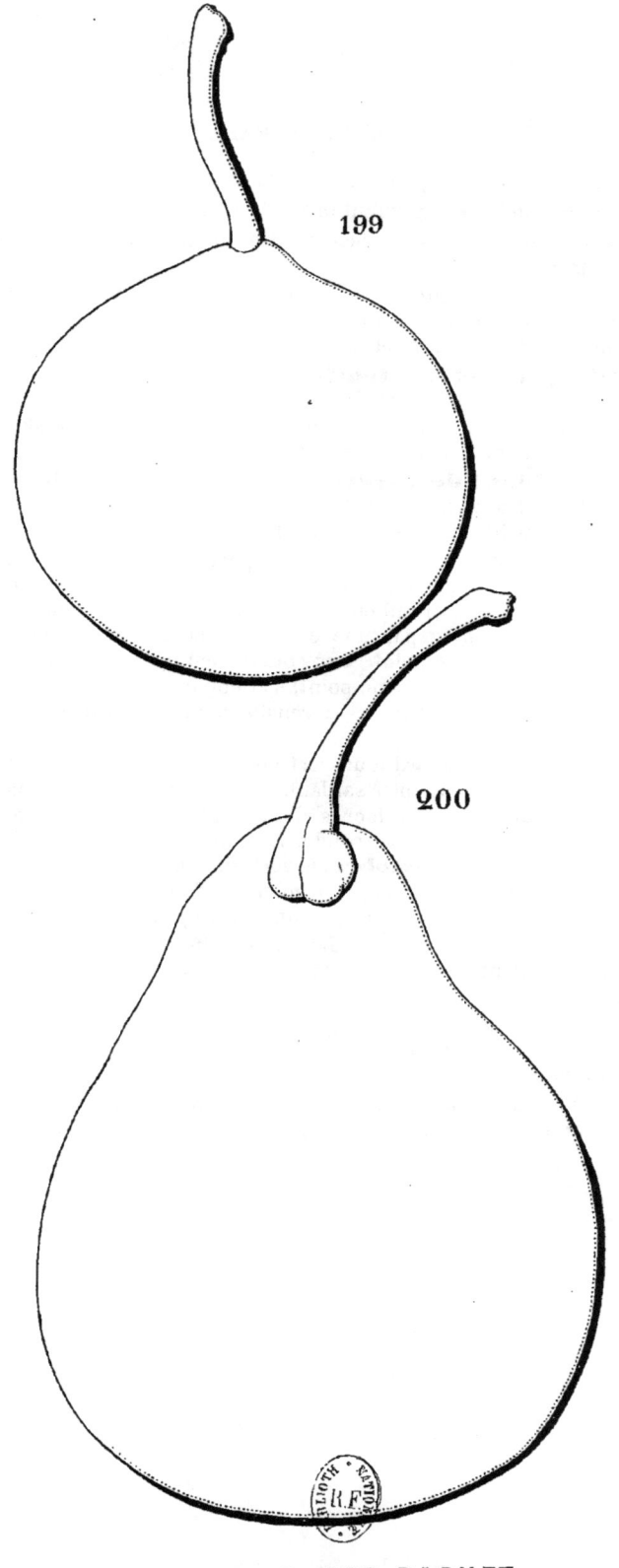

199, LAFAYETTE. 200, BAGUET.

BAGUET

(N° 200)

Bulletin de la Société Van Mons. 1866.
BEURRÉ BAGUET. *Catalogue* Simon-Louis, de Metz. 1868.

Observations. — Le Bulletin de la Société Van Mons donne une courte description du fruit de cette variété précédée du nom Baugniet entre deux parenthèses. Serait-ce celui de son obtenteur et aurait-elle été obtenue en Belgique ? Nous n'avons pu trouver d'autres renseignements sur son origine. — L'arbre, d'une bonne vigueur sur cognassier, est très-vigoureux sur franc. Il s'accommode bien des formes régulières attaché à un treillage sur lequel sa charpente peut être achevée promptement, presque sans l'emploi de la taille qui retarde l'époque de son rapport, déjà peu précoce. Son fruit gros se trouve ainsi mieux soutenu et acquiert un volume remarquable. S'il n'est pas toujours d'une qualité assez distinguée pour être bien recherché pour la table, il est toujours bien préférable à beaucoup d'autres employés aux usages de la cuisine. Sa fertilité, seulement moyenne, est sujette à des alternats complets.

DESCRIPTION.

Rameaux assez forts, allongés et fluets à leur partie supérieure, finement anguleux dans leur contour, bien flexueux, à entre-nœuds longs, de couleur noisette à peine teintée de rouge du côté du soleil ; lenticelles blanchâtres, larges, nombreuses et apparentes.
Boutons à bois moyens, coniques, épaissis à leur base et aigus, à direction parallèle ou presque parallèle au rameau, soutenus sur des supports bien renflés dont l'arête médiane se prolonge très-finement ; écailles d'un marron rougeâtre bien foncé et brillant.
Pousses d'été d'un vert très-clair, à peine ou non lavées de rouge à leur sommet et couvertes sur une assez grande longueur d'un duvet blanc, soyeux et abondant.

Feuilles des pousses d'été moyennes, ovales-arrondies, parfois brusquement atténuées vers le pétiole, se terminant brusquement en une pointe un peu longue, un peu large et bien aiguë, peu repliées sur leur nervure médiane et arquées, bordées de dents larges, bien profondes et bien aiguës, s'abaissant un peu sur des pétioles courts, un peu forts et un peu recourbés en dessous.

Stipules très-longues, linéaires.

Feuilles stipulaires fréquentes.

Boutons à fruit moyens, coniques, peu renflés et bien aigus; écailles d'un marron rougeâtre foncé, brillant et largement maculé de gris argenté.

Fleurs grandes; pétales ovales bien élargis, concaves, à onglet un peu long, écartés entre eux; divisions du calice assez longues, épaisses et bien recourbées en dessous seulement par leur pointe; pédicelles très-longs, forts et presque glabres.

Feuilles des productions fruitières moins grandes que celles des pousses d'été, ovales-elliptiques et un peu allongées, brusquement atténuées vers le pétiole, se terminant presque régulièrement en une pointe aiguë, bien planes, finement et sensiblement ondulées dans leur contour, très-irrégulièrement bordées de dents fines, peu profondes, bien couchées et aiguës, mollement soutenues sur des pétioles extraordinairement longs, bien grêles et souples.

Caractère saillant de l'arbre : teinte générale du feuillage d'un vert d'eau vif et brillant; grande différence de forme entre les feuilles des pousses d'été et celles des productions fruitières, qui sont remarquablement planes, ondulées et très-longuement pétiolées.

Fruit gros ou très-gros, piriforme, plus ou moins ventru, rarement un peu déformé dans son contour par des élévations très-aplanies, atteignant sa plus grande épaisseur bien au-dessous du milieu de sa hauteur; au-dessus de ce point, s'atténuant par une courbe d'abord plus ou moins convexe puis bien largement concave en une pointe un peu épaisse et bien obtuse à son sommet; au-dessous du même point, s'arrondissant par une courbe plus ou moins convexe jusque dans la cavité de l'œil.

Peau un peu ferme, d'abord d'un vert très-clair semé de points grisâtres, un peu larges, nombreux, régulièrement espacés et assez apparents. On remarque ordinairement quelques traces d'une rouille d'un brun clair et peu dense, soit sur le sommet du fruit, soit dans la cavité de l'œil, mais très-rarement sur sa surface. A la maturité, **novembre, décembre**, le vert fondamental passe au jaune citron clair, plus ou moins doré du côté du soleil.

Œil grand, fermé, placé dans une cavité étroite, peu profonde, en forme de godet le plus souvent régulier.

Queue longue, peu forte, ligneuse, un peu courbée, un peu charnue à son point d'attache à fleur du sommet du fruit.

Chair blanchâtre, demi-fine, demi-beurrée, suffisante en eau sucrée, acidulée, relevée, constituant un fruit d'assez bonne qualité, lorsque l'acidité n'est pas trop développée.

DOYENNÉ DE LORRAINE

(LOTHRINGER DECHANTSBIRNE)

(N° 201)

Versuch einer Systematischen Beschreibung der Kernobstsorten. Diel
Systematisches Handbuch der Obstkunde. Dittrich.
Illustrirtes Handbuch der Obstkunde. Jahn.

Observations. — Diel reçut cette variété du pépiniériste Maréchal, de Metz, sous le nom de Doyenné d'Austrasie, et a émis l'opinion qu'elle serait le résultat d'un semis du Beurré blanc d'Automne ou Doyenné blanc avec lequel son fruit a de la ressemblance. C'est une supposition toute gratuite, car il n'est pas toujours sûr de présumer la descendance d'une variété sur quelques rapports extérieurs. Ce que je puis affirmer, c'est qu'il existe une grande différence entre les qualités de ces deux fruits et en faveur du Doyenné blanc. Biedenfeld fait erreur en assimilant cette variété à la Bergamotte d'Austrasie ou Jaminette, qu'il nomme aussi Belle-d'Austrasie. — L'arbre, d'une végétation contenue sur cognassier, ne peut suffire qu'à de petites formes sur ce sujet, et surtout à celle de fuseau. Une taille courte est nécessaire, si l'on veut obtenir une certaine régularité de sa charpente. Sa fertilité est précoce et bonne, et son fruit est seulement d'assez bonne qualité.

DESCRIPTION.

Rameaux de moyenne force, très-obscurément anguleux dans leur contour, à peine flexueux, à entre-nœuds assez courts, d'un brun jaunâtre du côté de l'ombre, d'un brun un peu rougeâtre du côté du soleil; lenticelles grisâtres, un peu larges, peu nombreuses et peu apparentes.

Boutons à bois petits, courts, élargis à leur base et courtement aigus, à direction écartée du rameau dans lequel ils sont un peu encastrés, soutenus sur des supports peu saillants dont l'arête médiane se prolonge plus ou moins obscurément; écailles d'un marron peu foncé et terne.

Pousses d'été d'un vert décidé, bien colorées de rouge et duveteuses à leur sommet.

Feuilles des pousses d'été moyennes, elliptiques ou elliptiques-arrondies, se terminant très-brusquement en une pointe très-courte et très-fine, largement repliées sur leur nervure médiane et bien arquées, bordées de dents écartées, peu profondes et aiguës, bien soutenues sur des pétioles de moyenne longueur, de moyenne force et redressés.

Stipules longues, lancéolées-étroites et recourbées.

Feuilles stipulaires manquant ordinairement.

Boutons à fruit moyens, ovoïdes, courtement aigus; écailles d'un marron foncé.

Fleurs petites; pétales elliptiques, bien concaves, à onglet très-court, se touchant entre eux; divisions du calice extraordinairement courtes et étalées; pédicelles très-courts, forts et peu duveteux.

Feuilles des productions fruitières grandes, ovales bien élargies, échancrées vers le pétiole, s'atténuant peu pour se terminer régulièrement en une pointe recourbée en dessous, à peine repliées sur leur nervure médiane et un peu arquées, bordées de dents fines, très-peu profondes, bien couchées et aiguës, assez peu soutenues sur des pétioles de moyenne longueur, de moyenne force et un peu souples.

Caractère saillant de l'arbre : teinte générale du feuillage d'un vert bleu intense; feuilles des pousses d'été remarquablement arquées et courtement acuminées; serrature de toutes les feuilles très-peu profonde et aiguë.

Fruit moyen ou presque moyen, presque sphérique, un peu déprimé à ses deux pôles et surtout du côté de l'œil, uni dans son contour, atteignant sa plus grande épaisseur à peu près au milieu de sa hauteur; au-dessus de ce point, s'arrondissant presque en demi-sphère par une courbe largement convexe ou parfois largement concave; au-dessous du même point, s'arrondissant par une courbe plus convexe pour ensuite s'aplatir un peu autour de la cavité de l'œil.

Peau assez mince, d'abord d'un vert d'eau semé de points d'un gris brun, peu larges, assez largement espacés et un peu apparents. Une rouille fauve couvre ordinairement la cavité de l'œil et parfois aussi celle de la queue. A la maturité, **septembre, octobre**, le vert fondamental passe au jaune citron clair et le côté du soleil est chaudement doré ou rarement à peine lavé de rouge.

Œil petit, fermé ou demi-fermé, placé dans une cavité peu profonde, bien évasée, unie dans ses parois et régulière par ses bords.

Queue courte, forte, épaissie à son point d'attache au rameau, insérée perpendiculairement dans une cavité étroite, peu profonde et régulière.

Chair blanche, demi-fine, demi-beurrée, abondante en eau douce, sucrée et légèrement parfumée.

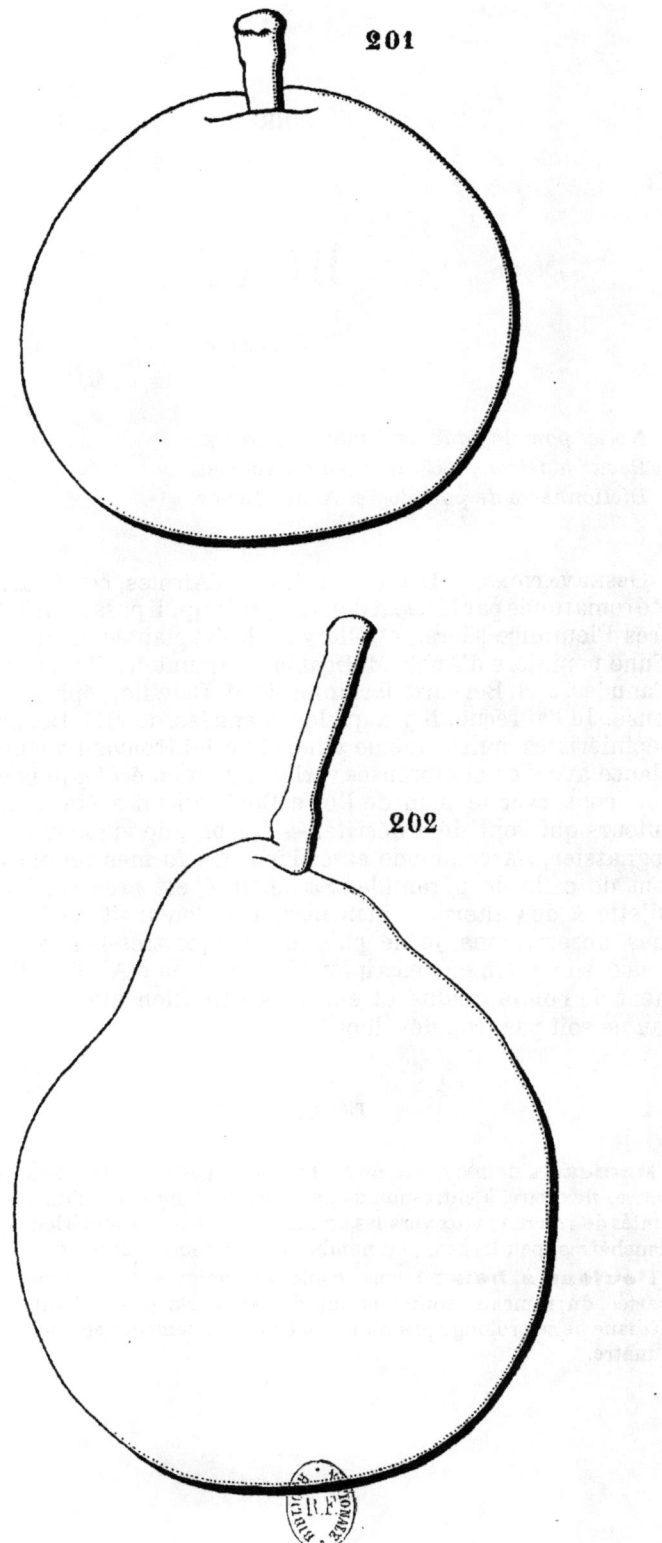

201. DOYENNÉ DE LORRAINE . 202. DOAT .

DOAT

(N° 202)

Notice pomologique. DE LIRON D'AIROLES.
Revue horticole, 1865. DE LIRON D'AIROLES.
Dictionnaire de pomologie. ANDRÉ LEROY.

OBSERVATIONS. — D'après M. Liron d'Airoles, cette variété aurait été remarquée par M. Doat dans un jardin qu'il possédait à Montestruc près Fleurance (Gers), et elle y avait été plantée comme provenant d'une pépinière d'Auch. M. Doat la communiqua, il y a une vingtaine d'années, à M. Bernard, jardinier de M. Béteille, pépiniériste à Toulouse. Je l'ai reçue, il y a quelques années, de MM. Bonamy frères, pépiniéristes dans la même ville, et ne lui trouvant aucune ressemblance avec les nombreuses variétés de mon école, je pense qu'elle doit conserver le nom de Poire Doat qui lui a été donné par les auteurs qui l'ont déjà décrite. — L'arbre, de vigueur normale sur cognassier, s'accommode assez bien des formes régulières et surtout de celle de pyramide. Sa fertilité est précoce, bonne, mais sujette à des alternats bien marqués. Son fruit est beau ; d'après mes observations, je ne puis le qualifier très-bon comme l'a annoncé son premier descripteur M. de Liron d'Airoles. Il est seulement de bonne qualité et encore à condition que l'acidité de son eau ne soit pas trop développée.

DESCRIPTION.

Rameaux de moyenne force, bien allongés et fluets à leur partie supérieure, flexueux, à entre-nœuds de moyenne longueur, d'un gris verdâtre, teintés de rouge vineux vers les nœuds et à leur partie supérieure ; lenticelles blanchâtres, peu larges, peu nombreuses et peu apparentes.

Boutons à bois moyens, coniques, maigres, bien aigus, à direction écartée du rameau, soutenus sur des supports peu saillants dont l'arête médiane ne se prolonge pas ou très-peu distinctement ; écailles d'un marron jaunâtre.

Pousses d'été d'un vert d'eau, colorées de rouge rosat et duveteuses sur une assez grande longueur à leur sommet.

Feuilles des pousses d'été assez petites, ovales-elliptiques, allongées et peu larges, se terminant brusquement en une pointe très-courte et très-fine, bien creusées en gouttière et bien arquées, bordées de dents très-peu profondes, très-écartées et aiguës, se recourbant sur des pétioles un peu longs, grêles et redressés.

Stipules en alènes longues et finement aiguës.

Feuilles stipulaires très-fréquentes.

Boutons à fruit moyens, conico-ovoïdes, un peu allongés, peu renflés et aigus; écailles d'un marron jaunâtre.

Fleurs moyennes; pétales elliptiques-arrondis, concaves, à onglet peu long, peu écartés entre eux; divisions du calice courtes et étroites; pédicelles courts, grêles et peu duveteux.

Feuilles des productions fruitières beaucoup plus grandes que celles des pousses d'été, ovales bien allongées et le plus souvent peu larges, se terminant régulièrement en une pointe finement aiguë, à peine repliées sur leur nervure médiane, arquées ou souvent largement contournées sur leur longueur, bordées de dents peu profondes bien couchées et émoussées, très-mollement soutenues sur des pétioles longs, de moyenne force et bien souples.

Caractère saillant de l'arbre : teinte générale du feuillage d'un vert herbacé peu foncé et brillant; feuilles des pousses d'été remarquablement creusées et arquées; toutes les feuilles plus ou moins allongées et garnies d'une serrature très-peu profonde.

Fruit gros, ovoïde-piriforme, ordinairement uni dans son contour, atteignant sa plus grande épaisseur au-dessous du milieu de sa hauteur; au-dessus de ce point, s'atténuant par une courbe d'abord largement convexe puis largement concave en une pointe peu longue, épaisse et plus ou moins obtuse à son sommet; au-dessous du même point, s'atténuant par une courbe largement convexe pour diminuer assez peu sensiblement d'épaisseur vers la cavité de l'œil.

Peau un peu ferme, unie, d'abord d'un vert vif et gai semé de points d'un gris vert, petits, nombreux et souvent très-peu apparents. On remarque souvent sur sa surface des taches larges, arrondies, d'une rouille fine, dense, d'un brun sombre, qui se condense plus largement sur le sommet du fruit et forme des traits divergents dans la cavité de l'œil. A la maturité, **octobre**, le vert fondamental passe au jaune citron brillant et le côté du soleil est chaudement doré.

Œil grand, demi-ouvert ou fermé, à divisions courtes, fermes et dressées, placé dans une cavité étroite, un peu profonde, unie ou finement plissée dans ses parois et assez régulière par ses bords.

Queue longue, forte, souple, de couleur bois, un peu courbée, attachée à fleur de la pointe du fruit.

Chair blanche, assez fine, demi-beurrée, sans pierres, abondante en eau sucrée, acidulée et assez agréablement parfumée.

RAPELGE

(N° 203)

RAPELJE. *The Fruits and the fruit-trees of America.* Downing.
The American fruit Culturist. Thomas.
RAPALJE. *Dictionnaire de pomologie.* André Leroy.

Observations. — M. Downing dit que cette variété fut introduite par le professeur Stevens, d'Astoria, Long-Island, et M. Leroy ajoute qu'elle porte le nom de la personne qui l'obtint environ vers 1848. — L'arbre, d'une végétation un peu faible sur cognassier, s'accommode assez bien de toutes formes. Sa fertilité précoce, grande les années de rapport, est sujette à des alternats complets. Son fruit est de bonne qualité.

DESCRIPTION.

Rameaux assez peu forts, unis ou presque unis dans leur contour, un peu flexueux, à entre-nœuds de moyenne longueur, d'un brun rougeâtre; lenticelles extraordinairement petites, assez nombreuses et très-peu apparentes.
Boutons à bois petits, très-courts, élargis, épatés, obtus, à direction écartée du rameau, soutenus sur des supports bien renflés dont les côtés et l'arête médiane ne se prolongent pas ou à peine distinctement; écailles d'un marron noirâtre et terne.
Pousses d'été bien colorées de rouge à leur sommet et longtemps un peu duveteuses sur presque toute leur longueur.

Feuilles des pousses d'été petites ou à peine moyennes, obovales-allongées et étroites, se terminant presque régulièrement en une pointe un peu longue, bien aiguë et bien recourbée en dessous, peu repliées sur leur nervure médiane et arquées, bordées de dents larges, un peu profondes et obtuses, s'abaissant un peu sur des pétioles longs, grêles et un peu flexibles.

Stipules en alênes très-courtes et très-fines.

Feuilles stipulaires manquant le plus souvent.

Boutons à fruit petits, conico-ovoïdes, courtement aigus; écailles d'un marron fauve, largement maculé de grisâtre.

Fleurs petites; pétales ovales-elliptiques, un peu concaves, à onglet long, très-écartés entre eux; divisions du calice courtes et peu recourbées en dessous; pédicelles courts, forts et peu duveteux.

Feuilles des productions fruitières à peine moyennes, presque exactement elliptiques, se terminant brusquement en une pointe extraordinairement courte ou presque nulle, à peine repliées sur leur nervure médiane ou presque planes, bordées de dents fines, assez peu profondes et un peu aiguës, assez mal soutenues sur des pétioles de moyenne longueur, grêles et un peu flexibles.

Caractère saillant de l'arbre : teinte générale du feuillage d'un vert d'eau un peu foncé; toutes les feuilles remarquablement recourbées en dessous par leur pointe.

Fruit moyen ou presque moyen, ovoïde, court, bien uni dans son contour, atteignant sa plus grande épaisseur peu au-dessous du milieu de sa hauteur; au-dessus de ce point, s'atténuant par une courbe peu convexe en une pointe assez courte, épaisse, obtuse ou peu aiguë à son sommet; au-dessous du même point, s'arrondissant par une courbe largement convexe jusque dans la cavité de l'œil.

Peau un peu épaisse, d'abord d'un vert pâle semé de petits points de couleur canelle, extraordinairement nombreux et très-serrés sur certaines parties. Une tache d'une rouille fauve couvre la cavité de l'œil. A la maturité, **septembre, octobre**, le vert fondamental passe au jaune mat, bien doré du côté du soleil, ou parfois lavé d'un nuage de rouge.

Œil moyen, ouvert ou demi-ouvert, placé dans une cavité étroite, peu profonde, bien unie dans ses parois et par ses bords.

Queue un peu longue, de moyenne force, bien ligneuse, d'un beau brun, attachée dans un pli formé par la pointe du fruit.

Chair jaunâtre, assez fine, fondante, pierreuse vers le cœur, abondante en eau bien sucrée et relevée d'une saveur fraîche et agréable.

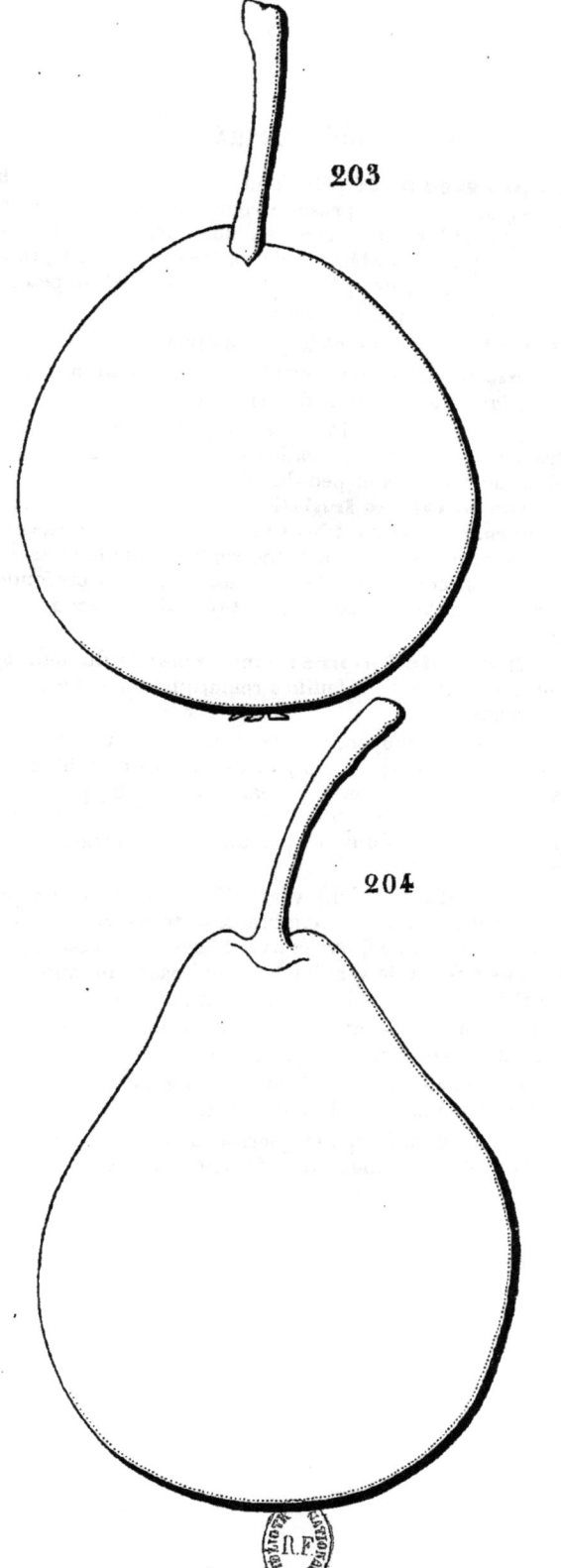

203, RAPELGE. 204, MARIE-LOUISE NOVA.

MARIE-LOUISE NOVA

(N° 204)

The American fruit Culturist. THOMAS.
Systematisches Handbuch der Obstkunde. DITTRICH.
Handbuch aller bekannten Obstsorten. BIEDENFELD.
NEUE MARIE-LOUISE. *Illustrirtes Handbuch der Obstkunde.* JAHN.

OBSERVATIONS.— Dittrich donne aussi à cette variété le synonyme de Poire Van Donckelaar et dit qu'elle fut obtenue par Van Mons. Elle diffère entièrement de la Marie-Louise obtenue par l'abbé Duquesne et que plusieurs pomologistes ont décrite aussi sous le nom de Marie-Louise nouvelle. — L'arbre, de vigueur normale sur cognassier, s'accommode bien des formes régulières et surtout de la forme pyramidale qui lui est naturelle. Sa fertilité est bonne et soutenue. Son fruit d'assez bonne qualité doit être entre-cueilli.

DESCRIPTION.

Rameaux de moyenne force, très-finement anguleux dans leur contour, presque droits, à entre-nœuds courts et inégaux entre eux, d'un vert intense et sombre; lenticelles blanchâtres, larges, un peu allongées, nombreuses et bien apparentes.

Boutons à bois moyens, coniques, bien aigus, à direction parallèle ou presque parallèle au rameau, soutenus sur des supports renflés dont l'arête médiane se prolonge très-finement ; écailles presque noires et bordées de gris blanchâtre.

Pousses d'été d'un vert pâle, lavées de rouge clair et bien soyeuses à leur sommet.

Feuilles des pousses d'été assez grandes, ovales, s'atténuant assez promptement en une pointe longue, étroite et finement aiguë, bien creusées en gouttière et un peu arquées, bordées de dents écartées, un peu profondes et émoussées, bien fermes sur leurs pétioles très-courts, de moyenne force, très-raides et bien redressés.

Stipules de moyenne longueur, en alênes un peu élargies et caduques.

Feuilles stipulaires très-fréquentes et très-nombreuses.

Boutons à fruit moyens, conico-ovoïdes, assez sensiblement renflés et aigus ; écailles d'un marron noirâtre et peu brillant.

Fleurs petites ; pétales arrondis, bien concaves ; divisions du calice courtes, étroites, bien aiguës et bien recourbées en dessous par leur pointe ; pédicelles assez longs, un peu forts et duveteux.

Feuilles des productions fruitières un peu moins grandes que celles des pousses d'été, ovales, se terminant peu brusquement en un pointe un peu longue et large, planes ou presque planes, bordées de dents très-peu profondes, couchées et émoussées, soutenues horizontalement sur des pétioles courts, peu forts, assez raides et redressés.

Caractère saillant de l'arbre : teinte générale du feuillage d'un vert bleu peu foncé et un peu brillant ; feuilles des pousses d'été longuement acuminées, remarquablement creusées en gouttière, tandis que celles des productions fruitières sont planes ou presque planes ; tous les pétioles courts et plus ou moins raides.

Fruit moyen, ovoïde-piriforme, bien uni dans son contour, atteignant sa plus grande épaisseur au-dessous du milieu de sa hauteur ; au-dessus de ce point, s'atténuant par une courbe d'abord peu convexe puis largement convexe en une pointe un peu longue, un peu épaisse, un peu tronquée ou obtuse à son sommet ; au-dessous du même point, s'arrondissant par une courbe largement convexe jusque dans la cavité de l'œil.

Peau un peu épaisse, d'abord d'un vert mat sur lequel les points sont très-peu visibles. Rarement on trouve quelques traces de rouille dans la cavité de l'œil. A la maturité, **septembre, octobre**, le vert fondamental s'éclaircit à peine en jaune, reste pur sur certaines parties et le côté du soleil se couvre d'un ton un peu plus chaud ou rarement se lave d'un soupçon de rouge.

Œil très-grand, bien ouvert, placé dans une petite cavité régulière et qui le contient exactement.

Queue un peu longue, peu forte, bien ligneuse, attachée au milieu de plis circulaires formés par la pointe du fruit, le plus souvent un peu déprimée.

Chair blanchâtre, peu fine, beurrée, demi-fondante, pierreuse vers le cœur, bien sucrée, vineuse et relevée.

BERGAMOTTE DE DARMSTADT

(DARMSTADTER BERGAMOTTE)

(N° 205)

Illustrirtes Handbuch der Obsthunde. Jahn.

Observations. — M. Jahn nous apprend que cette variété porte aussi, en Allemagne, le nom de Beurré de Darmstadt. Elle provient probablement des environs de cette ville, et le nom de Bergamotte de Darmstadt lui a été donné depuis, comme convenant mieux à la forme de son fruit. — L'arbre, de vigueur normale sur cognassier, s'accommode bien des formes régulières et surtout de celle de pyramide. Sa fertilité est assez précoce et bonne, et son fruit est de bonne qualité.

DESCRIPTION.

Rameaux assez forts, un peu anguleux dans leur contour, droits, à entre-nœuds de moyenne longueur ou un peu longs, jaunâtres et un peu brunis du côté du soleil; lenticelles blanches, petites, assez nombreuses et apparentes.

Boutons à bois assez petits, coniques bien renflés, épais et très-courtement aigus, à direction écartée du rameau, soutenus sur des supports saillants dont l'arête médiane se prolonge assez distinctement; écailles d'un marron presque noir et brillant.

Pousses d'été d'un vert un peu jaune, bien colorées de rouge et glabres à leur sommet.

Feuilles des pousses d'été petites, ovales-elliptiques, allongées et peu larges, se terminant brusquement en une pointe très-courte et très-fine, concaves, bordées de dents peu profondes, un peu écartées et peu aiguës, soutenues horizontalement sur des pétioles courts, grêles, un peu redressés et souvent bien colorés de rouge.

Stipules en alênes très-courtes et très-fines.

Feuilles stipulaires manquant ordinairement.

Boutons à fruit presque moyens, ovo-ellipsoïdes, un peu anguleux, émoussés ; écailles d'un beau marron rougeâtre.

Fleurs petites ; pétales arrondis, concaves, à onglet très-court, se touchant entre eux ; divisions du calice courtes et à peine recourbées en dessous ; pédicelles assez courts, peu forts et peu duveteux.

Feuilles des productions fruitières moyennes, elliptiques-allongées et peu larges, se terminant peu brusquement en une pointe très-courte, bien creusées en gouttière et à peine arquées, bordées de dents très-peu profondes, couchées et émoussées, assez bien soutenues sur des pétioles de moyenne longueur, grêles et un peu fermes.

Caractère saillant de l'arbre : teinte générale du feuillage d'un vert vif et brillant ; toutes les feuilles plus ou moins allongées et la plupart bien creusées en gouttière ; tous les pétioles grêles et souvent colorés de rouge.

Fruit assez petit ou presque moyen, sphérique ou sphérico-cylindrique et également tronqué à ses deux pôles, uni dans son contour, atteignant sa plus grande épaisseur au milieu de sa hauteur ; au-dessus et au-dessous de ce point, s'arrondissant par des courbes de même longueur et également convexes.

Peau un peu ferme, un peu chagrinée, d'abord d'un vert d'eau semé de petits points bruns, un peu apparents et se confondant souvent avec des traits d'une rouille de même couleur qui se disperse sur sa surface et se condense soit dans la cavité de la queue, soit dans celle de l'œil où elle prend un ton fauve. A la maturité, **octobre**, le vert fondamental passe au jaune pâle à l'ombre et doré du côté du soleil ou même parfois à peine lavé de rouge.

Œil assez grand, ouvert, placé dans une cavité très-étroite, très-peu profonde, bien régulière et le contenant exactement.

Chair blanche, fine, beurrée, à peine un peu pierreuse vers le cœur, suffisante en eau douce, sucrée et agréablement parfumée.

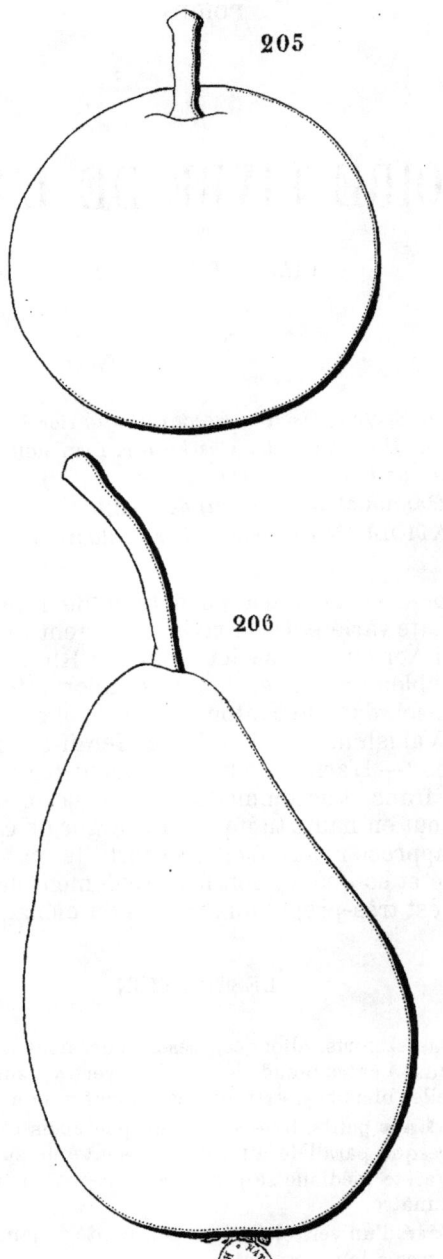

205. BERGAMOTTE DE DARMSTADT.   206. POIRE LIVRE DE L'AAR.

POIRE LIVRE DE L'AAR

(AARER PFUNDBIRNE)

(N° 206)

Versuch einer Systematischen Beschreibung der Kernobtsorten. Diel.
Systematisches Handbuch der Obstkunde. Dittrich.
Anleitung der besten Obstes. Oberdieck.
Illustrirtes Handbuch der Obstkunde. Jahn.
LANGE GRATIOLE. *Niederlandischer Obstgarten.*

Observations. — Diel n'a pu obtenir de renseignements sur l'origine de cette variété. Deux rivières portent le nom d'Aar; l'une appelée aussi Aer ou Ahr se jette dans le Rhin près d'Andernach non loin de Coblentz; l'autre, bien plus importante, prend sa source au mont Grimsel, dans le canton de Berne, et se jette dans le Rhin vis-à-vis de Waldshut, duché de Bade. Serait-elle née sur les bords de l'une d'elles ? — L'arbre, de bonne vigueur aussi bien sur cognassier que sur franc, s'accommode bien de la forme pyramidale. Il convient surtout en haute tige pour le verger de campagne où peuvent le faire apprécier sa rusticité, sa fertilité un peu tardive, mais ensuite bonne et soutenue. Son fruit seulement de seconde qualité pour la table est très-propre aux usages du ménage.

DESCRIPTION.

Rameaux assez forts, allongés, très-obscurément anguleux dans leur contour, flexueux, à entre-nœuds longs, d'un vert vif sur lequel ressortent bien des lenticelles blanches, extraordinairement nombreuses et peu larges.

Boutons à bois petits, très-courts, un peu épais et obtus, à direction parallèle ou presque parallèle au rameau, soutenus sur des supports peu saillants dont l'arête médiane se prolonge très-peu distinctement; écailles d'un marron jaunâtre.

Pousses d'été d'un vert clair et un peu teinté de jaune, lavées de rouge et un peu laineuses à leur sommet.

Feuilles des pousses d'été moyennes, obovales-arrondies, se terminant brusquement en une pointe courte, aiguë et bien recourbée en dessous, largement repliées sur leur nervure médiane et arquées, bordées de dents profondes, recourbées et aiguës, bien soutenues sur des pétioles longs, peu forts et redressés.

Stipules en alênes de moyenne longueur et très-caduques.

Feuilles stipulaires fréquentes.

Boutons à fruit assez petits, ovoïdes, courts, renflés et émoussés ; écailles d'un marron clair.

Fleurs très-grandes ; pétales en spatules, bien élargis, souvent froncés et ondulés dans leur contour, peu concaves, à onglet extraordinairement long, se touchant entre eux ; divisions du calice courtes, larges, épaisses, étalées ou à peine recourbées en dessous ; pédicelles très-longs, forts et à peine duveteux.

Feuilles des productions fruitières assez grandes, elliptiques-allongées et parfois un peu larges, remarquablement obtuses à leur extrémité, planes ou presque planes, bordées de dents très-fines, très-peu profondes et plus ou moins aiguës, très-mollement soutenues sur des pétioles extraordinairement grêles et très-souples.

Caractère saillant de l'arbre : teinte générale du feuillage d'un vert herbacé clair et brillant ; serrature des feuilles des pousses d'été formée de dents remarquablement profondes et aiguës, et celles des productions fruitières de dents au contraire extraordinairement peu profondes et bien fines ; tous les pétioles longs et ceux des feuilles des productions fruitières extraordinairement longs et très-souples.

Fruit gros, conique-piriforme et un peu ventru, ordinairement uni dans son contour, atteignant sa plus grande épaisseur bien au-dessous du milieu de sa hauteur ; au-dessus de ce point, s'atténuant par une courbe d'abord convexe puis largement concave en une pointe longue, épaisse à sa base, beaucoup moins épaisse et plus ou moins obtuse à son sommet ; au-dessous du même point, s'arrondissant plus ou moins promptement par une courbe peu convexe pour s'aplatir ensuite un peu autour de la cavité de l'œil.

Peau fine, tendre, d'abord d'un vert pré semé de très-petits points bruns, très-nombreux, très-serrés, se confondant souvent avec des traits très-fins d'une rouille de même couleur, et qui se condense largement soit sur le sommet du fruit, soit dans la cavité de l'œil où elle prend un ton d'un fauve rougeâtre. A la maturité, **automne et commencement d'hiver**, le vert fondamental passe au jaune citron chaudement doré et parfois un peu lavé de rouge du côté du soleil.

Œil grand, ouvert, à divisions étalées et appliquées aux parois d'une cavité étroite, peu profonde, régulière et le contenant à peine.

Queue un peu longue, assez forte, ligneuse, attachée un peu obliquement sur la pointe du fruit dont elle semble former la continuation, ou dans laquelle elle est un peu repoussée.

Chair un peu jaune, assez fine, fondante ou demi-fondante, à peine pierreuse vers le cœur, abondante en eau sucrée, vineuse, relevée, agréable lorsqu'elle n'est pas entachée d'âpreté.

CITRON DE SAINT-PAUL

(N° 207)

Notices pomologiques. DE LIRON D'AIROLES.
Dictionnaire de pomologie. ANDRÉ LEROY.

OBSERVATIONS. — Cette variété fut remarquée dans les semis de M. A. de la Farge, au château de la Pierre, commune de Salers (Cantal). Son premier rapport eut lieu en 1856. — L'arbre est de vigueur insuffisante sur cognassier. Greffé sur franc, il s'accommode difficilement des formes régulières et convient mieux à la haute tige. Sa fertilité est précoce, grande et soutenue. Son fruit est de bonne qualité.

DESCRIPTION.

Rameaux assez peu forts, bien unis dans leur contour, à peine flexueux, à entre-nœuds de moyenne longueur, d'un jaune terne et un peu ombré de gris du côté du soleil ; lenticelles d'un blanc jaunâtre, petites, assez nombreuses et peu apparentes.

Boutons à bois moyens ou assez gros, coniques, épais et courtement aigus, à direction parallèle ou presque parallèle au rameau ; soutenus sur des supports saillants dont les côtés et l'arête médiane ne se prolongent pas ; écailles d'un marron peu foncé.

Pousses d'été d'un vert clair, à peine lavées de rouge et peu duveteuses à leur sommet.

Feuilles des pousses d'été à peine moyennes, ovales-allongées et un peu étroites, se terminant presque régulièrement en une pointe très-courte, un peu creusées en gouttière et à peine arquées, bordées de dents inégales entre elles et assez larges, peu profondes et émoussées, s'abaissant un peu sur des pétioles longs, presque grêles et peu redressés.

Stipules de moyenne longueur, filiformes.

Feuilles stipulaires manquant le plus souvent.

Boutons à fruit assez gros, conico-ovoïdes, un peu allongés et un peu aigus ; écailles d'un marron rougeâtre peu foncé.

Fleurs moyennes ; pétales elliptiques, peu concaves, à onglet court, un peu écartés entre eux, très-légèrement bordés de rose avant l'épanouissement ; divisions du calice courtes, un peu recourbées en dessous ; pédicelles longs, grêles et duveteux.

Feuilles des productions fruitières plus grandes que celles des pousses d'été, ovales-allongées et peu larges, se terminant régulièrement en une pointe presque nulle, à peine concaves et à peine arquées, bordées de dents écartées entre elles, extraordinairement peu profondes et émoussées, assez mal soutenues sur des pétioles un peu longs, grêles et flexibles.

Caractère saillant de l'arbre : teinte générale du feuillage d'un vert clair et gai, un peu teinté de jaune ; toutes les feuilles s'abaissant régulièrement sur leurs pétioles.

Fruit assez petit ou presque moyen, ovoïde ou ovoïde un peu piriforme, uni dans son contour, atteignant sa plus grande épaisseur peu au-dessous du milieu de sa hauteur ; au-dessus de ce point, s'atténuant par une courbe à peine convexe ou d'abord peu convexe puis un peu concave en une pointe courte, épaisse et bien obtuse à son sommet ; au-dessous du même point, s'arrondissant par une courbe largement convexe jusque vers l'œil.

Peau fine, mince, d'abord d'un vert d'eau semé de points d'un gris brun, petits, très-nombreux et serrés. On remarque parfois quelques légères traces de rouille soit sur le sommet du fruit, soit dans la cavité de l'œil. A la maturité, **milieu et fin d'août**, le vert fondamental passe au jaune citron brillant sur lequel les points deviennent très-apparents, et le côté du soleil est chaudement doré.

Œil moyen, demi-ouvert, à divisions recourbées en dehors et frêles, placé presque à fleur de la base du fruit dans une dépression très-peu profonde et finement plissée dans ses parois.

Queue plus ou moins longue, forte, souple, courbée, semblant former la continuation de la pointe du fruit.

Chair blanche, assez fine, beurrée, suffisante en eau richement sucrée, relevée d'une saveur agréable et excitante.

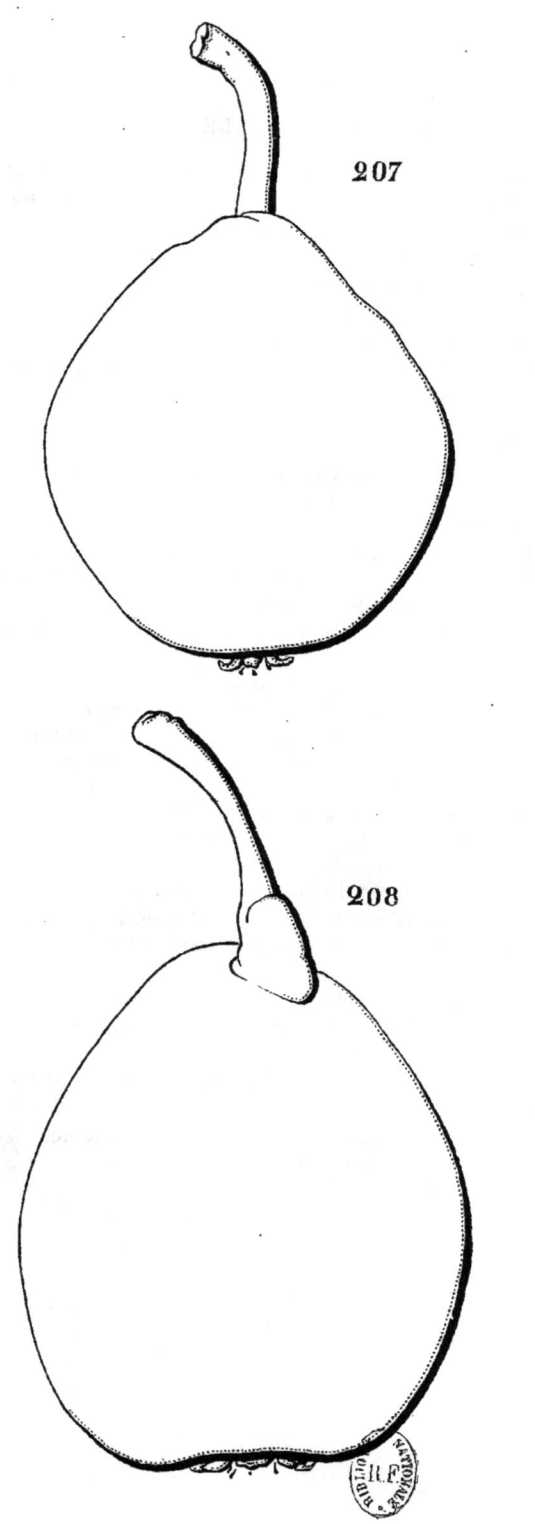

207, CITRON DE SAINT-PAUL. 208, FONDANTE-MARY.

FONDANTE-MARY

(N° 208)

Catalogue Van Mons. 1823.
DIE MARY, BEURRÉ MARY. *Systematische Beschreibung der Kernobtsorten.* Diel.
LA MARIE. *Catalogue* Papeleu. 1853-54.
MARY. *Dictionnaire de pomologie* André Leroy.

Observations. — Cette variété, obtenue par Van Mons, comme il l'indique dans son Catalogue, fut probablement dédiée à un personnage du nom de Mary auquel il fit aussi hommage d'un autre de ses gains sous le nom d'Eté-Mary. Elle ne doit point être confondue avec une autre poire Mary que je veux aussi décrire, qui est d'origine américaine, et fut obtenue, d'après Downing, sur les terres de William Case, Cleveland (Ohio). — L'arbre est d'une végétation un peu insuffisante sur cognassier et assez facile à soumettre à toutes formes. Sa fertilité, assez précoce, est seulement moyenne et son fruit est de bonne qualité.

DESCRIPTION.

Rameaux peu forts, presque unis ou très-finement anguleux dans leur contour, presque droits, à entre-nœuds assez courts ou de moyenne longueur, d'un jaune assez brillant; lenticelles blanches, petites, assez nombreuses et assez apparentes.

Boutons à bois assez petits, coniques, un peu épais et un peu aigus, à direction écartée du rameau, soutenus sur des supports un peu saillants dont l'arête médiane se prolonge très-finement ou peu distinctement; écailles d'un marron rougeâtre foncé et bordé de gris argenté.

Pousses d'été d'un vert clair et vif, lavées de rouge et peu duveteuses sur une assez grande longueur à leur sommet.

Feuilles des pousses d'été moyennes, ovales, un peu sensiblement atténuées vers le pétiole, se terminant peu brusquement en une pointe assez longue et finement aiguë, peu repliées sur leur nervure médiane, bordées de dents peu profondes, couchées et plus ou moins aiguës, assez bien soutenues sur des pétioles courts, grêles, fermes et redressés.

Stipules de moyenne longueur, filiformes.

Feuilles stipulaires manquant ordinairement.

Boutons à fruit assez petits, conico-ovoïdes, allongés, un peu maigres et aigus; écailles d'un marron rougeâtre terne.

Fleurs moyennes; pétales obovales-étroits et aigus, peu concaves, à onglet très-long, très-écartés entre eux; divisions du calice très-courtes, très-finement aiguës et étalées; pédicelles de moyenne longueur, grêles et un peu laineux.

Feuilles des productions fruitières assez grandes, ovales-allongées, souvent un peu sensiblement atténuées vers le pétiole, se terminant peu brusquement en une pointe assez courte, peu repliées sur leur nervure médiane et un peu arquées, bordées de dents assez profondes, bien couchées et aiguës, s'abaissant peu sur des pétioles de moyenne longueur, grêles, divergents et peu flexibles.

Caractère saillant de l'arbre : teinte générale du feuillage d'un vert herbacé peu foncé et peu brillant; la plupart des feuilles un peu atténuées vers le pétiole et un peu allongées; tous les pétioles peu longs, grêles et peu flexibles.

Fruit moyen, exactement ovoïde, parfois un peu déformé dans son contour et surtout du côté de l'œil par des côtes très-obscures, atteignant sa plus grande épaisseur peu au-dessous du milieu de sa hauteur; au-dessus de ce point, s'atténuant par une courbe peu convexe en une pointe peu longue, épaisse et obtuse à son sommet; au-dessous du même point, s'arrondissant par une courbe bien largement convexe jusque vers l'œil.

Peau fine, d'abord d'un vert très-intense semé de points larges d'un vert plus foncé et très-peu apparents. Souvent on remarque sur sa surface quelques taches d'une rouille bien fine et peu dense. A la maturité, **octobre**, le vert fondamental passe au beau jaune citron décidé et le côté du soleil est chaudement doré.

Œil grand, fermé, à divisions longues et fines, placé presque à fleur de la base du fruit dans une dépression très-étroite, très-peu profonde et souvent obscurément plissée par ses bords.

Queue longue, forte, ligneuse, un peu souple, formant exactement la continuation de la pointe du fruit.

Chair d'un blanc un peu teinté et veiné de jaune, fine, beurrée, fondante, suffisante en eau sucrée, vineuse et bien parfumée.

POIRE DE PEPIN

(N° 209)

Dictionnaire de pomologie. André Leroy.

Observations. — Cette variété était cultivée dans le jardin du Comice horticole d'Angers, sous le nom de Pepin Sucré, et je la reçus sous le même nom de M. André Leroy, il y a une vingtaine d'années. Depuis, il a reconnu qu'elle était la même que la Poire de Pepin, connue il y a plusieurs siècles, soit dans l'Anjou, soit dans l'Orléanais, et décrite par Dom Claude Saint-Etienne. — L'arbre, de vigueur contenue sur cognassier, s'accommode bien de toutes formes sur ce sujet. Sa rusticité l'indique comme très-propre à la haute tige dans le verger de campagne. Sa fertilité est précoce, très-grande les années de rapport, mais interrompue par des alternats complets. Son fruit est d'assez bonne qualité.

DESCRIPTION.

Rameaux de moyenne force, unis dans leur contour, presque droits, à entre-nœuds courts, d'un brun verdâtre à l'ombre, d'un brun foncé du côté du soleil; lenticelles blanches, assez petites, rares, très-largement espacées et apparentes.

Boutons à bois assez gros, coniques, courts, bien épaissis à leur base et courtement aigus, à direction très-écartée du rameau ou souvent éperonnés, soutenus sur des supports saillants dont l'arête médiane ne se prolonge pas; écailles d'un marron rougeâtre très-foncé.

Pousses d'été d'un vert très-pâle, à peine ou non lavées de rouge à leur sommet et couvertes sur presque toute leur longueur d'un duvet cotonneux.

Feuilles des pousses d'été petites, ovales, sensiblement atténuées vers le pétiole, s'atténuant régulièrement à leur autre extrémité en une pointe longue, bien étroite et finement aiguë, peu repliées sur leur nervure médiane et largement ondulées dans leur contour, bordées de dents un peu profondes, couchées ou recourbées et aiguës, bien dressées sur des pétioles très-courts, grêles, raides et bien redressés.

Stipules de moyenne longueur ou assez longues, en alênes fines et finement aiguës.

Feuilles stipulaires manquant ordinairement.

Boutons à fruit assez gros, conico-ovoïdes, épais, courtement aigus ; écailles d'un marron rougeâtre très-foncé.

Fleurs grandes ; pétales largement arrondis ou tronqués à leur sommet, à onglet long, écartés entre eux, un peu concaves, un peu lavés de rose avant l'épanouissement ; divisions du calice de moyenne longueur, étroites et recourbées en dessous ; pédicelles courts, de moyenne force et laineux.

Feuilles des productions fruitières moyennes ou assez grandes, ovales-elliptiques, se terminant un peu brusquement en une pointe courte et large, peu concaves ou presque planes et à peine arquées, bordées de dents assez profondes et un peu aiguës, soutenues horizontalement sur des pétioles longs, un peu forts et raides.

Caractère saillant de l'arbre : teinte générale du feuillage d'un vert bleu un peu foncé et un peu brillant ; feuilles des pousses d'été longuement acuminées, le plus souvent sensiblement ondulées dans leur contour ; tous les pétioles raides.

Fruit petit ou assez petit, presque sphérique, s'atténuant brusquement en une petite pointe très-courte du côté de la queue et assez largement tronqué du côté de l'œil, uni dans son contour, atteignant sa plus grande épaisseur au milieu de sa hauteur ; au-dessus et au-dessous de ce point, s'arrondissant par des courbes également convexes et de même longueur.

Peau un peu ferme, d'abord d'un vert très-clair semé de points d'un vert plus foncé, très-nombreux et très-serrés. Rarement on trouve un peu de rouille dans la cavité de l'œil. A la maturité, **août**, le vert fondamental passe au jaune citron clair et le côté du soleil est lavé ou flammé d'un rouge orangé sur lequel apparaissent quelques petits points jaunes.

Œil moyen, fermé ou presque fermé, enfoncé dans une cavité assez large, profonde et ordinairement unie dans ses parois et par ses bords.

Queue très-courte, grêle, un peu souple, attachée entre des plis divergents qui ne se prolongent que sur la pointe très-courte qui surmonte le fruit.

Chair blanchâtre, peu fine, cassante, suffisante en eau richement sucrée et agréablement parfumée.

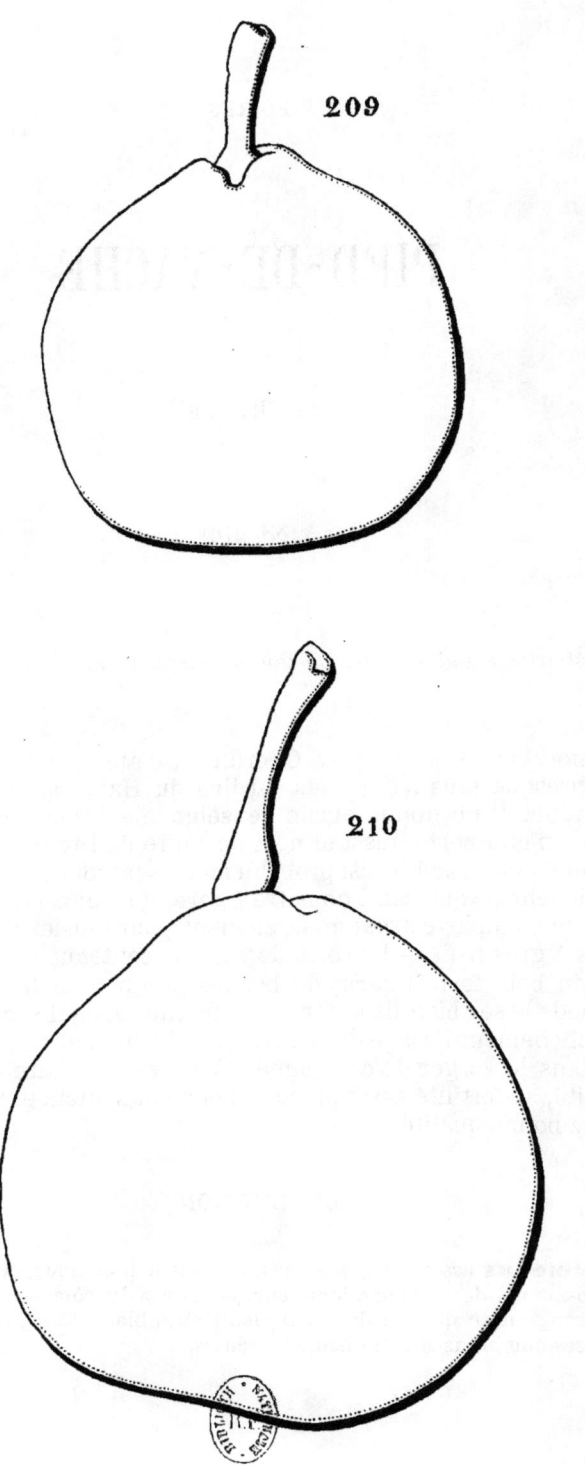

209, POIRE DE PEPIN. 210, PIED-DE-VACHE.

PIED-DE-VACHE

(KUHFUSS)

(N° 210)

Illustrirtes Handbuch der Obstkunde. OBERDIECK.

OBSERVATIONS. — D'après Oberdieck, cette variété est cultivée dans presque tous les grands jardins du Hanovre et surtout à la campagne. Il ne donne aucun renseignement sur son origine, et ajoute qu'elle porte aussi le nom de Poire de Livre à Hildesheim, Göttingen et Cassel. C'est probablement son volume, souvent bien plus développé que celui de notre figure, qui lui a fait attribuer ce synonyme employé assez généralement pour plusieurs variétés de Poires à gros fruit. — L'arbre, de vigueur contenue sur cognassier, par son bois fort et garni de bonnes productions fruitières, s'accommode assez bien de la forme de fuseau, mais il semble supporter difficilement l'usage de la serpette. Il convient mieux en haute tige dans le verger de campagne, où doivent le faire admettre sa rusticité, sa fertilité assez précoce, bonne et soutenue. Son fruit est d'assez bonne qualité.

DESCRIPTION.

Rameaux assez forts, presque unis dans leur contour, presque droits, à entre-nœuds de moyenne longueur, jaunâtres du côté de l'ombre, d'un rouge sanguin vif du côté du soleil ; lenticelles blanchâtres, un peu allongées, très-nombreuses et un peu apparentes.

Boutons à bois moyens ou assez petits, régulièrement coniques, finement aigus, à direction écartée du rameau, soutenus sur des supports renflés dont l'arête médiane se prolonge très-peu distinctement; écailles d'un marron rougeâtre foncé et largement bordées de gris argenté.

Pousses d'été d'un vert très-clair jusqu'à leur sommet couvert d'un duvet blanc et soyeux.

Feuilles des pousses d'été moyennes, ovales-elliptiques et arrondies, se terminant brusquement en une pointe longue et large, planes ou presque planes, bordées de dents larges, couchées, souvent assez peu profondes et plus ou moins aiguës, mal soutenues sur des pétioles longs, de moyenne force et souples.

Stipules assez longues, linéaires, aiguës.

Feuilles stipulaires fréquentes.

Boutons à fruit gros, conico-ovoïdes, courts, épais et émoussés; écailles d'un beau marron rougeâtre intense.

Fleurs très-grandes; pétales cordiformes-arrondis, planes, à onglet court, se recouvrant un peu entre eux; divisions du calice bien longues et presque annulaires; pédicelles très-longs, grêles et glabres.

Feuilles des productions fruitières grandes, ovales-elliptiques, se terminant assez brusquement en une pointe un peu longue et assez fine, un peu concaves et souvent largement ondulées dans leur contour, bordées de dents très-peu profondes, couchées et obtuses, s'abaissant bien sur des pétioles longs, assez forts et cependant bien souples.

Caractère saillant de l'arbre: feuilles les plus jeunes d'un vert très-clair presque jaune; feuilles adultes d'un vert bleu intense et brillant; feuilles des productions fruitières épaisses, bien fermes, d'une consistance semblable à celle du papier et dont les pétioles longs et souples fléchissent bien sous leur poids.

Fruit gros, sphérico-turbiné, parfois un peu déformé dans son contour, atteignant sa plus grande épaisseur à peu près au milieu de sa hauteur; au-dessus de ce point, s'atténuant très-promptement par une courbe peu convexe ou peu concave en une pointe courte, épaisse et tronquée à son sommet; au-dessous du même point, s'atténuant bien par une courbe largement convexe pour se terminer presque régulièrement en demi-sphère du côté de l'œil.

Peau un peu épaisse, d'abord d'un vert intense semé de points d'un vert encore plus foncé, larges, très-nombreux et bien apparents. On remarque ordinairement un peu de rouille brune sur le sommet du fruit et plus rarement dans la cavité de l'œil. A la maturité, **milieu et fin d'août**, le vert fondamental s'éclaircit à peine en jaune et le côté du soleil est peu distinct.

Œil moyen, demi-fermé, à divisions courtes et larges, placé dans une cavité étroite, peu profonde, un peu évasée et régulière par ses bords.

Queue longue, un peu forte, ligneuse, souvent contournée, attachée dans un pli charnu et souvent irrégulier.

Chair d'un blanc à peine teinté de vert, grossière, demi-fondante, bien abondante en eau sucrée, acidulée et rafraîchissante.

SOLDAT-BOUVIER

(N° 211)

Catalogue Galopin. 1863-1864.
Pomone Tournaisienne. Du Mortier.

Observations. — Cette variété est mentionnée, dans le catalogue de MM. Galopin et fils, de Liége, et dans la *Pomone Tournaisienne*, comme ayant été obtenue par M. Grégoire, de Jodoigne. — L'arbre, de bonne vigueur aussi bien sur cognassier que sur franc, forme de belles pyramides. Sa fertilité est assez précoce, bonne et assez bien soutenue. Son fruit est de bonne qualité.

DESCRIPTION.

Rameaux de moyenne force, unis dans leur contour, à peine flexueux, à entre-nœuds de moyenne longueur, bruns du côté de l'ombre et lavés de rouge sanguin foncé du côté du soleil; lenticelles blanchâtres, petites, assez peu nombreuses et peu apparentes.

Boutons à bois moyens, coniques-allongés et courtement aigus, à direction peu écartée du rameau, soutenus sur des supports peu saillants dont l'arête médiane ne se prolonge pas; écailles d'un beau marron rougeâtre brillant.

Pousses d'été d'un vert très-clair, à peine lavées de rouge et peu duveteuses à leur sommet.

Feuilles des pousses d'été assez petites, ovales, un peu allongées et peu larges, brusquement atténuées vers le pétiole, se terminant tantôt régulièrement, tantôt un peu brusquement en une pointe finement aiguë, repliées sur leur nervure médiane et un peu arquées, bordées de dents bien larges, couchées, émoussées ou bien obtuses, s'abaissant peu sur des pétioles courts, grêles, peu redressés et peu flexibles.

Stipules en alènes de moyenne longueur et fines.

Feuilles stipulaires manquant ordinairement.

Boutons à fruit moyens, conico-ovoïdes, allongés et aigus ; écailles d'un marron foncé.

Fleurs très-petites; pétales elliptiques-arrondis, concaves, à onglet court, peu écartés entre eux, colorés de rose vif avant et même après l'épanouissement; divisions du calice très-courtes, très-finement aiguës et à peine recourbées en dessous ; pédicelles très-courts, très-grêles et presque glabres.

Feuilles des productions fruitières moyennes, ovales-elliptiques et allongées, se terminant régulièrement en une pointe courte et bien recourbée en hameçon, peu repliées sur leur nervure médiane et peu arquées, bordées de dents profondes, un peu couchées et un peu aiguës, s'abaissant sur des pétioles courts, de moyenne force et un peu flexibles.

Caractère saillant de l'arbre : teinte générale du feuillage d'un beau vert bleu intense et brillant; serrature des feuilles inférieures des pousses d'été formée de dents remarquablement larges et obtuses ; tous les pétioles plus ou moins courts.

Fruit presque moyen, sphérico-conique, uni dans son contour, atteignant sa plus grande épaisseur à peu près au milieu de sa hauteur; au-dessus de ce point, s'arrondissant presque régulièrement en demi-sphère; au-dessous du même point, s'arrondissant par une courbe plus convexe pour ensuite s'aplatir largement autour de la cavité de l'œil.

Peau un peu ferme, d'abord d'un vert assez intense et mat semé de points d'un vert plus foncé, larges, nombreux et plus ou moins apparents. On remarque ordinairement des traces d'une rouille brune sur le sommet du fruit, dans la cavité de l'œil et parfois sur sa surface. A la maturité, **fin d'août, commencement de septembre,** le vert fondamental s'éclaircit un peu en jaune, et le côté du soleil est largement lavé ou flammé d'un rouge sanguin sur lequel ressortent assez bien des points grisâtres cernés de rouge plus foncé.

Œil moyen, ouvert, placé dans une cavité peu profonde, à peine plissée et bien évasée par ses bords.

Queue courte, un peu forte, bien ligneuse, attachée tantôt à fleur de la pointe du fruit, tantôt dans un pli très-peu prononcé.

Chair blanchâtre, assez fine, beurrée, fondante, suffisante en eau douce, sucrée et délicatement parfumée.

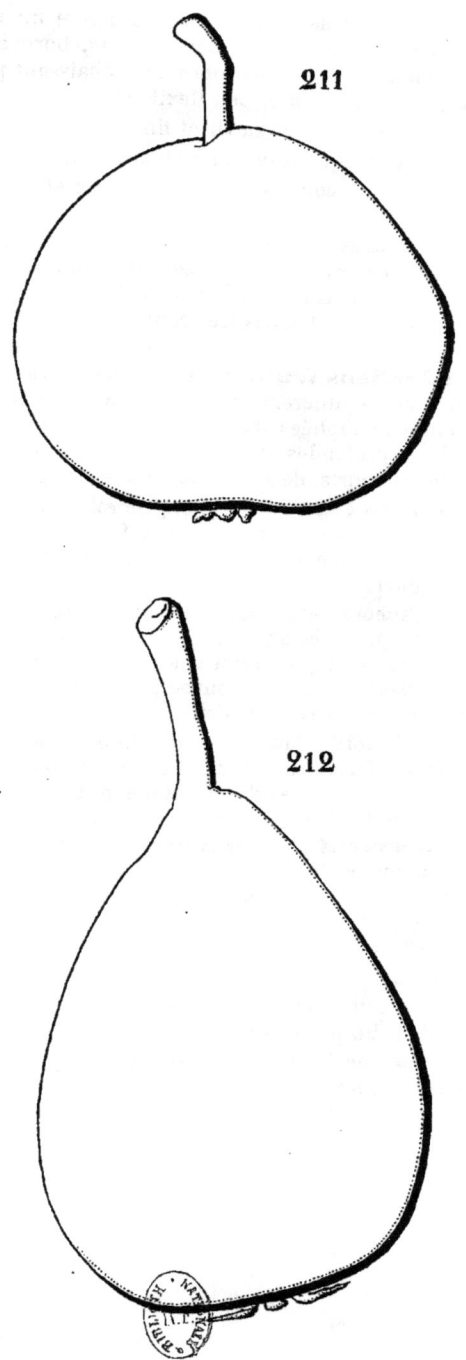

211, SOLDAT-BOUVIER. 212, ST-LAURENT JAUNE.

SAINT-LAURENT JAUNE

(GELBE LAURENTIUSBIRNE)

(N° 212)

Versuch einer Systematischen Beschreibung der Kernobstsorten. Diel.
Illustrirtes Handbuch der Obstkunde. Jahn.

Observations. — Diel reçut cette variété de M. Schultz, jardinier de la Cour, à Schaumburg, principauté de Schaumburg-Lippe. Elle lui avait été envoyée de la Saxe, depuis environ quarante ans. Elle ne doit pas être confondue avec la poire Saint-Laurent de Couverchel et de Dittrich. — L'arbre, de bonne vigueur sur cognassier, s'accommode bien des formes régulières, surtout de celle de pyramide ou de fuseau. Sa fertilité est précoce, bonne et soutenue. Son fruit est seulement de seconde qualité.

DESCRIPTION.

Rameaux très-forts et souvent épaissis à leur sommet, presque unis dans leur contour, droits, à entre-nœuds de moyenne longueur, d'un vert intense; lenticelles d'un blanc jaunâtre, un peu larges, nombreuses et un peu apparentes.

Boutons à bois moyens, coniques, un peu aigus, à direction peu écartée du rameau, soutenus sur des supports peu saillants dont les côtés et l'arête médiane se prolongent finement; écailles d'un marron peu foncé et brillant.

Pousses d'été d'un vert vif, lavées de rouge et un peu duveteuses à leur sommet.

Feuilles des pousses d'été moyennes, ovales-allongées et peu larges, se terminant régulièrement en une pointe finement aiguë, recourbée en dessous ou souvent contournée, convexes par leurs côtés et largement ondulées dans leur contour, irrégulièrement bordées de dents écartées entre elles, un peu profondes et un peu aiguës, assez mal soutenues sur des pétioles longs, grêles et un peu souples.

Stipules très-caduques.

Feuilles stipulaires manquant ordinairement.

Boutons à fruit gros, conico-ovoïdes et courtement aigus; écailles d'un beau marron foncé.

Fleurs assez petites; pétales exactement ovales, peu concaves, à onglet long, bien écartés entre eux; divisions du calice assez longues et bien recourbées en dessous; pédicelles de moyenne longueur, grêles et cotonneux.

Feuilles des productions fruitières plus grandes que celles des pousses d'été, ovales ou ovales un peu élargies, se terminant un peu brusquement en une pointe courte, planes ou presque planes, souvent un peu ondulées dans leur contour et un peu arquées, très-irrégulièrement bordées de dents très-peu profondes, émoussées ou un peu aiguës, s'abaissant bien sur des pétioles de moyenne longueur, très-grêles et souples.

Caractère saillant de l'arbre : teinte générale du feuillage d'un vert pré bien décidé et cependant peu brillant; toutes les feuilles plus ou moins planes ou même un peu convexes et plus ou moins ondulées dans leur contour; tous les pétioles remarquablement grêles et souples.

Fruit moyen, conique, uni dans son contour, atteignant sa plus grande épaisseur bien au-dessous du milieu de sa hauteur; au-dessus de ce point, s'atténuant par une courbe à peine convexe ou à peine concave en une pointe longue, tantôt un peu épaisse et obtuse, tantôt maigre et assez aiguë à son sommet; au-dessous du même point, s'arrondissant par une courbe largement convexe jusque dans la cavité de l'œil.

Peau un peu épaisse, d'abord d'un vert mat semé de points d'un gris vert, nombreux et peu apparents. Rarement on remarque un peu de rouille dans la cavité de l'œil. A la maturité, **milieu d'août**, le vert fondamental passe au jaune citron clair, doré du côté du soleil ou sur les fruits bien exposés, lavé d'un nuage de rouge terne.

Œil grand, ouvert ou demi-ouvert, placé dans une cavité peu profonde, évasée et souvent un peu oblique par rapport à l'axe du fruit.

Queue assez courte, peu forte, attachée à fleur de la pointe du fruit.

Chair blanche, grossière, demi-cassante, pierreuse vers le cœur, assez abondante en eau douce, sucrée, mais peu relevée.

BELLE DE STRESA

(N° 213)

Catalogue SIMON-LOUIS, de Metz.
Revue de l'Arboriculture fruitière. 1872. PRUDENT BESSON.

OBSERVATIONS. — Cette variété, que je dois à l'obligeance de MM. Simon-Louis, de Metz, est un semis de hasard trouvé sur la propriété de M. Maurice Demartini, maire de Stresa, petit village de Sardaigne. Elle y fut remarquée par M. Prudent Besson, pépiniériste à Turin, qui la propagea en lui donnant ce nom. — L'arbre, de vigueur moyenne sur cognassier, exige quelques soins pour être maintenu sous formes régulières. Sa fertilité est bonne et cependant sujette à l'alternat. Son fruit est joli et de bonne qualité. M. Prudent Besson l'indique comme cassant et mi-fondant; jusqu'à présent, il s'est montré chez moi entièrement fondant.

DESCRIPTION.

Rameaux de moyenne force, obscurément anguleux dans leur contour, droits, à entre-nœuds assez courts, d'un vert jaunâtre; lenticelles blanches, un peu larges, peu nombreuses et un peu apparentes.

Boutons à bois moyens ou assez gros, coniques, aigus, à direction peu écartée du rameau, soutenus sur des supports un peu saillants dont l'arête médiane se prolonge peu distinctement; écailles d'un marron rougeâtre foncé.

Pousses d'été d'un vert pâle et terne, bien lavées de rouge à leur sommet et glabres sur toute leur longueur.

Feuilles des pousses d'été petites, exactement ovales, se terminant un peu brusquement en une pointe un peu longue et bien fine, peu concaves et non arquées, régulièrement bordées de dents bien fines, peu profondes et aiguës, s'abaissant peu sur des pétioles de moyenne longueur, de moyenne force et un peu redressés.

Stipules assez courtes, exactement filiformes.

Feuilles stipulaires manquant le plus souvent.

Boutons à fruit moyens, conico-ovoïdes, un peu aigus; écailles d'un marron peu foncé.

Fleurs petites ou à peine moyennes; pétales ovales-elliptiques, peu concaves, à onglet assez court, peu écartés entre eux; divisions du calice un peu longues, étroites, finement aiguës et à peine recourbées en dessous; pédicelles un peu longs, grêles et presque glabres.

Feuilles des productions fruitières un peu plus grandes que celles des pousses d'été, ovales plus élargies, se terminant un peu brusquement en une pointe courte, peu concaves et non arquées, régulièrement bordées de dents extraordinairement fines, peu profondes et aiguës, assez bien soutenues sur des pétioles longs, un peu forts et un peu redressés.

Caractère saillant de l'arbre : teinte générale du feuillage d'un vert gai; toutes les feuilles bien régulières et régulièrement bordées de dents remarquablement fines et aiguës.

Fruit presque moyen, ovoïde, un peu court et épais, uni dans son contour, atteignant sa plus grande épaisseur presque au milieu de sa hauteur; au-dessus de ce point, s'atténuant par une courbe largement convexe en une pointe courte, épaisse et bien obtuse; au-dessous du même point, s'atténuant par une courbe moins convexe pour diminuer un peu sensiblement d'épaisseur vers la cavité de l'œil.

Peau fine, mince, bien unie, d'abord d'un vert pâle semé de points gris cernés d'un peu de vert plus foncé et très-nombreux. On ne remarque ordinairement aucune trace de rouille sur sa surface. A la maturité, **milieu et fin d'août**, le vert fondamental passe au jaune paille très-clair et à peine un peu doré du côté du soleil ou rarement lavé d'un soupçon de rouge.

Œil grand, ouvert, à divisions dressées et recourbées en dehors, placé presque à fleur de la base du fruit dans une dépression très-peu prononcée.

Queue longue, grêle, courbée ou contournée, attachée à fleur de la pointe du fruit.

Chair bien blanche, fine, bien fondante, abondante en eau douce, sucrée et délicatement parfumée.

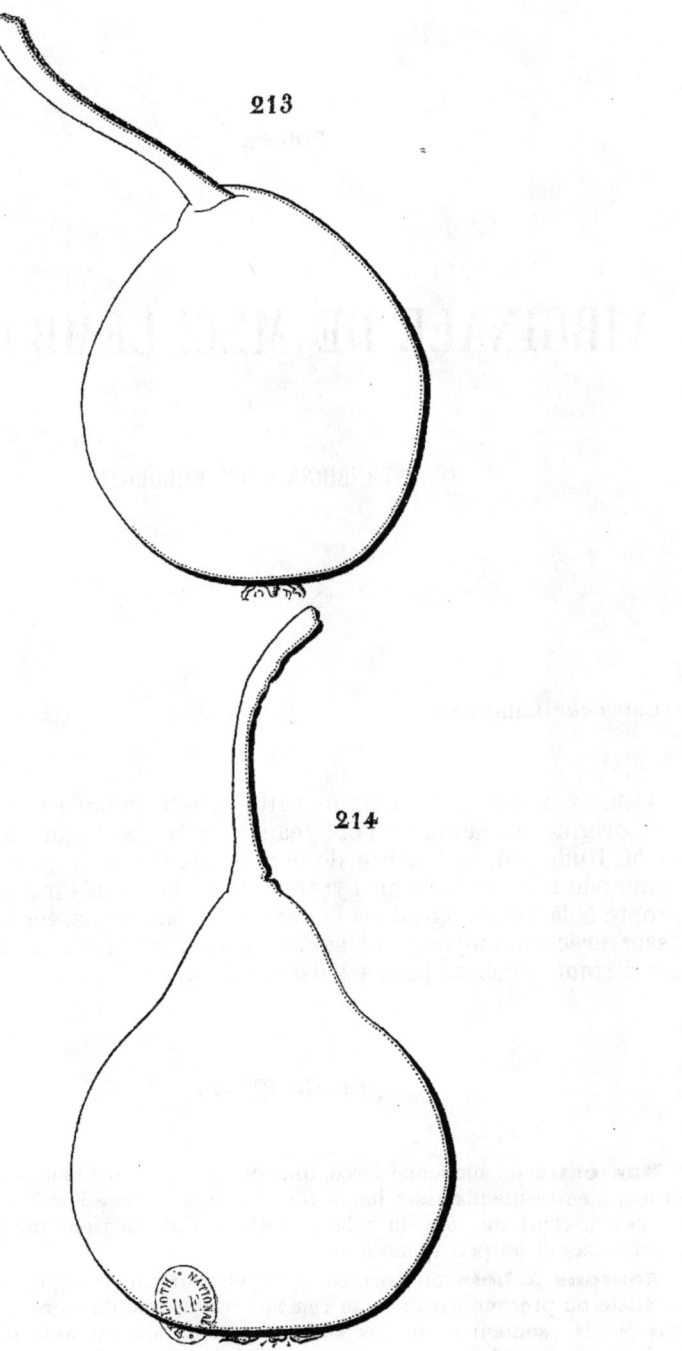

213, BELLE DE STRESA.   214, VIRGINALE DU MECKLEMBOURG.

VIRGINALE DE MECKLEMBOURG

(JUNGFERNBIRNE MECKLEMBURGER)

(N° 214)

Catalogue Jahn. 1864.

OBSERVATIONS. — Le nom de cette variété indique probablement son origine. Je la dois à l'obligeance de M. Jahn qui l'avait reçue de M. Rudolphi. — L'arbre, de bonne vigueur sur cognassier, s'accommode bien de la forme pyramidale. Sa rusticité l'indique comme propre à la haute tige dans le verger de campagne. Sa fertilité est assez précoce, moyenne et soutenue. Son fruit, bon pour la table, est surtout excellent pour les usages de la cuisine.

DESCRIPTION.

Rameaux de moyenne force, unis ou presque unis dans leur contour, droits, à entre-nœuds assez longs, d'un brun jaunâtre à l'ombre, d'un brun rougeâtre terne du côté du soleil; lenticelles blanchâtres, un peu larges, nombreuses et un peu apparentes.

Boutons à bois moyens, coniques et courtement aigus, à direction parallèle ou presque parallèle au rameau vers lequel ils se recourbent par leur pointe, soutenus sur des supports assez peu saillants dont l'arête médiane ne se prolonge pas ou très-peu distinctement; écailles d'un marron peu foncé et terne.

Pousses d'été d'un vert clair, lavées de rouge et peu duveteuses à leur sommet.

Feuilles des pousses d'été moyennes, ovales-elliptiques, se terminant un peu brusquement en une pointe courte, largement creusées en gouttière et non arquées, bordées de dents très-peu profondes, bien couchées, très-peu appréciables ou presque entières, soutenues horizontalement sur des pétioles un peu longs, un peu forts et un peu souples.

Stipules très-caduques.

Feuilles stipulaires manquant ordinairement.

Boutons à fruit moyens, conico-ovoïdes et courtement aigus; écailles d'un marron peu foncé.

Fleurs petites; pétales obovales-elliptiques, concaves, à onglet court, écartés entre eux; divisions du calice courtes, étroites et un peu recourbées en dessous; pédicelles courts, peu forts et laineux.

Feuilles des productions fruitières un peu moins grandes que celles des pousses d'été, ovales-elliptiques ou elliptiques-arrondies, se terminant un peu brusquement en une pointe courte ou très-courte, bien concaves, entières ou presque entières par leurs bords, bien soutenues sur des pétioles très-longs, grêles et cependant bien fermes.

Caractère saillant de l'arbre : teinte générale du feuillage d'un vert herbacé un peu foncé et un peu brillant; toutes les feuilles bien creusées en gouttière ou bien concaves, entières ou presque entières par leurs bords; pétioles des feuilles des productions fruitières extraordinairement longs.

Fruit moyen, régulièrement conique ou conique-piriforme, uni dans son contour, atteignant sa plus grande épaisseur bien au-dessous du milieu de sa hauteur; au-dessus de ce point, s'atténuant par une courbe à peine convexe ou à peine concave en une pointe longue, maigre et aiguë à son sommet; au-dessous du même point, s'atténuant par une courbe largement convexe pour s'aplatir ensuite un peu autour de l'œil.

Peau mince et fine, d'abord d'un vert clair et vif semé de points gris, largement cernés de vert plus foncé, nombreux, régulièrement espacés et bien apparents. On remarque ordinairement un peu de rouille fauve sur le sommet de la pointe du fruit. A la maturité, **milieu et fin d'août**, le vert fondamental passe au jaune citron intense, et le côté du soleil est lavé de rouge sanguin sur lequel ressortent bien des points grisâtres cernés de rouge plus foncé.

Œil grand, ouvert, à divisions étalées, bien finement aiguës, placé presque à fleur de la base du fruit dans une dépression très-peu sensible et bien régulière.

Queue assez longue, un peu forte, ligneuse et cependant souple, un peu courbée et formant exactement la continuation de la pointe du fruit.

Chair blanche, demi-fine, cassante, peu abondante en eau richement sucrée et agréablement relevée.

SIMON BOUVIER

(N° 215)

Album de pomologie. Bivort.
Notices pomologiques. de Liron d'Airoles.
Dictionnaire de pomologie. André Leroy.

Observations. — Cette variété est un gain de M. Simon Bouvier, de Jodoigne, et donna ses premiers fruits en 1818. Elle ne doit pas être confondue, ainsi que l'a fait M. Downing, avec la Poire Souvenir de Simon Bouvier qui fut obtenue en 1833 par M. Grégoire, de Jodoigne. — L'arbre, de vigueur moyenne sur cognassier, exige quelques soins pour être maintenu sous formes régulières. Sa fertilité précoce et bonne est aussi interrompue par des alternats partiels. Son fruit est de première qualité.

DESCRIPTION.

Rameaux peu forts, finement anguleux dans leur contour, à peine flexueux, à entre-nœuds courts, d'un brun rougeâtre ; lenticelles blanchâtres, un peu larges, bien arrondies, bien régulièrement espacées et bien apparentes.
Boutons à bois petits, coniques assez courts, bien aigus, à direction bien écartée du rameau ou presque perpendiculaire, soutenus sur des supports bien renflés dont l'arête médiane se prolonge finement et distinctement ; écailles d'un marron rougeâtre foncé.
Pousses d'été d'un vert d'eau très-clair, lavées de rouge du côté du soleil et glabres sur presque toute leur longueur.

Feuilles des pousses d'été petites, obovales un peu allongées, se terminant peu brusquement en une pointe un peu longue et fine, à peine concaves ou repliées sur leur nervure médiane, bordées de dents peu profondes, couchées et aiguës, mal soutenues sur des pétioles courts, très-grêles et très-flexibles.

Stipules de moyenne longueur ou un peu longues, linéaires-étroites et dentées.

Feuilles stipulaires assez fréquentes.

Boutons à fruit moyens, coniques, un peu renflés, un peu allongés et aigus; écailles d'un beau marron rougeâtre.

Fleurs assez petites; pétales ovales-arrondis, peu concaves, à onglet court, peu écartés entre eux; divisions du calice de moyenne longueur; pédicelles longs, assez forts et peu duveteux.

Feuilles des productions fruitières moyennes, ovales-elliptiques et un peu allongées, se terminant presque régulièrement en une pointe un peu longue, planes ou à peine concaves, bordées de dents peu profondes, bien couchées et peu aiguës, mal soutenues sur des pétioles très-longs, très-grêles et très-souples.

Caractère saillant de l'arbre : teinte générale du feuillage d'un vert intense et luisant; toutes les feuilles plus ou moins allongées; tous les pétioles bien grêles; pousses d'été bien lavées de rouge.

Fruit presque moyen, conique ou sphérico-conique, uni dans son contour, atteignant sa plus grande épaisseur un peu au-dessous du milieu de sa hauteur; au-dessus de ce point, s'atténuant par une courbe d'abord peu convexe puis à peine concave en une pointe plus ou moins longue, un peu épaisse, obtuse ou tronquée à son sommet; au-dessous du même point, s'arrondissant par une courbe assez convexe jusque vers l'œil.

Peau un peu épaisse et cependant tendre, d'abord d'un vert clair et vif semé de petits points cernés d'un peu de vert plus foncé. Rarement on trouve quelques traces de rouille sur sa surface. A la maturité, **milieu d'août**, le vert fondamental passe au jaune clair, conservant parfois un ton un peu verdâtre et le côté du soleil est flammé ou taché d'un rouge sanguin peu dense.

Œil grand, ouvert, placé presque à fleur de la base du fruit dans une dépression étroite, très-peu profonde, souvent largement et très-peu profondément plissée par ses bords.

Queue de moyenne longueur, un peu forte, un peu courbée, attachée dans un pli souvent irrégulier formé par la pointe du fruit.

Chair d'un blanc un peu jaunâtre ou un peu verdâtre, demi-fine, bien tendre, bien fondante, ruisselante en eau sucrée et délicatement parfumée.

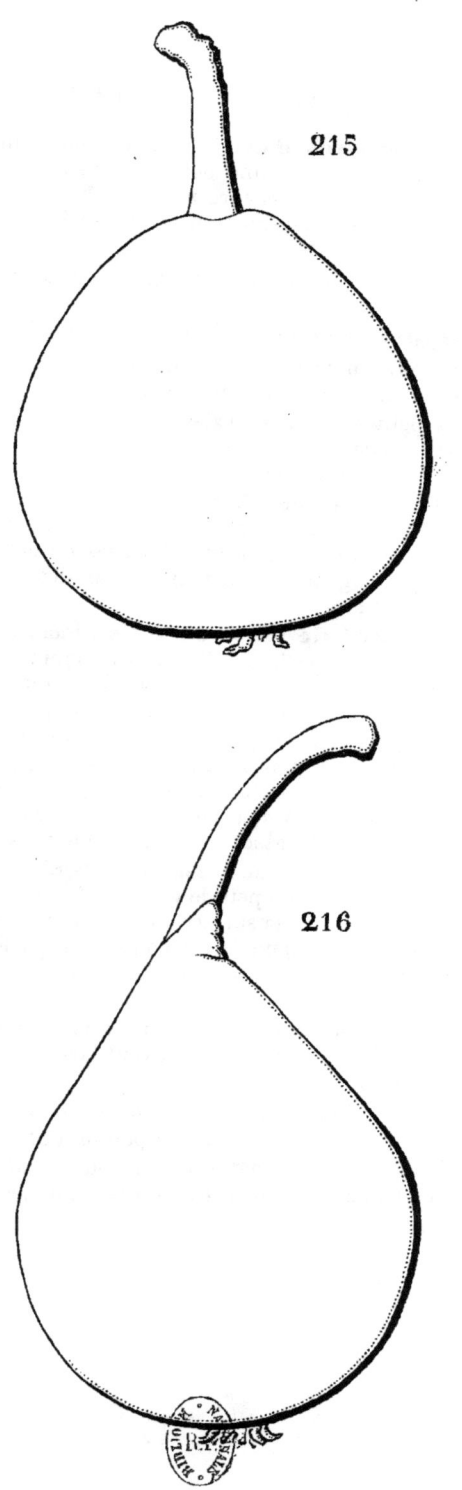

215. SIMON BOUVIER. 216. ÉGÉRIE.

ÉGÉRIE

(N° 216)

Notice pomologique. DE LIRON D'AIROLES.
Dictionnaire de pomologie. ANDRÉ LEROY.

OBSERVATIONS. — Cette variété fut trouvée, en 1836, par M. Tavernier de Boullongne, dans le bois de la Bodinière, commune de Trelazé, près d'Angers (Maine-et-Loire).—L'arbre, de bonne vigueur sur cognassier, est propre à former sur ce sujet de grandes et belles pyramides. Sa fertilité assez précoce, seulement moyenne, est interrompue par des alternats complets. Son fruit, seulement de seconde qualité, doit être entre-cueilli longtemps d'avance.

DESCRIPTION.

Rameaux de moyenne force, presque unis dans leur contour, à peine flexueux, à entre-nœuds de moyenne longueur, de couleur noisette un peu teintée de rouge du côté du soleil; lenticelles grisâtres, larges, rares et peu apparentes.
Boutons à bois petits, courts et courtement aigus, à direction parallèle au rameau, soutenus sur des supports peu saillants dont l'arête médiane ne se prolonge pas ou très-obscurément; écailles d'un marron rougeâtre foncé et terne.
Pousses d'été d'un vert teinté de jaune et terne, bien colorées de rouge sur une grande longueur et presque glabres à leur sommet.
Feuilles des pousses d'été petites, cordiformes-ovales ou cordiformes-arrondies, se terminant brusquement en une pointe très-courte, creusées

en gouttière et arquées, bordées de dents peu profondes et émoussées, assez bien soutenues sur des pétioles courts, un peu forts et fermes.

Stipules en alênes extraordinairement courtes et très-caduques.

Feuilles stipulaires manquant toujours.

Boutons à fruit assez petits, conico-ovoïdes et courtement aigus ; écailles d'un marron très-foncé presque noir.

Fleurs presque moyennes ; pétales elliptiques-arrondis, presque planes. à onglet peu long, peu écartés entre eux ; divisions du calice courtes et peu recourbées en dessous ; pédicelles assez longs, grêles et à peine duveteux.

Feuilles des productions fruitières petites, plus ou moins régulièrement cordiformes, se terminant le plus souvent en une pointe imperceptible ou nulle, creusées en gouttière et arquées, entières ou presque entières par leurs bords, assez bien soutenues sur des pétioles assez courts, peu forts et peu flexibles.

Caractère saillant de l'arbre : teinte générale du feuillage d'un vert herbacé clair ; les plus jeunes feuilles régulièrement bordées de rouge ; toutes les feuilles tendant à la forme en cœur ; tous les pétioles courts et plus ou moins fermes.

Fruit moyen ou presque moyen, presque régulièrement ovoïde, ordinairement uni dans son contour, atteignant sa plus grande épaisseur bien au-dessous de milieu de sa hauteur ; au-dessus de ce point, s'atténuant par une courbe d'abord convexe puis assez brusquement et largement concave en une pointe assez longue, maigre et bien aiguë à son sommet ; au-dessous du même point s'atténuant bien par une courbe très-largement convexe pour diminuer très-sensiblement d'épaisseur vers la cavité de l'œil.

Peau un peu ferme, d'abord d'un vert assez intense semé de points d'un vert plus foncé, larges, très-nombreux et bien apparents. On ne remarque ordinairement aucune trace de rouille sur sa surface. A la maturité, **milieu et fin d'août**, le vert fondamental passe au jaune citron conservant un ton un peu verdâtre et le côté du soleil se distingue seulement par un ton un peu plus chaud.

Œil moyen, à divisions bien dressées, saillant sur la base du fruit où il est entouré de plis divergents.

Queue bien longue, de moyenne force, ordinairement courbée, ligneuse et un peu souple, formant exactement la continuation de la pointe du fruit.

Chair blanchâtre, un peu teintée de vert immédiatement sous la peau, assez peu fine, demi-beurrée, insuffisante en eau sucrée, relevée d'un acide assez agréable.

LONGUE-SUCRÉE

(ZUCKERBIRNE LANGE)

(N° 217)

Catalogue JAHN. 1864.

OBSERVATIONS. — Je tiens cette variété de M. Jahn, et dans son catalogue il fait seulement connaître qu'il l'avait reçue de M. Oberdieck. Serait-elle la même que le pomologiste hanôvrien mentionne dans le catalogue placé à la fin de son *Anleitung der besten Obstes*, sous le nom de Zuckerbirne Böhmische lange grüne et alors originaire de la Bohême ? — L'arbre, de bonne vigueur sur cognassier, exige quelques soins et surtout une taille courte pour être maintenu sous formes régulières. Sa fertilité est précoce, seulement moyenne et soutenue. Son fruit n'est que de troisième qualité.

DESCRIPTION.

Rameaux de moyenne force et allongés, unis dans leur contour, droits, à entre-nœuds de moyenne longueur ou un peu longs, d'un gris jaunâtre ou verdâtre du côté de l'ombre, d'un gris rougeâtre du côté du soleil; lenticelles grisâtres, un peu larges, nombreuses, régulièrement espacées et assez apparentes.

Boutons à bois très-petits, coniques, peu aigus, presque aplatis et appliqués au rameau, soutenus sur des supports extraordinairement peu saillants dont les côtés et l'arête médiane ne se prolongent pas ; écailles d'un marron noirâtre et brillant.

Pousses d'été d'un vert d'eau, lavées de rouge vineux et couvertes à leur sommet d'un duvet blanc, très-court et très-épais.

Feuilles des pousses d'été assez grandes, ovales-élargies, se terminant régulièrement en une pointe très-finement aiguë, bien repliées sur leur nervure médiane et arquées, entières ou presque entières par leurs bords, s'abaissant à peine sur des pétioles longs, un peu forts et un peu souples.

Stipules en alènes longues, bien finement aiguës et souvent recourbées.

Feuilles stipulaires manquant ordinairement.

Boutons à fruit moyens, conico-ovoïdes, un peu allongés et aigus ; écailles d'un marron rougeâtre foncé.

Fleurs très-grandes ; pétales elliptiques-arrondis, peu concaves, à onglet court, se touchant entre eux ; divisions du calice de moyenne longueur, étroites, presque annulaires ; pédicelles extraordinairement longs, peu forts et presque glabres.

Feuilles des productions fruitières moyennes, ovales-élargies, se terminant presque régulièrement en une pointe finement aiguë, presque planes et ordinairement largement ondulées dans leur contour, entières ou presque entières par leurs bords, mollement soutenues sur des pétioles de moyenne longueur, très-grêles et très-souples.

Caractère saillant de l'arbre : teinte générale du feuillage d'un vert d'eau vif et brillant ; feuilles des productions fruitières très-mollement soutenues sur leurs pétioles ; toutes les feuilles très-finement acuminées, entières ou presque entières par leurs bords.

Fruit presque moyen, conique-piriforme, bien uni dans son contour, atteignant sa plus grande épaisseur bien au-dessous du milieu de sa hauteur ; au-dessus de ce point, s'atténuant par une courbe d'abord à peine convexe puis à peine concave en une pointe plus ou moins longue et aiguë ; au-dessous du même point, s'atténuant par une courbe largement convexe jusque vers l'œil.

Peau un peu ferme, d'abord d'un vert peu foncé et mat semé de points d'un gris brun, très-nombreux, très-serrés et bien régulièrement espacés. On ne remarque ordinairement aucune trace de rouille sur sa surface. A la maturité, **fin d'août**, le vert fondamental passe au jaune pâle et mat sur lequel les points sont encore plus apparents, et le côté du soleil se couvre d'un nuage de rouge sombre sur lequel ressortent de petits points d'un gris blanchâtre.

Œil assez grand, demi-ouvert ou presque ouvert, placé presque à fleur du fruit dans une dépression très-peu creusée et régulière.

Queue longue, bien grêle, bien souple, formant exactement la continuation de la pointe du fruit.

Chair blanchâtre, peu fine, cassante, marcescente, insuffisante en eau sucrée, acidulée et à peine parfumée.

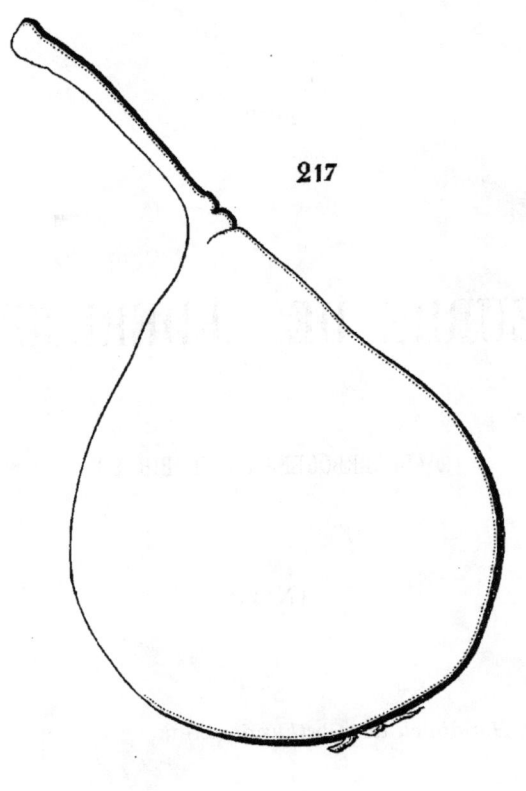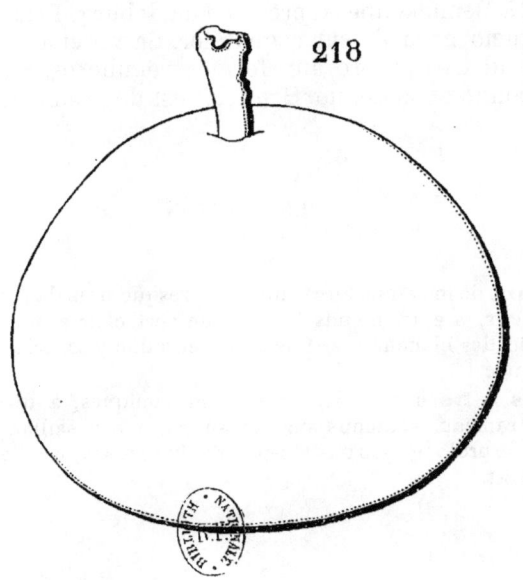

217, LONGUE-SUCRÉE. 218, BEURRÉ DE LEDERBOGEN.

BEURRÉ DE LEDERBOGEN

(LEDERBOGENS BUTTERBIRNE)

(N° 218)

Illustrirtes Handbuch der Obstkunde. Jahn.

Observations. — D'après M. Jahn, le pied-mère de cette variété fut trouvé, il y a environ cinquante ans, dans le jardin de M. Lederbogen, à Bennekenbeck, près de Magdeburg, Prusse. — L'arbre est de vigueur normale sur cognassier. Sa végétation, bien équilibrée, le rend très-propre aux formes régulières. Sa fertilité est précoce, bonne et soutenue. Son fruit est de première qualité.

DESCRIPTION.

Rameaux de moyenne force, unis ou presque unis dans leur contour, à peine flexueux, à entre-nœuds longs, d'un vert clair et un peu teintés de jaune ; lenticelles blanchâtres, fines, un peu allongées, très-nombreuses et peu apparentes.

Boutons à bois moyens, exactement coniques, à direction un peu écartée du rameau, soutenus sur des supports peu saillants dont l'arête médiane ne se prolonge pas ou très-peu distinctement ; écailles d'un marron clair et brillant.

Pousses d'été d'un vert clair, lavées de rouge et un peu laineuses à leur sommet.

Feuilles des pousses d'été moyennes, ovales-allongées, étroites, se terminant régulièrement en une pointe courte, creusées en gouttière et arquées, paraissant largement crénelées plutôt que dentées, s'abaissant un peu sur des pétioles longs, peu forts et un peu souples.

Stipules en alênes longues et fines.

Feuilles stipulaires manquant ordinairement.

Boutons à fruit assez petits, conico-ovoïdes, aigus; écailles d'un marron peu foncé.

Fleurs presque moyennes; pétales elliptiques, concaves, à onglet court, peu écartés entre eux; divisions du calice de moyenne longueur, étroites et peu recourbées en dessous; pédicelles un peu longs, peu forts et laineux.

Feuilles des productions fruitières moins longues et un peu plus élargies que celles des pousses d'été, se terminant régulièrement en une pointe finement aiguë, peu repliées sur leur nervure médiane et bien arquées, bordées de dents très-peu profondes, bien couchées et un peu aiguës, irrégulièrement soutenues sur des pétioles de moyenne longueur, grêles, raides et divergents.

Caractère saillant de l'arbre : teinte générale du feuillage d'un vert pré clair et peu brillant; toutes les feuilles plus ou moins allongées et plus ou moins étroites, bien régulièrement creusées en gouttière et bien régulièrement arquées.

Fruit presque moyen, sphérico-conique, uni dans son contour, atteignant sa plus grande épaisseur au-dessous du milieu de sa hauteur; au-dessus de ce point, se terminant presque en demi-sphère; au-dessous du même point, s'arrondissant d'abord par une courbe bien convexe, pour ensuite s'aplatir autour de la cavité de l'œil.

Peau assez mince et fine, d'abord d'un vert clair et gai semé de points d'un gris brun, très-petits, nombreux et bien régulièrement espacés. Parfois on remarque un peu de rouille sur le sommet du fruit et dans la cavité de l'œil. A l. maturité, **septembre**, le vert fondamental s'éclaircit un peu en jaune et le côté du soleil, sur les fruits bien exposés, est lavé ou flammé de rouge sanguin.

Œil grand, bien ouvert, placé dans une cavité peu profonde, bien évasée et ordinairement régulière.

Queue courte, forte, bien épaissie à son point d'attache au rameau, fixée le plus souvent perpendiculairement dans un pli régulier et peu prononcé.

Chair blanche, demi-fine, bien fondante, abondante en eau richement sucrée et délicatement parfumée.

DES TROIS FRÈRES

(N° 219)

Catalogue Simon-Louis, de Metz.

Observations. — MM. Simon-Louis, de Metz, expliquent ainsi l'origine de cette variété : « Cette variété est originaire de la même contrée que la Bergamotte Silvange, située à quelques lieues de Metz. Quoique nouvelle encore, elle n'en est pas moins déjà très-répandue dans nos environs, et depuis plusieurs années, ses fruits abondent, pendant la première quinzaine d'août, sur les marchés de notre ville où ils sont connus et appréciés. D'accord avec les principaux amateurs de la contrée, nous pensons qu'il est convenable de dédier ce nouveau fruit à MM. Maline, de Metz, qui n'en sont pas précisément les obtenteurs, mais bien les zélés propagateurs. » — L'arbre, de vigueur contenue sur cognassier, exige une taille courte pour en obtenir des formes régulières. De vigueur normale sur franc, il forme de belles pyramides, d'un rapport précoce, bon et soutenu. Il convient très-bien aussi au grand verger. Son fruit, d'assez bonne qualité, doit être entre-cueilli pour lui assurer toute sa saveur.

DESCRIPTION.

Rameaux d'une force moyenne et assez bien soutenue jusqu'à leur sommet, à peine anguleux dans leur contour, droits, à entre-nœuds courts ou assez courts, d'un brun jaunâtre du côté de l'ombre et à peine teintés de rouge du côté du soleil ; lenticelles blanchâtres, un peu larges, assez peu nombreuses et apparentes,

Boutons à bois moyens, coniques, allongés et bien aigus, à direction plus ou moins écartée du rameau, soutenus sur des supports peu saillants dont l'arête médiane se prolonge assez peu distinctement; écailles d'un marron rougeâtre foncé et brillant, largement bordées de gris blanchâtre.

Pousses d'été d'un vert vif, colorées d'un rouge sanguin vif qui s'étend de bonne heure du côté du soleil, couvertes à leur sommet d'un duvet blanc, long et soyeux.

Feuilles des pousses d'été grandes, elliptiques-arrondies, se terminant brusquement en une pointe courte, bien creusées en gouttière et arquées, bordées de dents longues, inégales entre elles, peu profondes et bien couchées, s'abaissant sur des pétioles de moyenne longueur, un peu forts, horizontaux et un peu recourbés.

Stipules de moyenne longueur, linéaires-étroites.

Feuilles stipulaires se présentant quelquefois.

Boutons à fruit assez gros, ovoïdes-allongés et bien aigus; écailles d'un marron peu foncé.

Fleurs assez grandes; pétales ovales-elliptiques, concaves, à onglet très-long, bien écartés entre eux; divisions du calice courtes, étroites, finement aiguës et peu recourbées en dessous; pédicelles de moyenne longueur, très-grêles et peu duveteux.

Feuilles des productions fruitières plus grandes que celles des pousses d'été, elliptiques-arrondies, se terminant presque régulièrement en une pointe peu aiguë, bien creusées en gouttière et arquées, régulièrement bordées de dents très-fines, très-peu profondes et émoussées, irrégulièrement soutenues sur des pétioles longs, forts et divergents.

Caractère saillant de l'arbre : teinte générale du feuillage d'un vert des plus intenses, toutes les feuilles bien amples et bien creusées en gouttière; feuilles les plus jeunes lavées et bordées d'un rouge mordoré.

Fruit moyen, conique, tantôt assez court, tantôt un peu allongé, parfois sphérico-conique, bien uni dans son contour, atteignant sa plus grande épaisseur bien au-dessous du milieu de sa hauteur; au-dessus de ce point, s'atténuant par une courbe à peine ou peu convexe en une pointe plus ou moins longue, un peu épaisse et obtuse à son sommet; au-dessous du même point, s'arrondissant par une courbe assez convexe jusque vers l'œil.

Peau bien fine et mince, d'abord d'un vert décidé semé de points gris cernés de vert plus foncé, bien nombreux et un peu apparents. Rarement on remarque un peu de rouille sur le sommet du fruit. A la maturité, **milieu et fin d'août**, le vert fondamental s'éclaircit un peu en jaune et le côté du soleil se distingue à peine par un ton un peu plus chaud.

Œil assez grand, ouvert, à divisions longues et étroites, placé presque à fleur de la base du fruit dans une dépression très-peu prononcée.

Queue longue, un peu forte, ligneuse et un peu souple, attachée le plus souvent perpendiculairement dans un pli peu prononcé formé par la pointe du fruit.

Chair d'un blanc bien teinté de vert, peu fine, demi-fondante, abondante en eau douce, sucrée, relevée d'une saveur agréable et rafraîchissante.

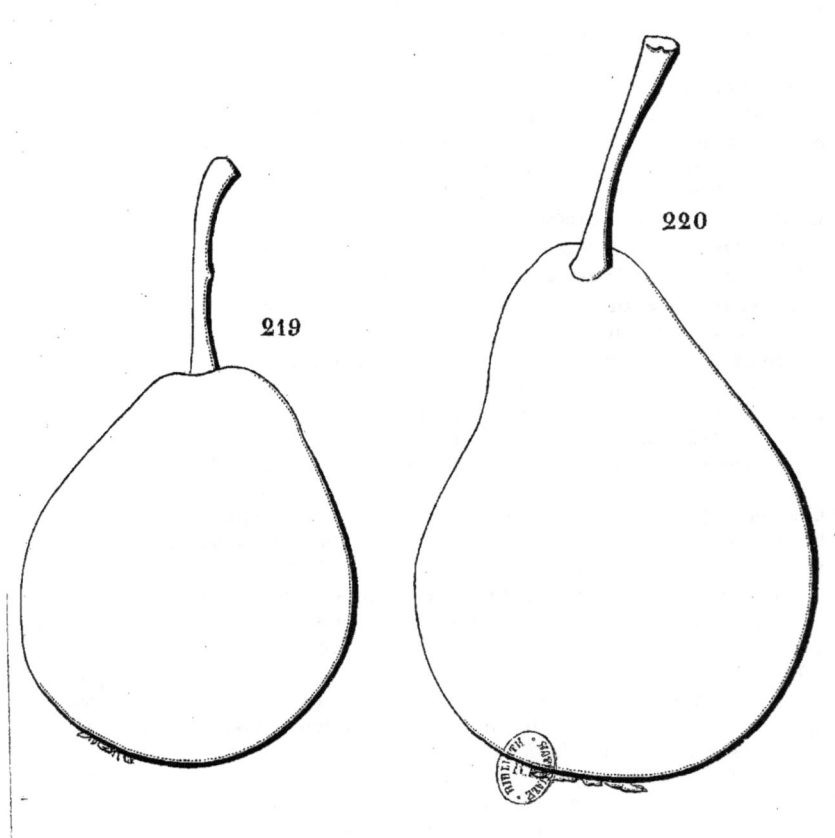

219. DES TROIS FRÈRES. 220. GLOWARD.

GLOWARD

(N° 220)

Dictionnaire de pomologie. ANDRÉ LEROY.

OBSERVATIONS. — Le nom de cette variété semblerait indiquer une origine anglaise ou américaine ; cependant elle n'est mentionnée par aucun des pomologistes dont j'ai pu consulter les ouvrages. M. André Leroy, qui me l'a transmise, l'avait trouvée cultivée, depuis environ 1838, dans le jardin du Comice horticole d'Angers. — L'arbre, de vigueur normale sur cognassier, s'accommode bien de la forme pyramidale. Sa fertilité est assez précoce, grande les années de rapport, mais interrompue par des alternats complets. Son fruit est seulement de seconde qualité.

DESCRIPTION.

Rameaux assez forts, obscurément anguleux dans leur contour, droits, à entre-nœuds courts, d'un rouge sanguin intense ; lenticelles blanchâtres, assez larges, un peu allongées, peu nombreuses et apparentes.

Boutons à bois moyens, coniques, très-courts, bien épaissis à leur base et courtement aigus, à direction écartée du rameau, soutenus sur des supports très-peu saillants dont les côtés et l'arête médiane se prolongent obscurément ; écailles rougeâtres et largement ombrées de gris.

Pousses d'été d'un vert vif, à peine lavées de rouge et à peine duveteuses à leur sommet.

Feuilles des pousses d'été moyennes ou assez grandes, ovales-élargies, se terminant peu brusquement en une pointe longue, large et cependant bien aiguë, peu repliées sur leur nervure médiane ou presque planes, bordées de dents bien larges, un peu profondes et obtuses, soutenues horizontalement sur des pétioles longs, assez forts, horizontaux et fermes.

Stipules assez longues, linéaires, très-étroites.

Feuilles stipulaires manquant ordinairement.

Boutons à fruit moyens, conico-ovoïdes, courts et courtement aigus; écailles d'un marron jaunâtre.

Fleurs petites; pétales arrondis, peu concaves, bien étalés, un peu lavés de rose avant l'épanouissement; divisions du calice assez courtes et un peu réfléchies en dessous; pédicelles assez longs, assez forts et peu duveteux.

Feuilles des productions fruitières moins grandes que celles des pousses d'été, ovales-elliptiques, se terminant plus ou moins brusquement en une pointe très-courte, un peu concaves ou presque planes, bordées de dents bien couchées, très-peu profondes et émoussées, bien soutenues sur des pétioles longs, assez grêles, bien divergents et raides.

Caractère saillant de l'arbre : teinte générale du feuillage d'un vert intense et peu brillant; tous les pétioles raides et tendant à la direction horizontale; pétioles des feuilles les plus jeunes colorés d'un joli rose.

Fruit moyen, ovoïde-piriforme, souvent un peu déformé dans son contour, atteignant sa plus grande épaisseur bien au-dessous du milieu de sa hauteur; au-dessus de ce point, s'atténuant par une courbe d'abord un peu convexe puis largement concave en une pointe longue, un peu épaisse, bien obtuse ou un peu tronquée à son sommet; au-dessous du même point, s'atténuant par une courbe très-largement convexe pour diminuer un peu d'épaisseur vers la cavité de l'œil.

Peau un peu épaisse et cependant tendre, d'abord d'un vert vif voilé d'une sorte de fleur blanche et semé de points d'un gris brun, larges et assez peu apparents. Souvent de larges taches d'une rouille brune, épaisse et rude au toucher se dispersent sur la surface du fruit. A la maturité, **septembre**, le vert fondamental passe au jaune verdâtre et le côté du soleil se distingue seulement par un ton un peu plus chaud.

Œil grand, ouvert, à divisions bien étalées, placé dans une cavité étroite, peu profonde, unie dans ses parois et par ses bords.

Queue de moyenne longueur, de moyenne force, bien ligneuse, de couleur bois, un peu courbée, attachée le plus souvent obliquement dans un pli formé par la pointe du fruit.

Chair blanche, demi-fine, beurrée, un peu pierreuse vers le cœur, suffisante en eau douce, sucrée et légèrement parfumée.

BEURRÉ MAUXION

(N° 221)

Catalogue Dupuy-Jamain. 1855.
The Fruits and the fruit-trees of America. Downing.
Jardin fruitier du Muséum. Decaisne.

OBSERVATIONS. — Cette variété est le produit d'un semis de hasard et fut trouvée par M. Dupuy-Jamain, dans la haie du jardin de M. Mauxion, à Orbigny (Indre-et-Loire). — L'arbre, de vigueur contenue sur cognassier, ne peut suffire qu'à de petites formes sur ce sujet, et s'accommode surtout de celle de fuseau. Sa fertilité est assez précoce, très-grande les années de rapport, mais interrompue par des alternats complets. Son fruit est de première qualité et sa maturation est assez prolongée.

DESCRIPTION.

Rameaux de moyenne force, unis dans leur contour, coudés à leurs entre-nœuds, bruns du côté de l'ombre, teintés de rouge du côté du soleil et surtout vers les nœuds ; lenticelles blanches, un peu larges, un peu allongées, bien régulièrement espacées et apparentes.

Boutons à bois assez petits, coniques, un peu maigres et aigus, souvent éperonnés, à direction bien écartée du rameau, soutenus sur des supports renflés dont les côtés et l'arête médiane se prolongent peu ; écailles d'un marron rougeâtre foncé, bordées de gris argenté.

Pousses d'été d'un vert gai, colorées de rouge et un peu duveteuses à leur sommet.

Feuilles des pousses d'été à peine moyennes, ovales-elliptiques, étroites, sensiblement atténuées à leurs deux extrémités, se terminant peu brusquement en une pointe longue, planes ou presque planes, bordées de dents souvent larges, profondes et aiguës, bien soutenues sur des pétioles longs, très-grêles et cependant raides et redressés.

Stipules en alênes un peu longues et presque filiformes.

Feuilles stipulaires fréquentes.

Boutons à fruit petits, conico-ellipsoïdes, émoussés; écailles d'un marron rougeâtre bien foncé.

Fleurs petites; pétales ovales-elliptiques, bien obtus à leur sommet, concaves, à onglet très-court et cependant écartés entre eux, peu lavées de rose avant l'épanouissement; divisions du calice étroites, finement aiguës et réfléchies en dessous; pédicelles courts, forts et duveteux.

Feuilles des productions fruitières moyennes, ovales un peu allongées et à peine atténuées vers le pétiole, se terminant peu brusquement en une pointe peu longue, bordées de dents peu profondes et émoussées, creusées en gouttière et arquées, assez peu soutenues sur des pétioles de moyenne longueur, grêles et un peu flexibles.

Caractère saillant de l'arbre : teinte générale du feuillage d'un vert décidé; stipules remarquablement fines; tous les pétioles grêles.

Fruit moyen ou à peine moyen, tantôt sphérique déprimé à ses deux pôles, tantôt sphérico-conique, uni dans son contour, atteignant sa plus grande épaisseur à peu près au milieu de sa hauteur; au-dessus de ce point, tantôt s'arrondissant presque en demi-sphère par une courbe assez convexe, tantôt s'atténuant promptement par une courbe largement convexe en une pointe courte, épaisse et obtuse à son sommet; au-dessous du même point, s'arrondissant par une courbe bien convexe pour s'aplatir ensuite un peu autour de la cavité de l'œil.

Peau d'abord d'un vert d'eau peu foncé semé de petits points bruns, nombreux, régulièrement espacés, souvent cachés sous de larges taches d'une rouille fine, de couleur fauve, se dispersant sur la surface du fruit et se condensant sur son sommet et dans la cavité de l'œil. A la maturité, **septembre**, le vert fondamental passe au jaune paille voilé en grande partie par un nuage de rouille et, sur les fruits bien exposés, le côté du soleil est lavé d'un rouge brun doré.

Œil grand, ouvert, placé dans une dépression peu profonde, bien évasée, ordinairement plissée dans ses parois et par ses bords.

Queue très-courte, très-forte, charnue, attachée à fleur du sommet du fruit.

Chair blanchâtre, bien fine, tassée, beurrée, entièrement fondante, abondante en eau richement sucrée et parfumée.

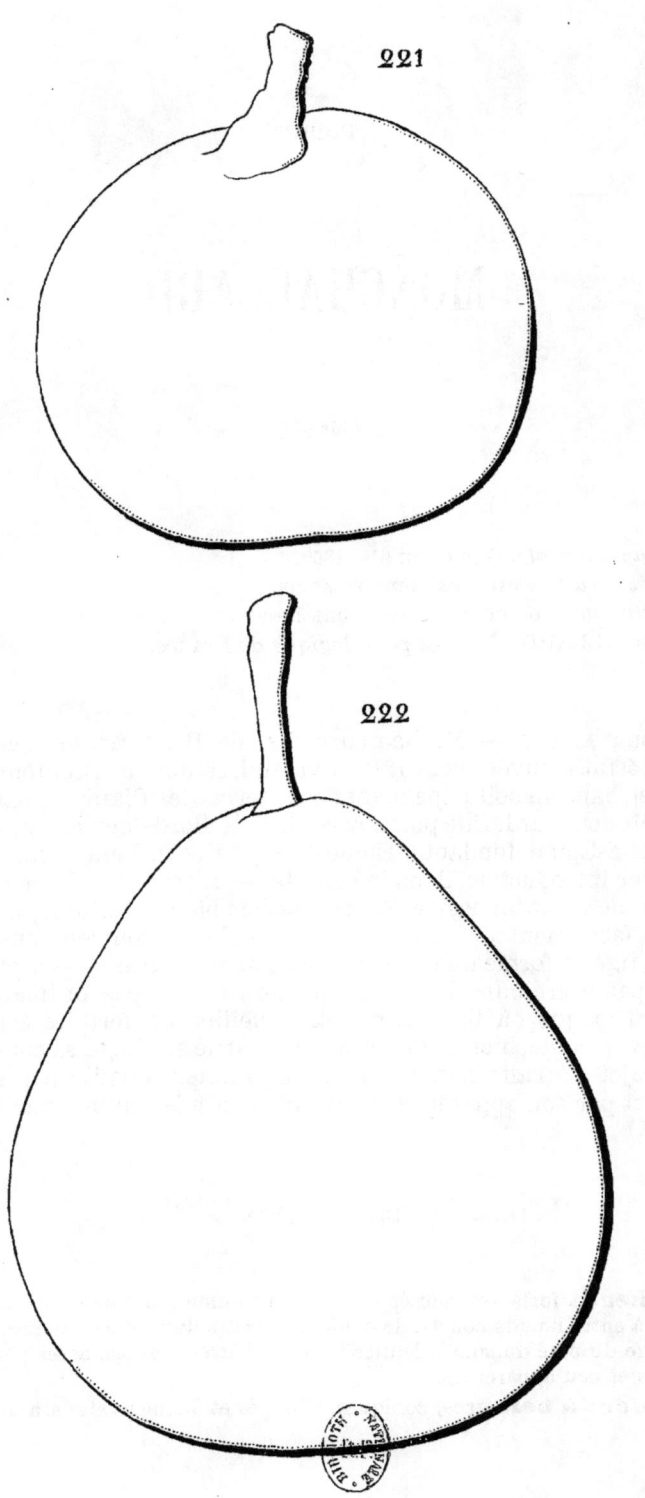

221. BEURRÉ MAUXION. 222. MONCHALLARD.

MONCHALLARD

(N° 222)

Revue horticole. GAGNAIRE fils. 1865.
Jardin fruitier du Muséum. DECAISNE.
Dictionnaire de pomologie. ANDRÉ LEROY.
MONSALLARD. *Congrès pomologique de France.*

OBSERVATIONS. — M. Gagnaire fils, de Bergerac, dit que cette variété fut trouvée, vers 1810, à Valeuil, canton de Brantôme (Dordogne), dans un bois dépendant de sa terre des Biards, appartenant à M. Monchallard. Elle porte aussi dans le Bordelais les synonymes de Belle-Epine fondante, Epine-Rose de Jean Lamy, qui fut son premier introducteur dans la contrée. — L'arbre est d'une vigueur contenue sur cognassier. Sa végétation, bien équilibrée, s'accommode facilement de la forme pyramidale. Il convient aussi à la haute tige et forme une tête régulière dont les fruits assez précoces n'ont pas à craindre les vents qui ne règnent pas ordinairement avant l'époque où ils doivent être cueillis. Sa fertilité est assez précoce, grande, bien régulièrement répartie sur toute sa charpente, peu sujette à l'alternat. Son fruit de première qualité, par son volume et par son apparence, convient bien à la culture de spéculation.

DESCRIPTION.

Rameaux forts, souvent épaissis à leur sommet, unis dans leur contour, droits, à entre-nœuds courts, de couleur noisette du côté de l'ombre, teintés de rouge du côté du soleil; lenticelles blanchâtres, petites, assez peu nombreuses et peu apparentes.

Boutons à bois gros, coniques, allongés et finement aigus, à direction plus ou moins écartée du rameau, soutenus sur des supports peu saillants dont les côtés et l'arête médiane ne se prolongent pas ; écailles d'un marron rougeâtre très-foncé.

Pousses d'été d'un vert intense, un peu lavées de rouge et courtement duveteuses à leur sommet.

Feuilles des pousses d'été assez grandes, ovales bien allongées et étroites, se terminant régulièrement en une pointe bien aiguë, régulièrement creusées en gouttière et peu arquées, bordées de dents très-larges, très-profondes et peu aiguës, s'abaissant sur des pétioles longs, de moyenne force, peu redressés et peu souples.

Stipules en alênes courtes, très-fines et très-caduques.

Feuilles stipulaires manquant ordinairement.

Boutons à fruit assez gros, conico-ovoïdes et bien finement aigus ; écailles d'un marron rougeâtre foncé.

Fleurs petites ; pétales ovales-arrondis, un peu concaves, entièrement blancs avant et après l'épanouissement ; divisions du calice courtes, étroites et étalées ; pédicelles de moyenne longueur, un peu forts et peu duveteux.

Feuilles des productions fruitières bien plus grandes que celles des pousses d'été, ovales-élargies, se terminant un peu brusquement en une pointe courte et bien aiguë, bien creusées en gouttière et arquées, bordées de dents très-profondes, recourbées et aiguës, mal soutenues sur des pétioles très-longs, de moyenne force et bien souples.

Caractère saillant de l'arbre : teinte générale du feuillage d'un vert vif mais peu brillant ; feuilles des productions fruitières beaucoup plus amples que celles des pousses d'été, mal soutenues sur des pétioles extraordinairement longs et souples ; toutes les feuilles très-profondément dentées.

Fruit gros, régulièrement conique, bien uni dans son contour, atteignant sa plus grande épaisseur bien au-dessous du milieu de sa hauteur ; au-dessus de ce point, s'atténuant par une courbe à peine convexe ou à peine concave en une pointe longue, épaisse, largement obtuse ou même un peu tronquée à son sommet ; au-dessous du même point, s'atténuant par une courbe largement convexe pour s'aplatir ensuite un peu autour de la cavité de l'œil.

Peau fine et cependant un peu ferme, d'abord d'un vert pâle semé de points d'un gris verdâtre, un peu larges, nombreux et un peu apparents. On ne remarque ordinairement aucune trace de rouille sur sa surface. A la maturité, **fin d'août, commencement de septembre**, le vert fondamental passe au jaune paille et le côté du soleil est doré ou parfois, sur les fruits bien exposés, se couvre d'un léger nuage de rouge rosat.

Œil moyen, demi-fermé, placé dans une cavité peu profonde, évasée, sillonnée dans ses parois et bien unie par ses bords.

Queue assez courte, un peu forte, bien ligneuse, attachée le plus souvent perpendiculairement, soit à fleur de la pointe du fruit, soit dans un pli très-peu prononcé.

Chair blanche ou d'un blanc rosat, fine, un peu ferme, cependant fondante, abondante en eau sucrée, relevée d'une saveur agréable et rafraichissante, ayant quelques rapports avec le parfum de la rose.

GERDESSEN

(N° 223)

Illustrirtes Handbuch der Obstkunde. Oberdieck.
GERDESSENS WEIGSDORFER BUTTERBIRNE. *Systematische Beschreibung der Kernobstsorten.* Diel.
Systematisches Handbuch der Obstkunde. Dittrich.

Observations. — D'après Diel, cette variété aurait été obtenue par le pasteur Gerdessen, de Weigsdorf, dans l'Oberlausitz (Haute-Lusace, ancien margraviat de l'Allemagne entre l'Elbe et l'Oder). — L'arbre, de bonne vigueur sur cognassier, est d'une végétation trop capricieuse pour se prêter facilement aux formes régulières; aussi convient-il mieux en haute tige sur franc dans le verger pour lequel le recommande sa grande rusticité. Sa fertilité est précoce, bonne et soutenue. Son fruit, de première qualité, appartient par sa saveur et son apparence à la classe des Rousselets.

DESCRIPTION.

Rameaux d'une bonne force et bien soutenue jusqu'à leur sommet, unis dans leur contour, droits, à entre-nœuds très-courts, d'un violet noir et intense; lenticelles blanches, un peu larges, bien régulièrement espacées et apparentes.

Boutons à bois petits, coniques, un peu courts, élargis à leur base, un peu comprimés et peu aigus, à direction parallèle ou presque parallèle au rameau, soutenus sur des supports presque nuls dont l'arête médiane ne se prolonge pas; écailles d'un marron rougeâtre sombre et terne.

Pousses d'été d'un vert d'eau, colorées de rouge vineux et couvertes d'un duvet court, grisâtre sur une assez grande longueur à leur sommet.

Feuilles des pousses d'été petites, ovales-allongées et étroites, se terminant régulièrement en une pointe bien aiguë, largement creusées en gouttière et bien arquées, bordées de dents très-écartées entre elles, peu profondes, un peu aiguës ou émoussées, assez bien soutenues sur des pétioles un peu courts, très-grêles et redressés.

Stipules de moyenne longueur, filiformes.

Feuilles stipulaires manquant ordinairement.

Boutons à fruit moyens, conico-ovoïdes, allongés et aigus ; écailles d'un marron très-foncé.

Fleurs presque moyennes ; pétales ovales-elliptiques, concaves, à onglet un peu court, se touchant entre eux ; divisions du calice courtes, fines, aiguës et peu recourbées en dessous ; pédicelles longs, peu forts et laineux.

Feuilles des productions fruitières beaucoup plus grandes que celles des pousses d'été, ovales-élargies, se terminant régulièrement en une pointe finement aiguë, largement repliées sur leur nervure médiane et arquées, finement et sensiblement ondulées dans leur contour, presque entières ou bordées de dents peu appréciables, retombant mollement sur des pétioles assez courts, grêles et bien souples.

Caractère saillant de l'arbre : feuilles des pousses d'été d'un vert d'eau un peu ombré de gris ; feuilles des productions fruitières d'un vert d'eau vif et brillant, remarquablement ondulées dans leur contour et mollement pendantes sur leurs pétioles ; tous les pétioles plus ou moins courts et plus ou moins grêles.

Fruit assez petit ou presque moyen, presque sphérique, uni dans son contour, atteignant sa plus grande épaisseur à peu près au milieu de sa hauteur ; au-dessus de ce point, s'atténuant par une courbe peu convexe en une pointe très-courte, épaisse, bien obtuse ou tronquée à son sommet ou se terminant presque en demi-sphère ; au-dessous du même point, s'arrondissant par une courbe largement convexe jusque dans la cavité de l'œil.

Peau épaisse, d'abord d'un vert intense et sombre, sur lequel ressortent peu des points d'un vert à peine plus foncé. On ne remarque ordinairement aucune trace de rouille sur sa surface. A la maturité, **septembre**, le vert fondamental passe au jaune citron, et le côté du soleil est très-largement lavé d'un rouge violet, semblable à celui du Rousselet de Reims, et sur lequel ressortent bien des points grisâtres ou d'un gris jaunâtre.

Œil petit, fermé, placé dans une cavité étroite, peu profonde et régulière.

Queue longue, grêle, ligneuse, un peu courbée, un peu épaissie à son point d'attache à fleur de la pointe du fruit.

Chair jaune, assez fine, beurrée, à peine pierreuse vers le cœur, suffisante en eau richement sucrée, vineuse et hautement parfumée.

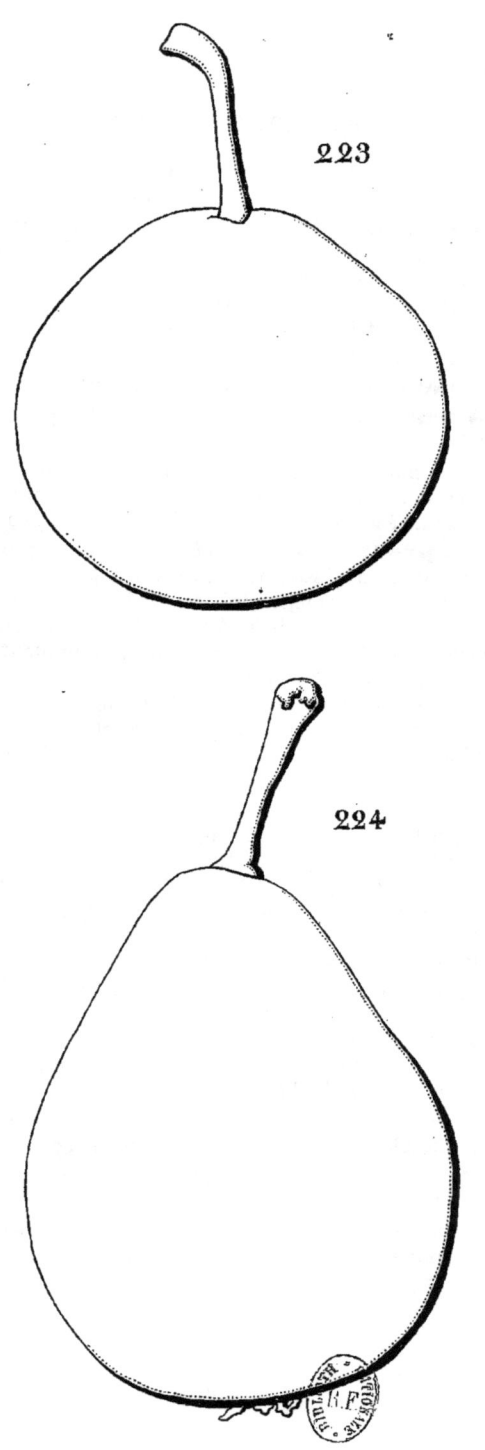

223, GERDESSEN. 224, PRÉSIDENT PARIGOT.

PRÉSIDENT PARIGOT

(N° 224)

Notices pomologiques. DE LIRON D'AIROLES.
Dictionnaire de pomologie. ANDRÉ LEROY.

OBSERVATIONS. — Cette variété est un gain de M. Eugène des Nouhes, propriétaire au château de la Cacaudière, près Pouzauges (Vendée). Elle rapporta ses premiers fruits en 1847. — L'arbre, de vigueur moyenne sur cognassier, exige quelques soins pour être maintenu sous formes régulières. Par la flexibilité de ses branches, il s'accommoderait bien d'une charpente appliquée au contre-espalier. Sa fertilité est précoce, moyenne et soutenue. Son fruit est de première qualité.

DESCRIPTION.

Rameaux peu forts, unis dans leur contour, presque droits, à entre-nœuds courts, de couleur jaunâtre ; lenticelles blanchâtres, très-petites, assez peu nombreuses et très-peu apparentes.

Boutons à bois petits, coniques, maigres et aigus, à direction plus ou moins écartée du rameau, soutenus sur des supports peu saillants dont l'arête médiane ne se prolonge pas ; écailles d'un marron clair et brillant.

Pousses d'été d'un vert clair et vif, lavées de rouge sanguin et soyeuses à leur sommet.

Feuilles des pousses d'été moyennes, ovales un peu allongées, un peu sensiblement atténuées vers le pétiole, se terminant un peu brusquement en une pointe longue, large, bien finement aiguë et bien recourbée en dessous, un peu repliées sur leur nervure médiane et un peu arquées, bordées de dents larges, profondes, inégales entre elles, couchées, obtuses ou émoussées, pendantes sur des pétioles courts, grêles et très-souples.

Stipules longues, filiformes.

Feuilles stipulaires manquant ordinairement.

Boutons à fruit moyens, conico-ellipsoïdes, émoussés; écailles d'un marron jaunâtre.

Fleurs grandes; pétales ovales bien allongés, bien concaves, ne pouvant s'étaler, un peu bordés de rose avant l'épanouissement; divisions du calice très-étroites et étalées; pédicelles longs, forts et bien duveteux.

Feuilles des productions fruitières plus grandes que celles des pousses d'été, ovales-élargies, se terminant régulièrement en une pointe bien recourbée, largement repliées sur leur nervure médiane et arquées, bordées de dents assez peu profondes, couchées, obtuses ou émoussées, mal soutenues sur des pétioles longs, très-grêles et souples.

Caractère saillant de l'arbre : feuilles les plus jeunes lavées de rouge bronzé; feuilles inférieures d'un vert décidé et un peu brillant; feuilles adultes d'un vert bleu très-intense et mat; feuilles des pousses d'été remarquablement pendantes sur leurs pétioles; tous les pétioles grêles et bien souples.

Fruit moyen, conique-piriforme, uni dans son contour, atteignant sa plus grande épaisseur bien au-dessous du milieu de sa hauteur; au-dessus de ce point, s'atténuant par une courbe d'abord à peine convexe puis à peine concave en une pointe longue, épaisse, largement obtuse ou même tronquée à son sommet; au-dessous du même point, s'atténuant par une courbe largement convexe pour diminuer un peu sensiblement d'épaisseur vers la cavité de l'œil.

Peau un peu épaisse et cependant tendre, d'abord d'un vert décidé semé de points bruns, larges, très-nombreux, régulièrement espacés et bien apparents. Souvent on remarque un nuage de rouille sur quelques parties de la surface du fruit et surtout sur sa base. A la maturité, **fin d'août**, le vert fondamental passe au jaune conservant un ton un peu verdâtre et le côté du soleil est couvert de points plus larges, plus apparents ou souvent d'une rouille plus ou moins chaudement dorée.

Œil assez grand, demi-ouvert, placé presque à fleur de la base du fruit dans une dépression étroite et très-peu profonde.

Queue de moyenne longueur, forte, bien épaissie à son point d'attache au rameau, un peu courbée et fixée à fleur de la pointe du fruit.

Chair blanchâtre, fine, beurrée, fondante, abondante en eau sucrée et agréablement parfumée.

BERGAMOTTE SANGUINE

(BLUT BERGAMOTTE)

(N° 225)

Catalogue JAHN. 1864.

OBSERVATIONS. — Je tiens cette curieuse variété de M. Jahn, qui semble l'avoir reçue de M. Oberdieck. Je n'ai trouvé aucun renseignement sur son origine dans les auteurs allemands que j'ai pu me procurer. Elle n'a d'autre rapport avec les autres variétés de Sanguine que la couleur de la chair de son fruit dont la forme et surtout l'apparence extérieure sont entièrement différentes. — L'arbre, de bonne vigueur aussi bien sur cognassier que sur franc, avec quelques soins, peut s'accommoder des formes régulières et surtout de celle de fuseau. Sa fertilité est précoce et bonne. Son fruit, seulement de seconde qualité, doit attirer l'attention des amateurs par sa couleur extraordinaire et dont aucune poire n'offre le ton, d'un rouge violet presque noir, qui le caractérise.

DESCRIPTION.

Rameaux assez forts, unis dans leur contour, droits, à entre-nœuds longs, d'un brun verdâtre ombré de gris; lenticelles jaunâtres, petites, nombreuses, régulièrement espacées et peu apparentes.

Boutons à bois moyens, coniques-allongés et aigus, à direction écartée du rameau, soutenus sur des supports très-peu saillants dont les côtés et l'arête médiane ne se prolongent pas ; écailles d'un marron terne, presque entièrement ombré de gris.

Pousses d'été d'un vert d'eau, lavées de rouge rosat à leur sommet, recouvertes sur presque toute leur longueur d'un duvet très-court, peu épais et gris de souris.

Feuilles des pousses d'été moyennes, ovales-allongées, étroites ou peu larges, se terminant régulièrement en une pointe bien finement aiguë, peu repliées sur leur nervure médiane et ordinairement très-largement ondulées dans leur contour, arquées, entières ou presque entières par leurs bords, assez peu soutenues sur des pétioles un peu longs, un peu forts, peu redressés et presque horizontaux.

Stipules en alênes longues, fines et très-caduques.

Feuilles stipulaires manquant ordinairement.

Boutons à fruit très-gros, ovoïdes, anguleux et un peu aigus ; écailles d'un marron jaunâtre largement ombré de gris.

Fleurs grandes ; pétales elliptiques-arrondis, concaves, à onglet extraordinairement court, se recouvrant un peu entre eux ; divisions du calice de moyenne longueur, un peu larges et cependant très-finement aiguës ; pédicelles de moyenne longueur, un peu forts et un peu laineux.

Feuilles des productions fruitières à peine un peu plus grandes que celles des pousses d'été, ovales-elliptiques, un peu échancrées vers le pétiole, se terminant régulièrement en une pointe aiguë et recourbée ou contournée, presque planes et largement ondulées dans leur contour, entières par leurs bords, soutenues presque horizontalement sur des pétioles courts, peu forts et peu redressés.

Caractère saillant de l'arbre : teinte générale du feuillage d'un vert d'eau peu foncé, mat et voilé d'un duvet aranéeux sur les feuilles des pousses d'été ; toutes les feuilles largement ondulées et contournées par leur pointe ; aspect terne et grisâtre de tous les organes de l'arbre.

Fruit moyen ou presque moyen, turbiné-sphérique, uni dans son contour, atteignant sa plus grande épaisseur à peu près au milieu de sa hauteur ; au-dessus de ce point, s'atténuant très-promptement par une courbe peu convexe en une pointe très-courte, épaisse, obtuse ou tronquée à son sommet ; au-dessous du même point, s'arrondissant par une courbe bien convexe pour s'aplatir ensuite largement autour de la cavité de l'œil.

Peau épaisse, d'abord d'un vert d'eau terne, ordinairement entièrement caché sous une couche épaisse d'un rouge violet sombre qui, à la maturité, **septembre**, prend un ton un peu plus vif du côté du soleil et qui parfois, sur quelques parties de son étendue, est taché ou rayé d'une rouille jaunâtre.

Œil grand, ouvert ou demi-ouvert, placé dans une cavité peu profonde et bien évasée.

Queue courte, grêle, ligneuse, attachée presque à fleur de la pointe du fruit dans un pli très-peu prononcé.

Chair d'un blanc rosat taché d'un rouge semblable à celui des pepins de la grenade, grossière, demi-cassante, pierreuse vers le cœur, peu abondante en jus sucré et relevé d'un parfum assez difficile à qualifier.

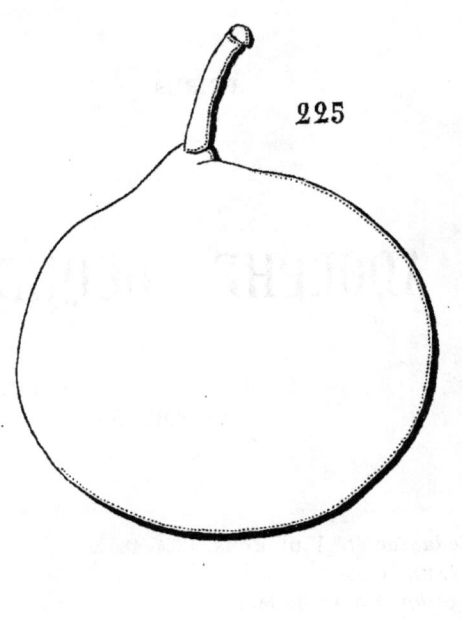

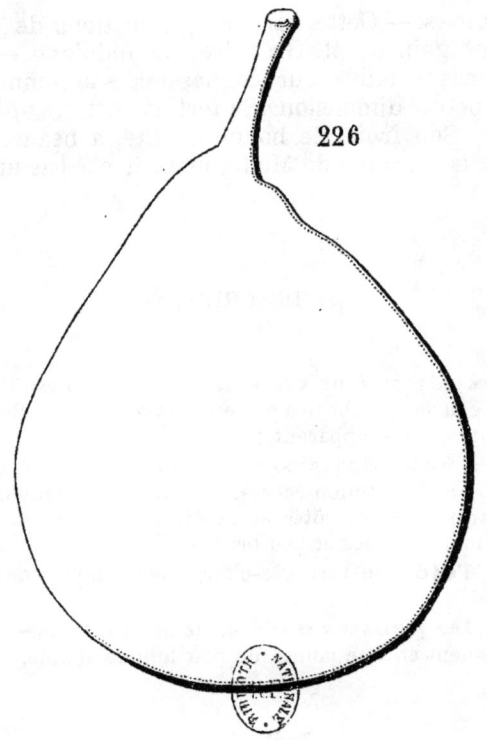

225, BERGAMOTTE SANGUINE.   226, ADOLPHE FOUQUET.

ADOLPHE FOUQUET

(N° 226)

Bulletin de la Société Van Mons. 1864. 1866.
Catalogue JAHN. 1864.
Catalogue SIMON-LOUIS, de Metz.

OBSERVATIONS. — Cette variété, que je tiens de la Société Van Mons, est un gain de M. Grégoire, de Jodoigne. — L'arbre, d'une végétation assez faible sur cognassier, s'accommode de toutes formes de petite dimension. Sa fertilité est très-précoce, grande, et soutenue. Son fruit, de bonne qualité, a beaucoup de ressemblance avec la Baronne de Mello, mais il n'a pas une saveur aussi riche.

DESCRIPTION.

Rameaux peu forts, unis dans leur contour, presque droits, à entre-nœuds assez courts, d'un brun à peine teinté de vert; lenticelles très-petites, peu nombreuses et peu apparentes.

Boutons à bois presque moyens, coniques, courts, épaissis à leur base, courtement aigus, à direction écartée du rameau, soutenus sur des supports un peu saillants dont les côtés et l'arête médiane ne se prolongent pas; écailles d'un marron foncé et peu brillant.

Pousses d'été d'un vert très-clair, à peine lavées de rouge et glabres à leur sommet.

Feuilles des pousses d'été assez petites, ovales-élargies, se terminant brusquement en une pointe un peu longue et fine, à peine concaves, bordées de dents fines, assez peu profondes, couchées et bien aiguës, assez mal soutenues sur des pétioles longs, très-grêles et un peu souples, s'abaissant presque à l'horizontale.

Stipules longues, exactement filiformes.

Feuilles stipulaires manquant ordinairement.

Boutons à fruit très-petits, conico-ovoïdes, peu aigus ; écailles d'un marron foncé et un peu brillant.

Fleurs très-petites ; pétales ovales-elliptiques, bien concaves, à onglet court, peu écartés entre eux ; divisions du calice de moyenne longueur, fines, recourbées en dessous seulement par leur pointe ; pédicelles longs, très-grêles et glabres.

Feuilles des productions fruitières petites, ovales, un peu brusquement atténuées vers le pétiole, se terminant peu brusquement en une pointe courte et bien aiguë, presque planes et souvent largement ondulées dans leur contour, bordées de dents extraordinairement fines, peu profondes et aiguës, assez peu soutenues sur des pétioles un peu longs, très-grêles et divergents.

Caractère saillant de l'arbre : teinte générale du feuillage d'un vert clair et vif ; toutes les feuilles presque régulièrement ovales si elles n'étaient très-brusquement atténuées vers le pétiole ; tous les pétioles longs et remarquablement grêles.

Fruit presque moyen, turbiné ou turbiné-conique, bien uni dans son contour, atteignant sa plus grande épaisseur bien au-dessous du milieu de sa hauteur ; au-dessus de ce point, s'atténuant plus ou moins promptement par une courbe d'abord à peine convexe puis à peine concave en une pointe peu longue, maigre et aiguë à son sommet ; au-dessous du même point, s'arrondissant par une courbe bien convexe pour ensuite s'aplatir un peu autour de la cavité de l'œil.

Peau un peu épaisse, d'abord d'un vert d'eau semé de points d'un gris brun, un peu larges, nombreux et assez peu apparents, le plus souvent presque entièrement cachés sous un nuage d'une rouille fauve, plus ou moins dense et qui recouvre presque toute la surface du fruit. A la maturité, **octobre**, le vert fondamental passe au jaune citron mat, la rouille se dore et le côté du soleil se distingue seulement par un ton un peu plus chaud.

Œil petit, fermé, placé dans une cavité un peu profonde, bien étroite dans son fond, ordinairement unie dans ses parois et bien régulière par ses bords.

Queue assez courte, peu forte, un peu souple, attachée le plus souvent perpendiculairement à fleur de la pointe du fruit.

Chair d'un blanc un peu teinté de jaune, assez fine, beurrée, fondante, suffisante en eau sucrée, vineuse mais peu relevée.

ROSANNE

(N° 227)

Versuch einer Systematischen Beschreibung der Kernobstsorten. DIEL.
Handbuch der Pomologie. HINKERT.
Handbuch aller bekannten Obstsorten. BIEDENFELD.

OBSERVATIONS. — Diel n'a pu trouver dans les ouvrages des pomologistes qui l'ont précédé, aucun renseignement sur l'origine de cette variété et se borne à constater qu'il la reçut de M. Crazius, de Lassau, Strasland (Prusse). — L'arbre, de vigueur contenue sur cognassier, s'accommode assez bien sur ce sujet de la forme de fuseau. Sa rusticité indique que sa meilleure destination est la haute tige dans le verger de campagne. Sa fertilité est grande, précoce et soutenue. Son fruit, seulement de seconde qualité, doit être cueilli longtemps d'avance, si l'on veut jouir de toute sa saveur. Les pomologistes allemands indiquent sa maturité vers le commencement d'octobre; elle s'est produite jusqu'à présent chez moi, fin d'août ou vers le commencement de septembre.

DESCRIPTION.

Rameaux forts, allongés, unis ou presque unis dans leur contour, droits, à entre-nœuds très-inégaux entre eux, tantôt courts, tantôt allongés, d'un rouge vineux intense et un peu ombré de gris; lenticelles blanchâtres, un peu larges, arrondies, largement et régulièrement espacées et apparentes.

Boutons à bois très-courts, épatés, obtus, un peu encastrés dans le rameau dont ils s'écartent peu par leur pointe, soutenus sur des supports presque nuls dont les côtés et l'arête médiane ne se prolongent pas ou très-peu distinctement; écailles rougeâtres.

Pousses d'été d'un vert d'eau, de bonne heure colorées de rouge et duveteuses sur toute leur longueur.

Feuilles des pousses d'été moyennes, obovales un peu allongées, se terminant régulièrement en une pointe finement aiguë, à peine repliées sur leur nervure médiane, très-largement ondulées ou contournées par leur extrémité, à peine arquées, entières ou presque entières par leurs bords, bien soutenues sur des pétioles longs, grêles et bien redressés.

Stipules longues, linéaires-étroites, finement aiguës et caduques.

Feuilles stipulaires manquant ordinairement.

Boutons à fruit gros, ovoïdes, épais et un peu aigus; écailles extérieures d'un marron foncé; écailles intérieures un peu couvertes d'un duvet fauve.

Fleurs assez grandes; pétales ovales un peu allongés, concaves, à onglet court, écartés entre eux; divisions du calice de moyenne longueur, finement aiguës et bien recourbées en dessous; pédicelles longs, grêles et peu duveteux.

Feuilles des productions fruitières à peine un peu plus grandes que celles des pousses d'été, ovales-élargies, échancrées vers le pétiole, se terminant régulièrement en une pointe recourbée ou contournée, planes ou même convexes, largement ondulées dans leur contour, entières par leurs bords, mal soutenues sur des pétioles longs, très-grêles et flexibles.

Caractère saillant de l'arbre : teinte générale du feuillage d'un vert d'eau peu foncé et mat; toutes les feuilles entières, plus ou moins ondulées ou contournées ; tous les pétioles longs, grêles et surtout ceux des feuilles des productions fruitières.

Fruit moyen, ovoïde-piriforme, uni dans son contour, atteignant sa plus grande épaisseur peu au-dessous du milieu de sa hauteur; au-dessus de ce point, s'atténuant par une courbe d'abord largement convexe puis assez brusquement concave en une pointe peu longue, peu épaisse et un peu aiguë à son sommet; au-dessous du même point, s'arrondissant par une courbe largement convexe jusque vers l'œil.

Peau un peu épaisse, d'abord d'un vert décidé semé de points gris, larges, nombreux et bien apparents. On ne remarque pas ordinairement de traces de rouille sur sa surface. A la maturité, **milieu d'août**, le vert fondamental passe au jaune citron mat et le côté du soleil est largement lavé d'un rouge vineux intense sur lequel ressortent bien des points d'un gris blanchâtre, et sur les parties moins éclairées, sont régulièrement distribués des points d'un rouge moins foncé, mais bien distincts et qui donnent au fruit beaucoup de ressemblance dans son apparence extérieure avec la Poire Truite.

Œil très-grand, ouvert, placé presque à fleur de la base du fruit dans une dépression peu prononcée.

Queue longue, assez forte, épaissie à son point d'attache au rameau, formant la prolongation de la pointe du fruit qui est souvent plissée ou repoussée de côté.

Chair blanchâtre, assez fine, beurrée ou demi-beurrée, peu abondante en eau sucrée et relevée d'un acide fin et agréable.

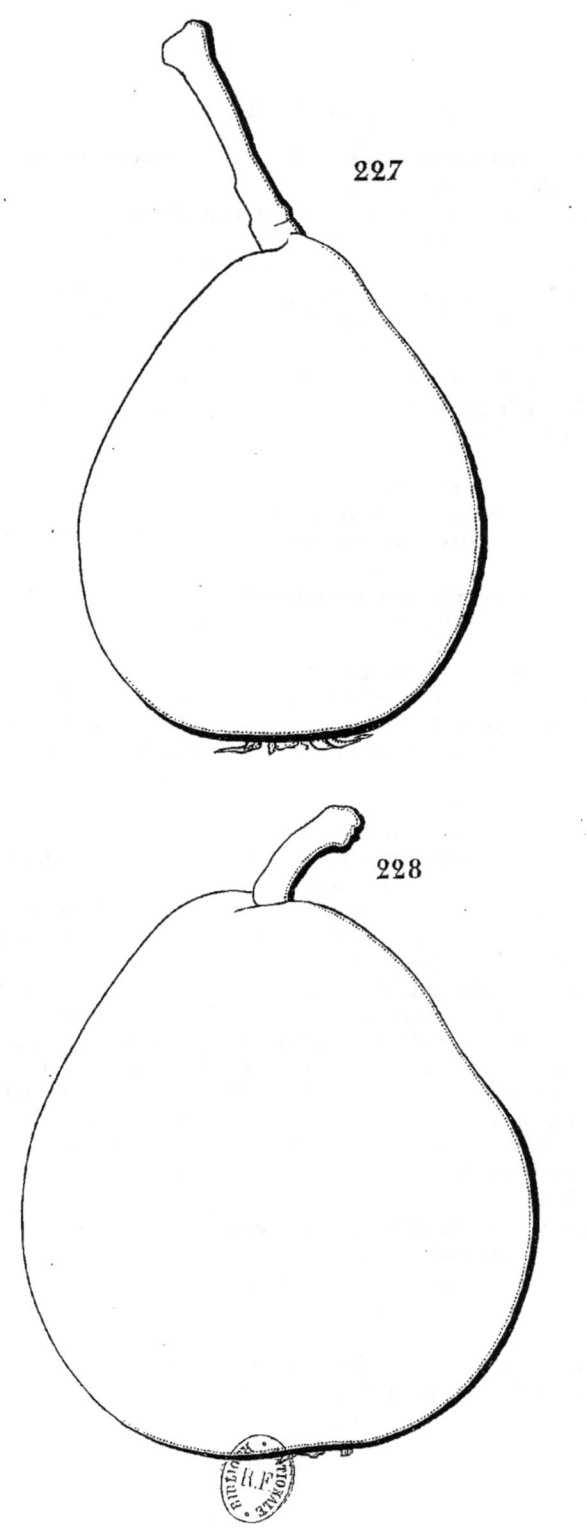

227, ROSANNE. 228, HANNERS.

HANNERS

(N° 228)

The Fruits and the fruit-trees of America. Downing.
The American fruit Culturist. Thomas.

Observations. — M. Downing attribue à cette variété le synonyme Hannas et dit qu'elle fut obtenue dans le jardin de M. Hanners, à Boston, Massachussets. — L'arbre, de vigueur normale sur cognassier, s'accommode bien des formes régulières. Sa fertilité est précoce, grande et soutenue. Son fruit est de bonne qualité.

DESCRIPTION.

Rameaux de moyenne force, unis dans leur contour, un peu flexueux, à entre-nœuds assez courts, d'un vert terne ; lenticelles blanchâtres, arrondies, peu nombreuses et un peu apparentes.
Boutons à bois moyens, coniques, un peu épais, courtement aigus, à direction bien écartée du rameau, soutenus sur des supports un peu saillants dont l'arête médiane ne se prolonge pas ; écailles d'un marron jaunâtre.
Pousses d'été d'un vert d'eau clair et vif, lavées de rouge rosat et finement duveteuses sur une grande longueur à leur partie supérieure.
Feuilles des pousses d'été moyennes, ovales-allongées et étroites, se terminant régulièrement en une pointe aiguë, creusées en gouttière et non arquées, bordées de dents très-couchées, très-peu profondes, peu appréciables et souvent presque entières, s'abaissant un peu sur des pétioles longs, grêles, peu flexibles et presque horizontaux.
Stipules en alênes de moyenne longueur ou un peu longues.
Feuilles stipulaires se présentent quelquefois.

Boutons à fruit gros, conico-ovoïdes, courtement aigus; écailles d'un marron jaunâtre.

Fleurs assez petites; pétales elliptiques-arrondis, peu concaves, peu écartés entre eux; divisions du calice de moyenne longueur, étroites, peu aiguës; pédicelles longs, peu forts et à peine laineux.

Feuilles des productions fruitières plus grandes que celles des pousses d'été, ovales-allongées et un peu plus larges, se terminant régulièrement en une pointe extraordinairement courte et aiguë, creusées en gouttière et bien arquées, irrégulièrement bordées de dents bien couchées, très-peu profondes, émoussées, peu appréciables ou souvent presque entières, se recourbant bien sur des pétioles très-longs, un peu forts, fermes et bien divergents.

Caractère saillant de l'arbre : teinte générale du feuillage d'un vert bien vif et brillant; feuilles des productions fruitières bien aiguës; tous les pétioles remarquablement longs et plus ou moins fermes.

Fruit moyen, conique, parfois un peu ventru, uni dans son contour, atteignant sa plus grande épaisseur au-dessous du milieu de sa hauteur; au-dessus de ce point, s'atténuant par une courbe très-peu convexe en une pointe peu longue, épaisse, plus ou moins obtuse ou tronquée à son sommet; au-dessous du même point, s'atténuant par une courbe largement convexe pour s'aplatir ensuite un peu autour de la cavité de l'œil.

Peau un peu épaisse, d'abord d'un vert clair semé de points bruns, larges, peu nombreux, irrégulièrement espacés, se confondant avec des traits ou des taches d'une rouille de même couleur qui se dispersent sur quelques parties de la surface du fruit, et se condensent surtout sur sa base où ils forment quelquefois des rayons divergents. A la maturité, **septembre**, le vert fondamental passe au jaune citron, le côté du soleil se dore et souvent les traits de rouille y prennent un ton d'un fauve rougeâtre.

Œil moyen, demi-ouvert, placé dans une cavité peu profonde, évasée, unie ou parfois largement plissée dans ses parois et par ses bords.

Queue très-courte, forte, attachée le plus souvent un peu obliquement dans un pli un peu irrégulier formé par la pointe du fruit.

Chair blanche, assez fine, beurrée, fondante, abondante en eau douce, sucrée et délicatement parfumée.

ROUSSELET THAON

(N° 229)

Bulletin de la Société Van Mons.
Catalogue Simon-Louis, *de Metz.*

Observations. — Le Bulletin de la Société Van Mons semble indiquer que cette variété est un gain de M. Bivort, et je n'ai pu obtenir d'autre renseignement sur son origine. — L'arbre, de vigueur normale sur cognassier, s'accommode assez bien des formes régulières, mais sa véritable destination est la haute tige pour le verger. Ses fruits sont réunis en bouquets, et sa fertilité, très grande les années de rapport, est interrompue par des alternats réguliers. Il produit une poire seulement de seconde qualité.

DESCRIPTION.

Rameaux assez forts, presque unis ou très-finement anguleux dans leur contour, droits, à entre-nœuds assez courts ou de moyenne longueur, d'un brun jaunâtre à l'ombre, lavés de rouge vineux du côté du soleil ; lenticelles d'un blanc jaunâtre, un peu allongées, un peu larges, nombreuses et apparentes.
Boutons à bois assez gros, coniques, un peu épais et bien aigus, à direction écartée du rameau, soutenus sur des supports très-peu saillants dont les côtés et l'arête médiane ne se prolongent pas ou très-finement; écailles d'un marron rougeâtre un peu foncé.
Pousses d'été d'un vert décidé, colorées d'un rouge violet sur une

assez grande longueur à leur sommet qui est couvert d'un duvet blanc, soyeux et peu épais.

Feuilles des pousses d'été moyennes, ovales-allongées, s'atténuant promptement pour se terminer assez régulièrement en une pointe longue et aiguë, creusées en gouttière et peu arquées, bordées de dents très-larges, inégales entre elles, profondes et obtuses, assez peu soutenues sur des pétioles longs, peu forts et bien flexibles.

Stipules de moyenne longueur et filiformes.

Feuilles stipulaires fréquentes.

Boutons à fruit moyens ou assez petits, ovoïdes, un peu courts et peu aigus ; écailles d'un marron peu foncé.

Fleurs moyennes ; pétales ovales un peu élargis, peu concaves, à onglet peu long, un peu écartés entre eux ; divisions du calice courtes et bien recourbées en dessous ; pédicelles courts, de moyenne force et un peu duveteux.

Feuilles des productions fruitières plus petites que celles des pousses d'été, ovales-allongées, s'atténuant plus lentement pour se terminer régulièrement en une pointe courte, bien creusées en gouttière et arquées, bordées de dents très-peu profondes, très-peu appréciables, assez peu soutenues sur des pétioles de moyenne longueur, bien grêles, pliant un peu sous le poids de la feuille.

Caractère saillant de l'arbre : teinte générale du feuillage d'un beau vert intense ; pousses d'été bien colorées de rouge sur une longue étendue ; toutes les feuilles bien creusées en gouttière.

Fruit petit, turbiné-court, uni dans son contour, atteignant sa plus grande épaisseur à peu près au milieu de sa hauteur ; au-dessus de ce point, s'atténuant très-promptement par une courbe largement convexe en une pointe très-courte et un peu obtuse à son sommet ; au-dessous du même point, s'arrondissant par une courbe bien convexe jusque vers l'œil.

Peau épaisse, ferme, d'abord d'un vert clair semé de points d'un vert plus foncé, larges et apparents. Parfois on remarque quelques traces de rouille sur la base du fruit. A la maturité, **septembre, octobre**, le vert fondamental passe au jaune paille, le côté du soleil se dore ou se lave de rouge brun sur les fruits bien exposés.

Œil grand, demi-ouvert, comme creusé dans la base du fruit, et entouré de perles charnues qui alternent avec ses divisions.

Queue courte, forte, charnue, attachée souvent un peu obliquement dans un pli irrégulier formé par la pointe du fruit.

Chair blanche, grossière, demi-beurrée, peu abondante en eau bien sucrée et relevée d'un parfum de musc assez agréable.

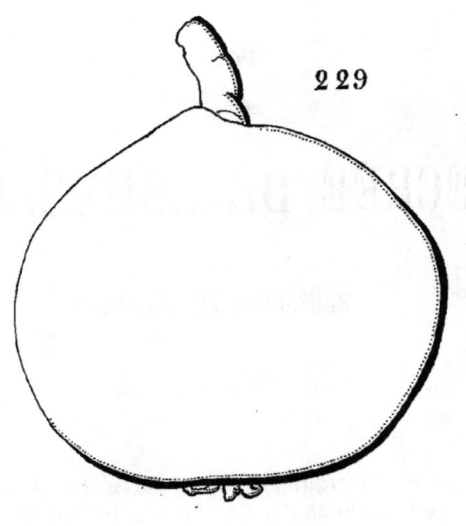

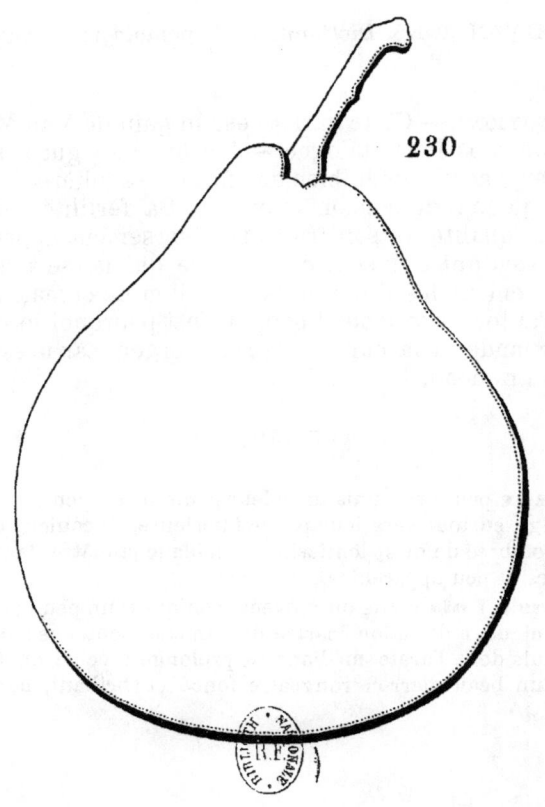

229, ROUSSELET THAON. 230, SUCRÉE DE BRUXELLES.

SUCRÉE DE BRUXELLES

(BRÜSSELER ZUCKERBIRNE)

(N° 230)

Systematische Beschreibung der Kernobstsorten. DIEL.
Systematisches Handbuch der Obstkunde. DITTRICH.
Illustrirtes Handbuch der Obstkunde. JAHN.
VERTE-DANS-POMME. Catalogue VAN MONS. 1823.
ROUSSELET SATIN. Anleitung zur Kenntniss der besten Obstes. OBERDIECK.
SUCRÉE VAN MONS. Dictionnaire de pomologie. ANDRÉ LEROY.

OBSERVATIONS. — Cette variété est un gain de Van Mons, comme il l'indique dans son Catalogue. — L'arbre, de vigueur moyenne sur cognassier, s'accommode bien des formes régulières. Sa haute tige n'atteint qu'une dimension moyenne. Sa fertilité est précoce et bonne. La qualité de son fruit est diversement appréciée par les pomologistes qui s'en sont occupés ; ce qui laisse à supposer qu'il subit facilement les différences de sol ou de climat. Jusqu'à présent, je l'ai toujours trouvé bon, et c'est pourquoi je crois pouvoir le recommander à la culture dans le verger, car il est solidement attaché au rameau.

DESCRIPTION.

Rameaux peu forts, unis dans leur contour, un peu flexueux, à entre-nœuds longs, surtout vers leur partie inférieure, de couleur jaunâtre terne et un peu ombrée de gris ; lenticelles d'un blanc jaunâtre, larges, assez peu nombreuses et peu apparentes.

Boutons à bois petits ou moyens, coniques, un peu courbés sur leur longueur, aigus, à direction écartée du rameau, soutenus sur des supports presque nuls dont l'arête médiane se prolonge à peine ou très-finement ; écailles d'un beau marron rougeâtre foncé et brillant, bordées de gris argenté.

Pousses d'été d'un vert très-clair, un peu lavées de rouge et un peu soyeuses à leur sommet.

Feuilles des pousses d'été moyennes, obovales-allongées et peu larges, sensiblement atténuées vers le pétiole, se terminant presque régulièrement en une pointe finement aiguë, peu repliées sur leur nervure médiane ou presque planes et souvent largement contournées sur leur longueur, bordées de dents fines, très-peu profondes, couchées et émoussées, mal soutenues, s'abaissant plus ou moins sur des pétioles longs, grêles et presque horizontaux.

Stipules un peu longues, linéaires, très-étroites, presque filiformes.

Feuilles stipulaires assez fréquentes.

Boutons à fruit moyens, conico-ovoïdes, allongés, un peu aigus; écailles d'un beau marron foncé et uniforme.

Fleurs moyennes; pétales elliptiques, un peu allongés, presque planes, à onglet court, un peu écartés entre eux; divisions du calice de moyenne longueur, étroites, finement aiguës et un peu recourbées en dessous; pédicelles un peu longs, grêles et peu duveteux.

Feuilles des productions fruitières moyennes, ovales-allongées et peu larges, se terminant presque régulièrement en une pointe finement aiguë, peu repliées sur leur nervure médiane et bien arquées, bordées de dents fines, très-peu profondes, extraordinairement couchées, souvent peu appréciables, irrégulièrement soutenues sur des pétioles longs, très-grêles et divergents.

Caractère saillant de l'arbre : teinte générale du feuillage d'un vert d'eau peu foncé et un peu brillant; toutes les feuilles plus ou moins allongées; tous les pétioles plus ou moins longs et remarquablement grêles.

Fruit moyen ou presque moyen, conico-ovoïde ou parfois presque sphérique, uni dans son contour, atteignant sa plus grande épaisseur peu au-dessous du milieu de sa hauteur; au-dessus de ce point, s'atténuant par une courbe d'abord largement convexe puis un peu concave en une pointe courte, peu épaisse, obtuse ou un peu tronquée à son sommet; au-dessous du même point, s'arrondissant par une courbe largement convexe jusque dans la cavité de l'œil.

Peau un peu épaisse, d'abord d'un vert très-clair semé de points bruns, un peu larges, nombreux, très-régulièrement espacés et apparents. On remarque aussi un peu de rouille fauve soit sur le sommet du fruit, soit dans la cavité de l'œil. A la maturité, **octobre**, **novembre**, le vert fondamental passe au beau jaune citron seulement un peu doré du côté du soleil.

Œil bien grand, tantôt ouvert, tantôt fermé, à divisions courtes, placé dans une cavité en forme de soucoupe, peu large et peu profonde, souvent le contenant à peine.

Queue longue, un peu forte, bien ligneuse, droite ou contournée, d'un joli brun, un peu repoussée dans un pli ou petite cavité formée par la pointe du fruit.

Chair bien blanche, demi-fine, demi-beurrée, suffisante en eau richement sucrée, sans aucune acidité et délicatement parfumée.

AQUEUSE DE MEININGEN

(MEININGER WASSERBIRNE)

(N° 231)

Illustrirtes Handbuch der Obstkunde. Jahn.

Observations. — Cette variété, d'après M. Jahn, est cultivée aux environs de Meiningen, Saxe-Meiningen. On ignore son origine, et elle ne peut être assimilée aux autres poires portant le même nom d'Aqueuse et qui ont été décrites par différents auteurs, soit français, soit allemands. — L'arbre, d'une vigueur bien contenue sur cognassier, par son bois fort et bien garni de productions fruitières, convient à la forme de fuseau ou à celle de vase. Cependant sa meilleure destination est la haute tige dans le verger de campagne, où il peut donner des récoltes très-abondantes. Son fruit, toutefois, ne peut être classé au-dessus de la troisième qualité.

DESCRIPTION.

Rameaux de moyenne force, un peu anguleux dans leur contour, presque droits, à entre-nœuds courts, rougeâtres; lenticelles blanchâtres, un peu allongées, assez nombreuses et un peu apparentes.

Boutons à bois moyens, exactement coniques, à direction écartée du rameau, soutenus sur des supports peu saillants dont l'arête médiane se prolonge plus ou moins distinctement ; écailles d'un marron rougeâtre très-foncé, presque noir.

Pousses d'été d'un vert clair, lavées de rouge et un peu soyeuses à leur sommet.

Feuilles des pousses d'été moyennes ou assez petites, ovales-arrondies, se terminant brusquement en une pointe assez courte, concaves et non arquées, bordées de dents très-fines, peu profondes et finement aiguës, assez bien soutenues sur des pétioles de moyenne longueur, de moyenne force et un peu redressés.

Stipules très-caduques.

Feuilles stipulaires manquant ordinairement.

Boutons à fruit gros, exactement ovoïdes, peu aigus ; écailles d'un marron rougeâtre très-foncé.

Fleurs très-grandes ; pétales ovales bien élargis, concaves, à onglet long, peu écartés entre eux ; divisions du calice longues, assez larges et peu recourbées en dessous ; pédicelles de moyenne longueur, grêles et peu duveteux.

Feuilles des productions fruitières assez grandes, ovales-arrondies et bien élargies, se terminant très-brusquement en une pointe très-courte ou presque nulle, largement concaves et non arquées, bordées de dents très-fines, extraordinairement peu profondes et émoussées, assez mollement soutenues sur des pétioles de moyenne longueur, assez forts et un peu souples.

Caractère saillant de l'arbre : teinte générale du feuillage d'un vert pré vif et brillant ; toutes les feuilles tendant plus ou moins à la forme arrondie et garnies d'une serrature formée de dents extraordinairement fines, et extraordinairement peu profondes.

Fruit moyen ou presque moyen, turbiné-sphérique, bien uni dans son contour, atteignant sa plus grande épaisseur à peu près au milieu de sa hauteur ; au-dessus de ce point, s'atténuant promptement par une courbe largement convexe en une pointe courte, épaisse et obtuse à son sommet ; au-dessous du même point, s'arrondissant par une courbe plus convexe pour ensuite s'aplatir un peu autour de la cavité de l'œil.

Peau épaisse, bien unie, d'abord d'un vert très-clair sur lequel apparaissent peu de petits points d'un vert un peu plus foncé et nombreux. Une tache d'une rouille fine et d'un brun clair couvre ordinairement la pointe du fruit. A la maturité, **septembre**, le vert fondamental passe au jaune paille, et le côté du soleil est seulement un peu doré.

Œil grand, demi-ouvert, placé dans une cavité peu profonde, bien évasée, bien unie dans ses parois et par ses bords.

Queue de moyenne longueur, de moyenne force, un peu courbée, attachée le plus souvent un peu obliquement à fleur de la pointe du fruit.

Chair blanchâtre, grossière, fondante, suffisante en eau douce, sucrée et peu parfumée.

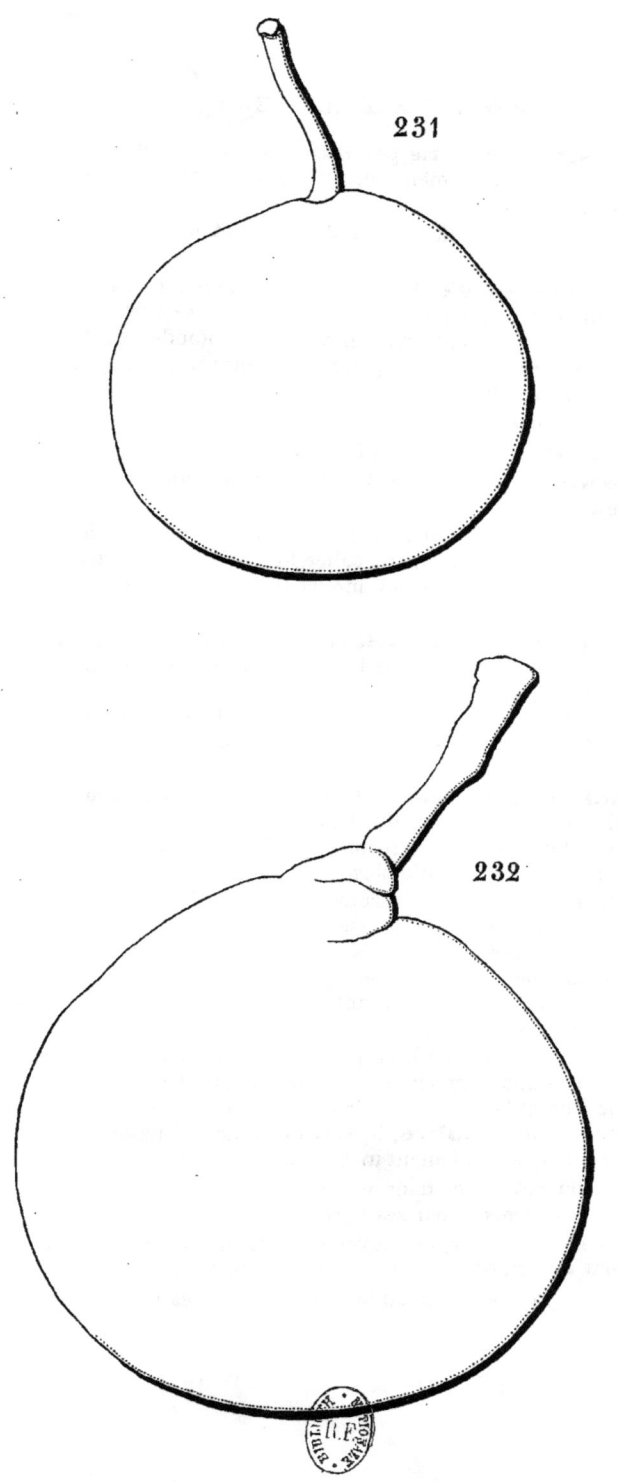

231, AQUEUSE DE MEININGEN. 232, BEURRÉ LANGELIER.

BEURRÉ LANGELIER

(N° 232)

The Fruits and the fruit-trees of America. Downing.
Dictionnaire de pomologie. André Leroy.

Observations. — Cette variété, d'après Hovey et Downing, fut obtenue par M. Langelier, pépiniériste dont l'établissement était situé dans l'île de Jersey. Il commença à la multiplier vers 1845. — L'arbre, d'une vigueur contenue sur cognassier, exige quelques soins pour être maintenu sous forme régulière. Sa fertilité est très-précoce et bonne. Son fruit est d'une qualité remarquable ; mais je n'ai pu encore lui trouver le parfum de musc que lui attribue M. André Leroy.

DESCRIPTION.

Rameaux de moyenne force, finement anguleux dans leur contour, droits, à entre-nœuds assez longs, d'un brun verdâtre à l'ombre, d'un brun foncé du côté du soleil ; lenticelles d'un blanc jaunâtre, larges, assez peu nombreuses et apparentes.

Boutons à bois assez petits, coniques, un peu allongés et aigus, à direction plus ou moins écartée du rameau, soutenus sur des supports peu saillants dont l'arête médiane se prolonge très-finement ; écailles d'un marron rougeâtre très-foncé.

Pousses d'été d'un vert clair, lavées de rouge et un peu soyeuses à leur sommet.

Feuilles des pousses d'été moyennes ou assez petites, exactement ovales, se terminant régulièrement en une pointe finement aiguë, un peu creusées en gouttière et à peine arquées, bordées de dents assez peu profondes, couchées et émoussées, s'abaissant un peu sur des pétioles courts, peu forts et presque horizontaux.

Stipules de moyenne longueur, presque filiformes.

Feuilles stipulaires manquant ordinairement.

Boutons à fruit assez gros, conico-ovoïdes, un peu allongés et peu aigus; écailles d'un marron foncé.

Fleurs presque moyennes; pétales ovales, aigus, souvent chiffonnés, bien écartés entre eux; divisions du calice de moyenne longueur et un peu recourbées en dessous; pédicelles de moyenne longueur, assez grêles et un peu duveteux.

Feuilles des productions fruitières plus grandes que celles des pousses d'été, ovales-elliptiques et un peu allongées, se terminant brusquement en une pointe très-courte et très-fine, peu repliées sur leur nervure médiane et un peu arquées, bordées de dents très-peu profondes, bien couchées et obtuses, souvent peu appréciables, s'abaissant bien sur des pétioles de moyenne longueur, grêles, bien divergents et peu souples.

Caractère saillant de l'arbre : teinte générale du feuillage d'un vert pré tendant un peu au jaune; pétioles des feuilles des productions fruitières remarquablement divergents.

Fruit moyen, irrégulier et inconstant dans sa forme, tantôt sphérico-conique, tantôt conique-piriforme et même parfois presque sphérique, ordinairement uni dans son contour, atteignant sa plus grande épaisseur plus ou moins au-dessous du milieu de sa hauteur; au-dessus de ce point, s'atténuant par une courbe plus ou moins convexe en une pointe courte ou un peu longue, épaisse et obtuse à son sommet; au-dessous du même point, s'arrondissant par une courbe bien convexe pour ensuite s'aplatir sur une petite étendue autour de la cavité de l'œil.

Peau un peu épaisse, d'abord d'un vert décidé semé de points d'un gris vert, larges, assez nombreux et apparents. Une rouille brune et épaisse couvre la cavité de l'œil. A la maturité, **novembre**, le vert fondamental passe au jaune citron et le côté du soleil, sur lequel les points se concentrent en demeurant un peu saillants, est aussi parfois lavé d'un peu de rouge brun.

Œil grand, bien ouvert, placé dans une cavité étroite, peu profonde, à peine plissée dans ses parois et presque unie par ses bords.

Queue tantôt longue, tantôt courte, épaissie à son point d'attache au rameau, bien ligneuse, formant la continuation de la pointe du fruit souvent un peu déjetée de côté.

Chair d'un jaune clair, assez fine, transparente, fondante, un peu pierreuse vers le cœur, abondante en eau sucrée, finement acidulée, vineuse et relevée d'un parfum distingué.

BELLE-ET-BONNE DE LA PIERRE

(N° 233)

Dictionnaire de pomologie. André Leroy.
FILLE DU MELON DE KNOPS. *Notices pomologiques.* de Liron d'Ajroles.

Observations. — M. de Liron d'Airoles dit que cette variété a été obtenue par M. A. de la Farge, au château de la Pierre, près de Salers (Cantal). Elle sortit d'un semis de pepins de Beurré Diel, appelé quelquefois Melon de Knops, d'où le premier nom qui lui a été donné, et qui est à rejeter à cause de sa longueur. Son premier rapport eut lieu en 1861. — L'arbre, de vigueur contenue sur cognassier, s'accommode facilement de la forme de pyramide et de celle de fuseau. Sa fertilité, assez précoce, est seulement moyenne, mais assez constante. Son fruit est de seconde qualité.

DESCRIPTION.

Rameaux d'une bonne force et bien soutenue jusqu'à leur sommet, unis ou presque unis dans leur contour, droits, à entre-nœuds longs, d'un gris verdâtre; lenticelles blanchâtres, petites, assez peu nombreuses et peu apparentes.

Boutons à bois moyens, coniques, élargis à leur base et aigus, à direction parallèle ou presque parallèle au rameau, soutenus sur des supports bien renflés dont l'arête médiane ne se prolonge pas ou très-peu distinctement; écailles d'un marron clair, largement recouvert de gris blanchâtre.

Pousses d'été d'un vert clair, colorées de rouge à leur sommet et longtemps couvertes sur presque toute leur longueur d'un duvet court et peu épais.

Feuilles des pousses d'été moyennes, obovales, se terminant assez brusquement en une pointe longue, large et bien aiguë, creusées en gouttière et arquées, bordées de dents un peu profondes, couchées et un peu aiguës, s'abaissant un peu sur des pétioles de moyenne longueur, bien forts et recourbés.

Stipules extraordinairement longues, lancéolées-étroites.

Feuilles stipulaires se présentant quelquefois.

Boutons à fruit moyens, coniques-allongés, un peu renflés et aigus; écailles d'un marron clair.

Fleurs petites; pétales elliptiques-arrondis, concaves, à onglet très-court, écartés entre eux; divisions du calice courtes et à peine recourbées en dessous; pédicelles longs, grêles et duveteux.

Feuilles des productions fruitières grandes, ovales-élargies ou ovales-elliptiques, se terminant peu brusquement en une pointe peu longue, peu creusées en gouttière et bien arquées, bordées de dents fines, peu profondes et émoussées, s'abaissant un peu sur des pétioles de moyenne longueur, de moyenne force, un peu redressés et peu souples.

Caractère saillant de l'arbre : teinte générale du feuillage d'un beau vert intense et brillant; longueur vraiment remarquable des stipules.

Fruit moyen, sphérico-conique, ordinairement uni dans son contour, atteignant sa plus grande épaisseur au-dessous du milieu de sa hauteur; au-dessus de ce point, s'atténuant par une courbe largement convexe et parfois à peine concave en une pointe courte, épaisse et tronquée à son sommet; au-dessous du même point, s'arrondissant par une courbe bien convexe pour s'aplatir ensuite un peu autour de la cavité de l'œil.

Peau un peu ferme, d'abord d'un vert très-clair semé de points très-petits, nombreux et serrés sur certaines parties, peu appréciables sur d'autres. Une rouille fine, d'un brun fauve s'étale en rayonnant sur le sommet du fruit. A la maturité, **septembre**, le vert fondamental passe au jaune citron intense, chaudement doré du côté du soleil ou lavé d'un soupçon de rouge.

Œil grand, ouvert, placé dans une dépression peu profonde, étroite et ordinairement régulière.

Queue de moyenne longueur, de moyenne force, repoussée dans un pli assez prononcé formé par la pointe du fruit.

Chair blanche, assez fine, demi-cassante, peu abondante en eau sucrée, vineuse et peu parfumée.

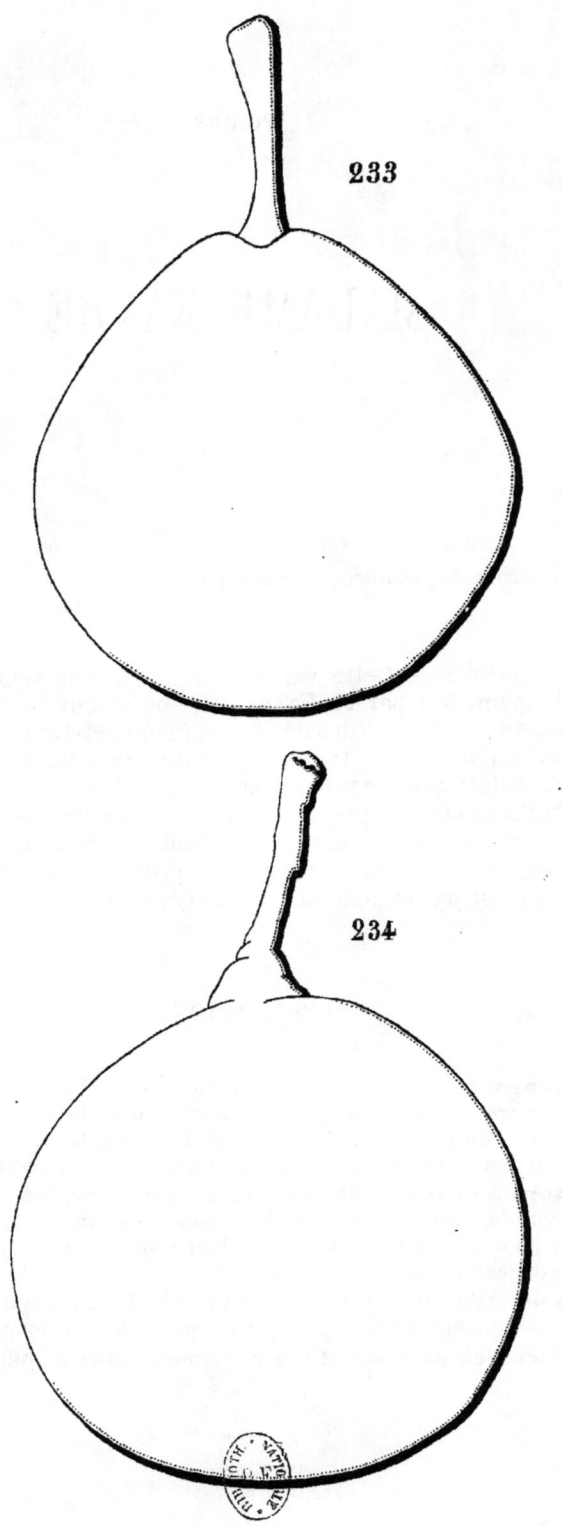

233. BELLE-ET-BONNE DE LA PIERRE. 234. MADAME FAVRE.

MADAME FAVRE

(N° 234)

Dictionnaire de pomologie. André Leroy.

Observations. — Cette variété est sortie d'un semis de Beurré d'Hardenpont, fait par M. Favre, vice-président de la Société d'agriculture et d'horticulture de Chalon (Saône-et-Loire). Elle fut propagée vers 1863 par M. Perrier, pépiniériste à Sennecey-le-Grand. — L'arbre, de vigueur contenue sur cognassier, est d'une végétation bien équilibrée qui se prête facilement à la forme de pyramide. Sa fertilité, précoce et bonne, est cependant interrompue par des alternats assez complets. Son fruit est de première qualité, toutes les fois qu'il n'est pas entaché d'un peu d'âpreté.

DESCRIPTION.

Rameaux de moyenne force, anguleux dans leur contour, presque droits, à entre-nœuds de moyenne longueur, d'un brun jaunâtre du côté de l'ombre, d'un brun rougeâtre du côté du soleil; lenticelles blanchâtres, petites, un peu allongées, assez peu nombreuses et peu apparentes.

Boutons à bois moyens, coniques, un peu courts, épais et très-courtement aigus, à direction écartée du rameau, soutenus sur des supports saillants dont l'arête médiane se prolonge distinctement; écailles d'un marron rougeâtre très-foncé.

Pousses d'été d'un vert d'eau, un peu lavées de rouge à leur sommet et un peu cotonneuses sur la plus grande partie de leur longueur.

Feuilles des pousses d'été moyennes, ovales-elliptiques, se terminant presque régulièrement en une pointe recourbée, peu repliées sur leur nervure médiane et souvent contournées sur leur longueur, bordées de dents peu profondes, bien couchées et bien obtuses, assez peu soutenues sur des pétioles un peu longs, assez grêles et un peu flexibles.

Stipules très-caduques.

Feuilles stipulaires manquant ordinairement.

Boutons à fruit moyens, conico-ovoïdes, très-courtement aigus ; écailles d'un beau marron rougeâtre foncé.

Fleurs grandes ; pétales ovales-élargis, presque planes ; divisions du calice très-courtes, larges, étalées ; pédicelles moyens, forts, presque lisses.

Feuilles des productions fruitières moyennes, ovales-elliptiques, se terminant régulièrement en une pointe très-courte et recourbée en dessous, le plus souvent convexes et contournées ou très-largement ondulées, entières par leurs bords, mal soutenues sur des pétioles longs, grêles et flexibles.

Caractère saillant de l'arbre : teinte générale du feuillage d'un vert d'eau un peu brillant ; feuilles des productions fruitières remarquablement convexes et contournées ; toutes les feuilles obscurément dentées ou entières par leurs bords ; tous les pétioles plus ou moins grêles.

Fruit moyen, sphérico-turbiné, uni dans son contour, atteignant sa plus grande épaisseur à peu près au milieu de sa hauteur ; au-dessus de ce point, s'atténuant très-promptement par une courbe largement convexe pour se terminer ensuite très-brusquement en une sorte de mamelon ; au-dessous du même point, s'arrondissant par une courbe également convexe pour s'aplatir ensuite autour de la cavité de l'œil.

Peau un peu ferme, d'abord d'un vert d'eau pâle semé de très-petits points d'un gris vert, très-nombreux et peu apparents. On remarque ordinairement quelques traces de rouille seulement sur le sommet du fruit. A la maturité, **septembre**, le vert fondamental passe au jaune paille et le côté du soleil est chaudement doré ou lavé d'un soupçon de rouge.

Œil petit, fermé, placé dans une cavité spacieuse, profonde, ordinairement unie dans ses parois et régulière par ses bords.

Queue un peu longue, de moyenne force, d'un brun foncé et brillant, bien ligneuse, formant exactement la continuation de la pointe du fruit.

Chair blanche, assez fine, fondante, à peine un peu pierreuse vers le cœur, ruisselante en eau richement sucrée, vineuse et parfumée.

SUCRÉE D'HEYER

(HEYERS ZUCKERBIRNE

(N° 235)

Anleitung zur Kenntniss der besten Obstes. Oberdieck.
Beschreibung der neuer Obstsorten. Liegel.
Illustrirtes Handbuch der Obstkunde. Oberdieck.

Observations. — Oberdieck remarqua cette variété entre des arbres de semis qui lui avaient été envoyés par Van Mons en 1838, et il la dédia à son ami Heyer, greffier à Luneburg, Hanovre. — L'arbre, de bonne vigueur sur cognassier, se prête facilement à la forme de pyramide et à celle de fuseau. Sa fertilité est précoce et bonne. Son fruit n'atteint que la seconde qualité.

DESCRIPTION.

Rameaux forts, finement anguleux dans leur contour, un peu flexueux, à entre-nœuds de moyenne longueur, d'un vert jaunâtre intense; lenticelles blanchâtres, un peu allongées, nombreuses et apparentes.

Boutons à bois assez gros, coniques-allongés et finement aigus, à direction très-peu écartée du rameau, soutenus sur des supports peu saillants dont l'arête médiane se prolonge finement et assez distinctement; écailles d'un marron rougeâtre presque entièrement voilé de gris blanchâtre.

Pousses d'été d'un vert d'eau, lavées de rouge à leur sommet et longtemps un peu duveteuses sur la plus grande partie de leur longueur.

Feuilles des pousses d'été diminuant progressivement et très-sensiblement de grandeur, depuis la base des pousses jusqu'à leur sommet; les supérieures petites, ovales-lancéolées, s'atténuant bien en une pointe ferme et finement aiguë, bien creusées en gouttière, arquées, largement ondulées ou souvent contournées sur leur longueur, bordées de dents larges, peu profondes, obtuses ou émoussées, bien soutenues sur des pétioles de moyenne longueur, grêles et bien raides.

Stipules longues, linéaires, dentées.

Feuilles stipulaires manquant le plus souvent.

Boutons à fruit assez gros, coniques un peu renflés et longuement aigus; écailles d'un marron rougeâtre foncé.

Fleurs moyennes; pétales ovales-elliptiques, bien concaves, à onglet un peu long, écartés entre eux; divisions du calice de moyenne longueur et peu recourbées en dessous; pédicelles longs, assez forts et à peine duveteux.

Feuilles des productions fruitières grandes, le plus souvent ovales-allongées, se terminant presque régulièrement en une pointe un peu longue et souvent contournée, un peu creusées en gouttière et arquées, très-largement ondulées ou contournées, bordées de dents peu distinctes ou souvent presque entières, s'abaissant sur des pétioles très-longs, peu forts et souples.

Caractère saillant de l'arbre : teinte générale du feuillage d'un vert d'eau terne; toutes les feuilles plus ou moins allongées et celles des pousses d'été très-épaisses, d'une consistance très-ferme; pétioles des feuilles des productions fruitières extraordinairement longs.

Fruit à peine moyen, ovoïde, court et bien ventru, ordinairement uni dans son contour, atteignant sa plus grande épaisseur peu au-dessous du milieu de sa hauteur; au-dessus de ce point, s'atténuant par une courbe d'abord un peu convexe puis largement concave en une pointe courte, brusquement atténuée, aiguë ou presque aiguë à son sommet; au-dessous du même point, s'atténuant par une courbe largement convexe pour diminuer assez sensiblement d'épaisseur vers la cavité de l'œil.

Peau un peu ferme, d'abord d'un vert d'eau pâle semé de points gris très-petits, largement espacés et un peu apparents. On ne trouve ordinairement pas de trace de rouille sur sa surface. A la maturité, **septembre**, le vert fondamental passe au jaune citron brillant et le côté du soleil est légèrement flammé de rouge rosat.

Œil grand, ouvert ou demi-ouvert, placé dans une dépression peu prononcée et ordinairement largement plissée dans ses parois.

Queue courte, forte, ligneuse, semblant former obliquement la continuation de la pointe du fruit.

Chair blanche, fine, tassée, demi-beurrée, suffisante en eau sucrée mais peu relevée.

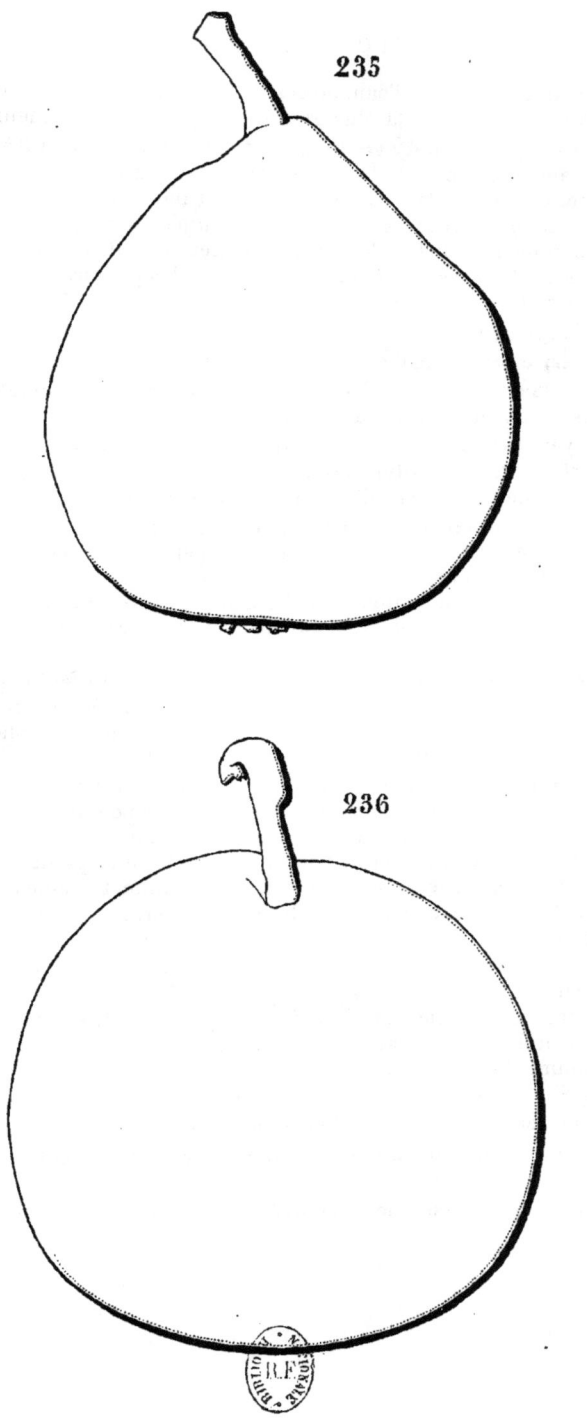

235, SUCRÉE D'HEYER. 236, BEURRÉ ROUPPE.

BEURRÉ ROUPPE

(ROUPPES BUTTERBIRNE)

(N° 236)

Catalogue Van Mons. 1823.
Systematische Beschreibung der Kernobstsorten. Diel.
Catalogue Jahn. 1864.

Observations. — Cette variété fut obtenue par Van Mons, ainsi qu'il l'indique dans son Catalogue. — L'arbre, de bonne vigueur sur cognassier, s'accommode assez bien des formes régulières. Sa fertilité, seulement moyenne, est interrompue par des alternats complets. Diel et Jahn attribuent à son fruit une chair beurrée; chez moi, elle s'est montrée jusqu'à présent cassante; peut-être le sol froid et argileux, dans lequel mon arbre est planté, est-il cause de ce défaut.

DESCRIPTION.

Rameaux assez forts, obscurément anguleux dans leur contour, un peu flexueux, à entre-nœuds de moyenne longueur ou un peu longs, d'un jaune verdâtre; lenticelles blanchâtres, assez petites, nombreuses et un peu apparentes.
Boutons à bois moyens, coniques, courtement aigus, à direction peu écartée du rameau, soutenus sur des supports saillants dont l'arête médiane se prolonge peu distinctement; écailles d'un marron rougeâtre peu foncé.
Pousses d'été d'un vert clair, lavées de rouge et un peu duveteuses à leur sommet.
Feuilles des pousses d'été petites, obovales-allongées, assez longuement et sensiblement atténuées vers le pétiole, se terminant régulière-

ment à leur autre extrémité en une pointe finement aiguë, un peu repliées sur leur nervure médiane et un peu arquées, bordées de dents très-fines, peu profondes et aiguës, assez peu soutenues sur des pétioles longs, grêles et un peu souples.

Stipules un peu longues, filiformes ou presque filiformes.

Feuilles stipulaires manquant le plus souvent.

Boutons à fruit moyens, conico-ovoïdes, aigus; écailles d'un marron rougeâtre peu foncé.

Fleurs petites; pétales ovales, souvent aigus à leur sommet, peu concaves, à onglet peu long, bien écartés entre eux; divisions du calice de moyenne longueur et recourbées en dessous; pédicelles courts, très-grêles et cotonneux.

Feuilles des productions fruitières petites, ovales-elliptiques, se terminant un peu brusquement en une pointe courte, un peu concaves, bordées de dents fines, un peu profondes et bien aiguës, assez peu soutenues sur des pétioles un peu longs, très-grêles et souples.

Caractère saillant de l'arbre : teinte générale du feuillage d'un vert pré terne; toutes les feuilles plus ou moins petites; tous les pétioles remarquablement grêles.

Fruit moyen ou presque moyen, presque sphérique, ordinairement uni dans son contour, atteignant sa plus grande épaisseur au milieu ou à peine au-dessous du milieu de sa hauteur; au-dessus de ce point, s'arrondissant en demi-sphère par une courbe largement convexe; au-dessous du même point, s'arrondissant par une courbe plus convexe pour ensuite s'aplatir largement autour de la cavité de l'œil.

Peau épaisse, ferme, d'abord d'un vert d'eau terne semé de points d'un gris brun, larges, très-nombreux et bien apparents. Une tache d'une rouille fauve rayonne dans la cavité de l'œil. A la maturité, **décembre**, le vert fondamental passe au jaune verdâtre, et le côté du soleil est plus ou moins chaudement doré ou rarement, sur les fruits les mieux exposés, lavé d'un soupçon de rouge.

Œil très-grand, bien ouvert, à divisions larges, grisâtres, placé dans une dépression peu profonde, bien évasée, à peine plissée dans ses parois et ordinairement unie par ses bords.

Queue assez courte, un peu forte, bien courbée, ligneuse, attachée à fleur du sommet du fruit ou dans une dépression très-peu prononcée.

Chair blanchâtre, grossière, cassante, un peu pierreuse vers le cœur, assez abondante en eau douce, sucrée et agréable.

VERMILLON-D'EN-HAUT

(N° 237)

Dictionnaire de pomologie. André Leroy.

Observations. — Cette variété fut obtenue par M. Boisbunel, pépiniériste à Rouen. Son premier rapport eut lieu en 1858. Elle ouvrit la série des gains de grand mérite du semeur normand, devenu, depuis, célèbre surtout par sa *Passe-Crassane* et son *Olivier de Serres*. — L'arbre, de vigueur normale aussi bien sur cognassier que sur franc, s'accommode bien de la forme pyramidale qui lui est naturelle. Sa fertilité est précoce, même sur franc, bien répartie sur toute sa charpente et soutenue. Son fruit, quoique paraissant avec un grand nombre de bonnes Poires, est de qualité assez distinguée pour le recommander à la culture, et entre-cueilli sa maturité peut se prolonger pendant un mois sans qu'il blettisse.

DESCRIPTION.

Rameaux de moyenne force, finement anguleux dans leur contour, flexueux, à entre-nœuds de moyenne longueur ou un peu longs, d'un vert clair et un peu jaune; lenticelles blanchâtres, petites, rares et peu apparentes.

Boutons à bois moyens, coniques, un peu courts, épaissis à leur base et très-courtement aigus, à direction écartée du rameau, soutenus sur des supports saillants dont l'arête médiane se prolonge finement et distinctement; écailles d'un marron très-foncé presque noir.

Pousses d'été d'un vert clair et vif, lavées de rouge sur une assez grande longueur et peu duveteuses à leur sommet.

Feuilles des pousses d'été moyennes, ovales, un peu sensiblement atténuées vers le pétiole, se terminant un peu brusquement à leur autre extrémité en une pointe longue et finement aiguë, planes ou même convexes, bordées de dents larges, profondes et émoussées, s'abaissant bien sur des pétioles un peu longs, un peu forts, un peu flexibles, presque horizontaux et souvent un peu colorés de rouge.

Stipules longues, linéaires, très-étroites.

Feuilles stipulaires fréquentes.

Boutons à fruit assez petits, ovoïdes, courts et courtement aigus ; écailles d'un marron foncé.

Fleurs moyennes ou presque petites ; pétales ovales-elliptiques, peu concaves, à onglet court, se recouvrant un peu entre eux ; divisions du calice de moyenne longueur et bien recourbées en dessous ; pédicelles courts, forts et peu duveteux.

Feuilles des productions fruitières moyennes, ovales un peu allongées et étroites ou ovales-elliptiques, se terminant régulièrement en une pointe très-courte, un peu creusées en gouttière et à peine arquées, bordées de dents fines, très-peu profondes et un peu aiguës, soutenues à peu près horizontalement sur des pétioles assez longs, grêles, divergents et fermes.

Caractère saillant de l'arbre : feuilles des pousses d'été remarquablement planes ; stipules courtes ; facies général ayant quelque rapport avec celui du Saint-Germain.

Fruit moyen ou presque moyen, irrégulièrement turbiné-piriforme, atteignant sa plus grande épaisseur assez au-dessous du milieu de sa hauteur ; au-dessus de ce point, s'atténuant promptement par une courbe irrégulièrement convexe ou irrégulièrement concave pour se terminer brusquement en une pointe courte, maigre et aiguë ; au-dessous du même point, s'arrondissant par une courbe assez convexe pour s'aplatir ensuite un peu autour de la cavité de l'œil.

Peau épaisse, d'abord d'un vert clair semé de points d'un vert plus foncé et très-irrégulièrement apparents. Souvent on remarque de larges taches d'une rouille fine et d'un brun verdâtre sur sa surface, et surtout sur la partie inférieure du fruit. A la maturité, **septembre**, le vert fondamental s'éclaircit peu en jaune et le côté du soleil est lavé ou flammé de rouge vermillon sur lequel ressortent assez bien des points grisâtres.

Œil grand, demi-ouvert, placé dans une cavité étroite, un peu profonde et souvent divisée dans ses bords par des côtes inégales et aplanies qui ne se prolongent pas ou très-obscurément sur le ventre du fruit.

Queue courte, forte, bien ligneuse, formant exactement la continuation de la pointe charnue du fruit.

Chair blanche, fine, beurrée, fondante, abondante en eau sucrée, acidulée, agréablement relevée d'une saveur rafraîchissante.

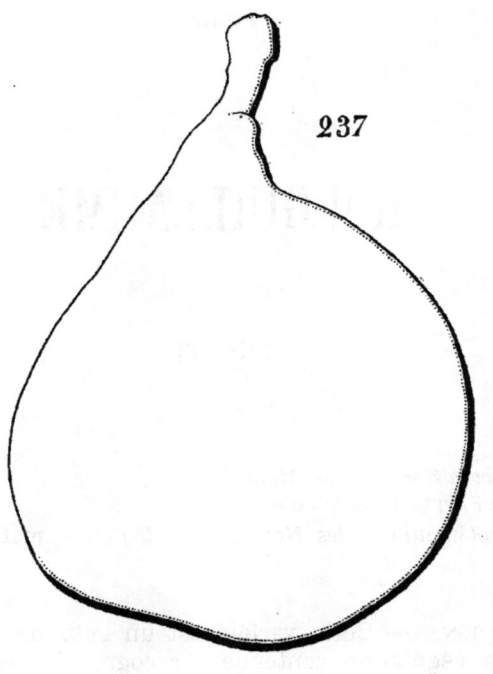

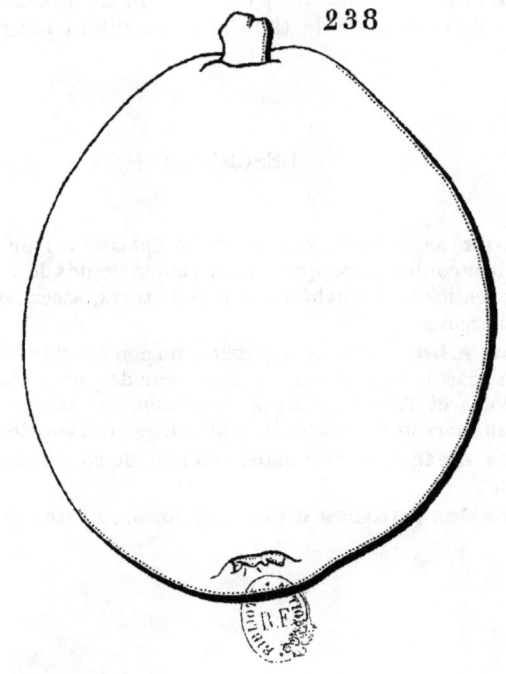

237, VERMILLON-D'EN-HAUT. 238, ROI-GUILLAUME.

ROI-GUILLAUME

(N° 238)

Bulletin de la Société Van Mons.
Catalogue Papeleu, *de Wetteren.*
Table supplémentaire des Notices pomologiques. de Liron d'Airoles.

Observations. — Cette variété est un gain de Van Mons. — L'arbre, de végétation contenue sur cognassier, est de vigueur normale sur franc, sur lequel sa fertilité assez tardive devient ensuite bonne et soutenue. Il s'accommode bien des formes régulières, surtout de celles de pyramide ou de fuseau. Son fruit, de troisième qualité pour la table, est excellent pour les emplois de la cuisine.

DESCRIPTION.

Rameaux assez forts, peu allongés, épaissis à leur sommet, presque unis dans leur contour, presque droits, à entre-nœuds de moyenne longueur, jaunâtres; lenticelles blanchâtres, un peu larges, assez peu nombreuses et un peu apparentes.

Boutons à bois moyens, coniques, un peu courts et courtement aigus, à direction écartée du rameau, soutenus sur des supports un peu saillants dont les côtés et l'arête médiane se prolongent très-peu distinctement; écailles d'un marron rougeâtre brillant, largement bordées de gris argenté.

Pousses d'été d'un vert clair, colorées de rouge et peu duveteuses à leur sommet.

Feuilles des pousses d'été moyennes ou assez grandes, ovales, se terminant régulièrement en une pointe fine et bien aiguë, peu repliées sur leur nervure médiane et souvent bien arquées, irrégulièrement bordées de dents très-écartées, très-peu profondes et émoussées, bien soutenues sur des pétioles de moyenne longueur, forts, peu redressés et fermes.

Stipules en alènes assez courtes, fines et souvent caduques.

Feuilles stipulaires manquant ordinairement.

Boutons à fruit moyens, ovo-ellipsoïdes, obtus; écailles d'un marron rougeâtre foncé.

Fleurs assez grandes; pétales ovales-élargis, irrégulièrement découpés par leurs bords, un peu lavés de rose avant l'épanouissement; divisions du calice courtes, obtuses, un peu recourbées en dessous; pédicelles assez courts, forts et laineux.

Feuilles des productions fruitières assez grandes, ovales-elliptiques, se terminant un peu brusquement en une pointe courte, peu repliées sur leur nervure médiane et un peu arquées, bordées de dents un peu profondes, un peu écartées entre elles et peu aiguës, bien soutenues sur des pétioles assez courts, un peu forts, fermes et un peu redressés.

Caractère saillant de l'arbre : teinte générale du feuillage d'un vert bleu vif et brillant; toutes les feuilles épaisses et de consistance ferme; tous les pétioles un peu forts et raides.

Fruit moyen, ovoïde, bien raboteux sur toute sa surface, atteignant sa plus grande épaisseur peu au-dessous du milieu de sa hauteur; au-dessus de ce point, s'atténuant par une courbe largement convexe en une pointe peu longue, bien épaisse, obtuse ou le plus souvent un peu tronquée à son sommet; au-dessous du même point, s'atténuant par une courbe un peu plus convexe pour diminuer sensiblement d'épaisseur vers la cavité de l'œil.

Peau un peu ferme, d'abord d'un vert d'eau pâle semé de points bruns, larges, nombreux et saillants, entremêlés de nombreuses taches de rouille de même nature et se condensant du côté du soleil. A la maturité, **septembre**, le vert fondamental passe au jaune citron, chaudement doré du côté du soleil et même souvent lavé de rouge orangé.

Œil moyen, demi-ouvert, placé dans un cavité très-étroite, peu profonde et ordinairement régulière.

Queue très-courte, forte, attachée dans un pli prononcé formé par la pointe du fruit.

Chair d'un blanc jaunâtre, grossière, granuleuse, un peu pierreuse vers le cœur, demi-cassante, peu abondante en eau richement sucrée et parfumée.

BEURRÉ DURAND

(N° 239)

Horticulteur français. 1856.
Dictionnaire de pomologie. ANDRÉ LEROY.
The Fruits and the fruit-trees of America. DOWNING.

OBSERVATIONS. — Cette variété fut obtenue par M. Goubault, pépiniériste à Millepieds, près d'Angers, et ce fut M. Durand, son successeur, qui commença à la propager. Son premier rapport eut lieu en 1854. — L'arbre, d'une vigueur normale sur cognassier, d'une végétation bien équilibrée, se prête facilement à toutes formes ; il convient aussi au verger par sa rusticité et sa fertilité soutenue.

DESCRIPTION.

Rameaux de moyenne force, unis dans leur contour, presque droits, à entre-nœuds courts et très-inégaux entre eux, d'un brun verdâtre à l'ombre et d'un brun rougeâtre au soleil ; lenticelles blanches, peu larges, assez nombreuses, largement espacées et apparentes.
Boutons à bois moyens ou assez petits, coniques, aigus, souvent éperonnés, à direction très-écartée du rameau, soutenus sur des supports un peu renflés dont les côtés et l'arête médiane ne se prolongent pas ; écailles d'un marron rougeâtre brillant et largement bordées de gris argenté.
Pousses d'été d'un vert décidé, lavées de rouge brun à leur sommet et vers les nœuds, bien glabres sur toute leur longueur.
Feuilles des pousses d'été assez petites, ovales-elliptiques, se ter-

minant peu brusquement en une pointe courte et extraordinairement fine, peu repliées sur leur nervure médiane et non arquées, bordées de dents un peu larges, peu profondes et émoussées, retombant un peu sur des pétioles de moyenne longueur, grêles et un peu flexibles.

Stipules longues, filiformes.

Feuilles stipulaires fréquentes.

Boutons à fruit moyens, conico-ovoïdes, allongés et finement aigus ; écailles d'un marron rougeâtre et brillant.

Fleurs moyennes ; pétales arrondis, bien concaves, un peu lavés de rose avant l'épanouissement ; divisions du calice longues, étroites, finement aiguës et recourbées en dessous ; pédicelles assez longs, forts et un peu duveteux.

Feuilles des productions fruitières plus grandes que celles des pousses d'été, ovales-elliptiques ou obovales-elliptiques, se terminant presque régulièrement en une pointe assez longue et fine, bien creusées en gouttière et à peine arquées, bordées de dents inégales entre elles, très-peu profondes, très-obtuses et souvent peu appréciables, assez peu soutenues sur des pétioles longs, grêles et flexibles.

Caractère saillant de l'arbre : teinte générale du feuillage d'un beau vert brillant ; toutes les feuilles très-finement acuminées ; stipules exactement filiformes ; aspect lisse de tous les organes de la végétation.

Fruit moyen, turbiné-ovoïde, plus ou moins allongé ou parfois turbiné-piriforme, bien uni dans son contour, atteignant sa plus grande épaisseur plus ou moins au-dessous du milieu de sa hauteur ; au-dessus de ce point, s'atténuant par un courbe largement convexe ou à peine concave pour se terminer plus ou moins promptement en une pointe épaisse et plus ou moins obtuse ; au-dessous du même point, s'arrondissant par une courbe convexe jusque dans la cavité de l'œil.

Peau un peu ferme, d'abord d'un vert vif semé de points d'un vert plus foncé, larges et peu apparents. On remarque parfois un peu de rouille fine soit sur le sommet du fruit, soit dans la cavité de l'œil. A la maturité, **septembre**, le vert fondamental s'éclaircit un peu en jaune, et le côté du soleil est couvert d'un nuage de rouge brun sur lequel ressortent bien des points bien larges et d'un rouge sanguin foncé.

Œil grand, ouvert. à divisions longues, étalées contre les parois d'une cavité très-étroite et peu profonde qu'il remplit exactement.

Queue de moyenne longueur, peu forte, ligneuse, épaissie à son point d'attache au rameau, attachée obliquement dans un pli peu prononcé formé par la pointe du fruit.

Chair blanche, fine, fondante, abondante en eau sucrée, vineuse, relevée d'un parfum propre, constituant un fruit de bonne qualité.

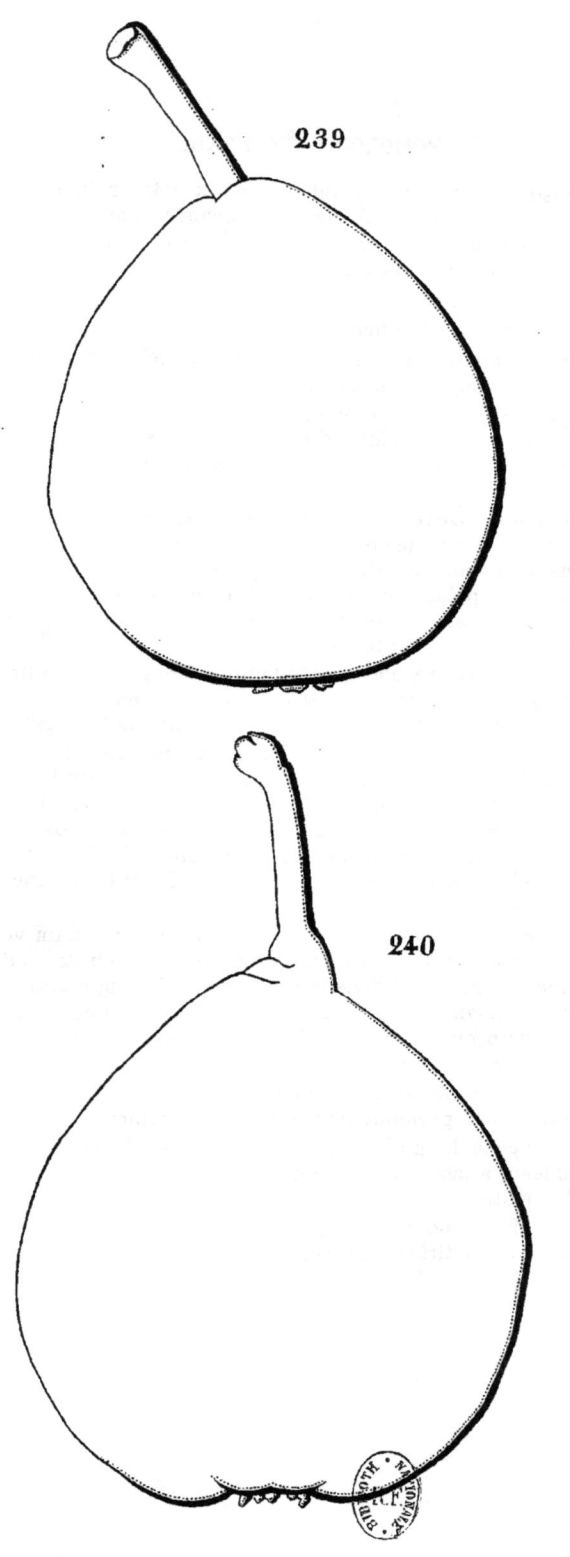

239. BEURRÉ DURAND. 240. BEURRÉ HUDELET.

BEURRÉ HUDELLET

(N° 240)

Catalogue Jacquemet-Bonnefond, d'Annonay (Ardèche).

Observations. — Cette variété n'a pas encore été décrite. Sans pouvoir rien affirmer de bien certain sur son origine, je tiens de source sûre qu'elle a rapporté ses premiers fruits à Bourg. Serait-elle un des arbres de semis, adressés dans le temps par Van Mons à notre Société d'Emulation, et depuis cultivés dans son jardin ou chez quelques amateurs qui les recueillirent? C'est l'opinion qui me semble la plus probable; car je ne sache pas qu'à cette époque nos arboriculteurs eussent déjà entrepris des semis d'arbres fruitiers. Ce que je puis assurer, c'est qu'elle fut dédiée au docteur Hudellet, un de nos pomologistes zélés qui mourut en 1843, et que MM. Jacquemet-Bonnefond commencèrent à la propager avant cette époque.
— L'arbre, de vigueur normale sur cognassier, ne s'accommode pas très-bien des formes régulières. Son meilleur emploi est la haute tige sur franc formant une tête sphérique, de moyenne dimension, à branches un peu pendantes. Sa fertilité est assez précoce et bonne, mais sujette à l'alternat. Son fruit, d'assez bonne qualité, doit être entre-cueilli, car il est disposé à blettir.

DESCRIPTION.

Rameaux peu forts, allongés, fluets à leur partie supérieure, finement anguleux dans leur contour, flexueux, à entre-nœuds longs, d'un jaune verdâtre à peine lavé de rouge clair du côté du soleil; lenticelles blanches, un peu allongées, très-nombreuses et bien apparentes.

Boutons à bois moyens, coniques, bien aigus, à direction parallèle ou presque parallèle au rameau, soutenus sur des supports saillants dont l'arête médiane se prolonge finement; écailles d'un marron rougeâtre foncé et bordé de gris argenté.

Pousses d'été d'un vert très-clair, un peu lavées de rouge et un peu soyeuses à leur sommet.

Feuilles des pousses d'été assez petites ou presque moyennes, assez exactement ovales, se terminant régulièrement en une pointe longue et bien fine, planes ou presque planes, ondulées dans leur contour, irrégulièrement bordées de dents très-peu profondes, couchées et émoussées ou presque entières, soutenues horizontalement sur des pétioles de moyenne longueur, grêles et un peu souples.

Stipules longues, presque filiformes.

Feuilles stipulaires manquant ordinairement.

Boutons à fruit à peine moyens, conico-ovoïdes, finement aigus; écailles d'un beau marron rougeâtre foncé.

Fleurs petites; pétales régulièrement ovales, peu concaves, bien écartés entre eux, un peu lavés de rose avant l'épanouissement; divisions du calice longues et bien réfléchies en dessous; pédicelles de moyenne longueur, grêles et laineux.

Feuilles des productions fruitières plus grandes que celles des pousses d'été, ovales plus élargies, se terminant un peu brusquement en une pointe bien fine et recourbée, planes ou même un peu convexes, ondulées dans leur contour, bordées de dents très-peu profondes, bien couchées et peu aiguës, mal soutenues sur des pétioles un peu longs, bien grêles et bien souples.

Caractère saillant de l'arbre : teinte générale du feuillage d'un vert pré vif et brillant; toutes les feuilles remarquablement ondulées, très-finement acuminées, planes ou presque planes et même souvent un peu convexes; tous les pétioles grêles et plus ou moins souples.

Fruit moyen, turbiné-conique, uni dans son contour, atteignant sa plus grande épaisseur plus ou moins au-dessous du milieu de sa hauteur; au-dessus de ce point, s'atténuant par une courbe d'abord peu convexe puis à peine concave en une pointe peu longue, épaisse et obtuse à son sommet; au-dessous du même point, s'atténuant par une courbe largement convexe pour diminuer un peu sensiblement d'épaisseur vers la cavité de l'œil.

Peau un peu épaisse, d'abord d'un vert d'eau semé de points d'un vert plus foncé et peu apparents, souvent cachés sous des taches d'une rouille brune qui se dispersent sur sa surface et se condensent bien, soit sur le sommet du fruit, soit sur sa base. A la maturité, **septembre**, le vert fondamental passe au jaune terne et mat, et le côté du soleil est parfois un peu lavé de rose.

Œil fermé ou demi-fermé, placé dans une cavité étroite, peu profonde, tantôt unie, tantôt plissée dans ses parois et par ses bords.

Queue de moyenne longueur, de moyenne force, un peu souple, d'un brun foncé, un peu courbée et formant exactement la continuation de la pointe du fruit.

Chair blanchâtre, assez fine, beurrée, suffisante en eau sucrée, vineuse et assez agréablement relevée.

MARIA DE NANTES

(N° 241)

Notice pomologique. DE LIRON D'AIROLES.
Annales de pomologie belge. DE LIRON D'AIROLES.

OBSERVATIONS. — D'après M. de Liron d'Airoles, cette variété a été obtenue dans le jardin de M. Garnier, à La Bouvardière, près Nantes, et son premier rapport eut lieu en 1853. — Greffé sur cognassier, l'arbre est d'une végétation assez maigre. Sa véritable destination est la haute tige sur franc qui n'atteint qu'une dimension moyenne et devient bientôt très-fertile. Son fruit, qui a quelques rapports de saveur avec la Seckel, est bien attaché.

DESCRIPTION.

Rameaux un peu forts et courts, à peine anguleux dans leur contour, presque droits, jaunâtres; lenticelles d'un blanc jaunâtre, bien larges, un peu saillantes et apparentes.

Boutons à bois moyens, coniques, courts, bien épais et émoussés, à direction plus ou moins écartée du rameau, soutenus sur des supports presque nuls dont l'arête médiane se prolonge seule et très-obscurément; écailles rougeâtres et presque entièrement recouvertes de gris argenté.

Pousses d'été d'un vert jaunâtre un peu teinté de rouge, couvertes à leur sommet d'un duvet court et gris.

Feuilles des pousses d'été moyennes, ovales un peu élargies et s'atténuant lentement pour se terminer régulièrement en une pointe assez longue, peu repliées sur leur nervure médiane, bordées de dents assez larges, peu profondes et peu aiguës, bien soutenues sur des pétioles courts, de moyenne force et bien redressés.

Stipules assez longues et filiformes.

Feuilles stipulaires rares.

Boutons à fruit assez gros, presque ellipsoïdes, obtus; écailles d'un marron peu foncé.

Fleurs bien petites; pétales ovales, un peu concaves, un peu écartés entre eux, un peu roses avant l'épanouissement; divisions du calice courtes et étalées ; pédicelles très-courts, grêles et peu duveteux.

Feuilles des productions fruitières à peu près de la même grandeur que celles des pousses d'été et cependant plus élargies, se terminant en une pointe plus courte, planes ou à peine concaves, bordées de dents fines, très-peu profondes, presque inappréciables, soutenues horizontalement sur des pétioles courts, assez grêles et raides.

Caractère saillant de l'arbre : teinte générale du feuillage d'un vert jaunâtre ; toutes les feuilles presque planes.

Fruit petit ou presque moyen, ovoïde ou ovoïde-piriforme, ordinairement uni dans son contour, atteignant sa plus grande épaisseur peu au-dessous du milieu de sa hauteur; au-dessus de ce point, s'atténuant par une courbe d'abord largement convexe puis brusquement concave en une pointe peu longue, maigre et aiguë à son sommet; au-dessous du même point, s'atténuant par une courbe largement convexe pour diminuer un peu d'épaisseur vers la cavité de l'œil.

Peau un peu épaisse et cependant tendre, d'abord d'un vert pâle et mat semé de points d'un brun clair, assez nombreux et bien régulièrement espacés. On remarque aussi souvent sur sa surface des taches d'une rouille d'un brun sombre, épaisse, un peu rude au toucher et couvrant surtout la base du fruit. A la maturité, **octobre**, le vert fondamental passe au jaune citron et sur le côté du soleil les taches de rouille sont plus nombreuses et apparaissent des points d'un gris blanchâtre.

Œil petit, ouvert, à divisions caduques, placé dans une cavité très-étroite et très-peu profonde, unie dans ses parois et par ses bords.

Queue très-courte, forte, élastique, attachée à la pointe charnue du fruit dont elle semble former la continuation.

Chair d'un blanc un peu jaunâtre, très-fine, serrée, beurrée, suffisante en eau sucrée, acidulée, relevée d'un parfum de musc pénétrant et cependant agréable.

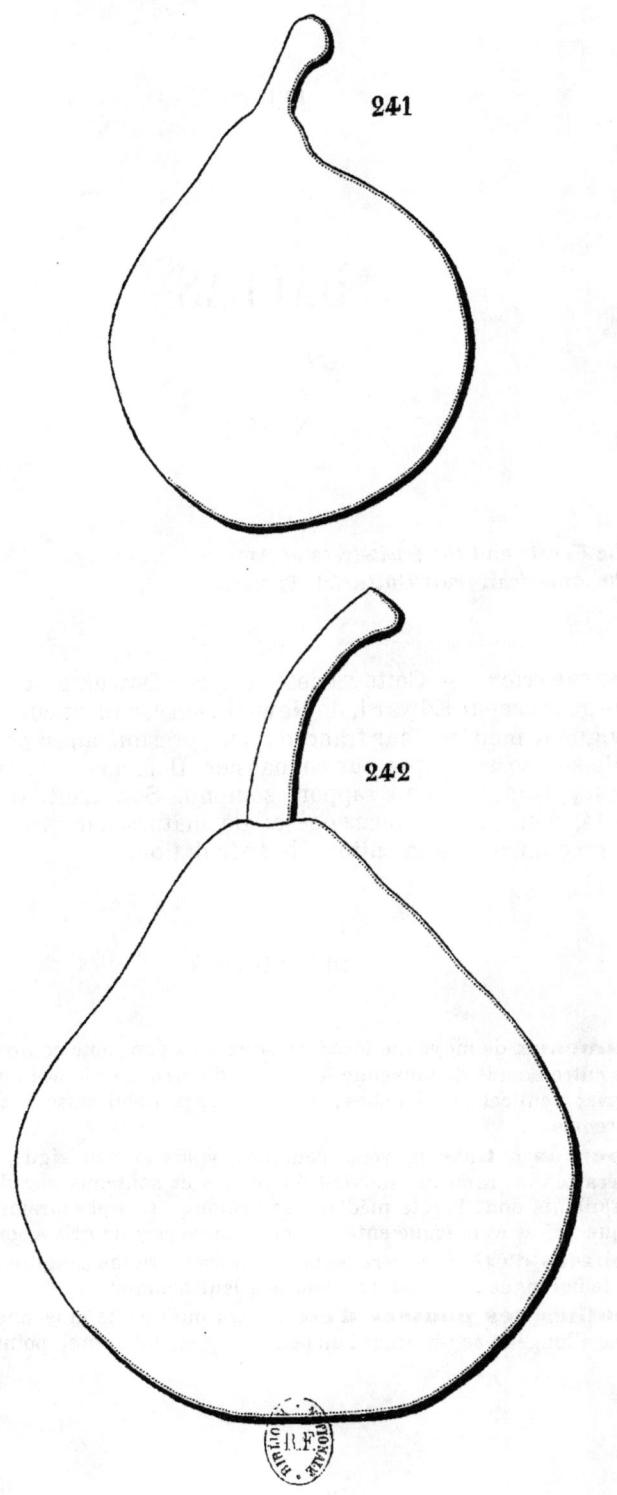

241, MARIA DE NANTES. 242. DALLAS.

DALLAS

(N° 242)

The Fruits and the fruit-trees of America. Downing.
The American fruit Culturist. Thomas.

Observations. — Cette variété, d'après Downing, a été obtenue par le gouverneur Edward, de New-Haven (Connecticut). — L'arbre, de vigueur modérée sur franc, devient presque aussi promptement fertile sur ce sujet que sur cognassier. Il forme promptement de belles pyramides d'un rapport soutenu. Son fruit, de première qualité, d'une belle apparence et de maturation prolongée, peut être recommandé à la culture de spéculation.

DESCRIPTION.

Rameaux de moyenne force, presque unis dans leur contour, coudés à leurs entre-nœuds de moyenne longueur, d'un rouge violacé un peu ombré de gris; lenticelles blanches, petites, assez nombreuses et assez peu apparentes.

Boutons à bois moyens, coniques, épais et peu aigus, à direction très-écartée du rameau, souvent éperonnés et soutenus sur des supports peu saillants dont l'arête médiane se prolonge très-obscurément; écailles presque noires et presque entièrement recouvertes de gris argenté.

Pousses d'été d'un vert jaune, colorées de rouge sanguin sur presque toute leur longueur et peu duveteuses à leur sommet.

Feuilles des pousses d'été petites ou à peine moyennes, obovales un peu allongées, se terminant un peu brusquement en une pointe très-fine à peine repliées sur leur nervure médiane et à peine arquées, bordées de dents un peu larges, peu profondes et obtuses, retombant sur des pétioles longs, grêles et flexibles.

Stipules longues, linéaires, très-étroites et dentées.

Feuilles stipulaires très-fréquentes.

Boutons à fruit assez petits, conico-ovoïdes, courts, peu aigus ; écailles d'un marron peu foncé.

Fleurs moyennes ; pétales elliptiques-arrondis, concaves, se recouvrant un peu entre eux ; divisions du calice assez longues, larges à leur base, bien aiguës, peu recourbées en dessous ; pédicelles moyens, de moyenne force, peu duveteux.

Feuilles des productions fruitières moyennes, ovales, souvent un peu allongées, se terminant presque régulièrement en une pointe courte et bien fine, un peu creusées en gouttière et un peu arquées, bordées de dents fines, peu profondes et émoussées, très-irrégulièrement soutenues sur des pétioles longs, grêles et flexibles.

Caractère saillant de l'arbre : teinte générale du feuillage d'un vert vif et gai, les plus jeunes feuilles colorées de rouge ; pousses d'été émettant facilement des dards anticipés ; feuilles des productions fruitières très-irrégulièrement dirigées par leurs pétioles ; tous les pétioles longs, grêles et flexibles.

Fruit moyen ou presque gros, ovoïde-piriforme, ordinairement uni dans son contour, atteignant sa plus grande épaisseur peu au-dessous du milieu de sa hauteur ; au-dessus de ce point, s'atténuant assez promptement par une courbe largement convexe ou parfois à peine concave en une pointe peu longue, tantôt obtuse, tantôt un peu aiguë ; au-dessous du même point, s'atténuant par une courbe largement convexe pour diminuer sensiblement d'épaisseur vers la cavité de l'œil.

Peau un peu épaisse, d'abord d'un vert clair semé de points bruns, larges, largement espacés et apparents. Une rouille brune et dense couvre la cavité de l'œil et le sommet du fruit, et parfois se disperse en taches irrégulières sur sa surface. A la maturité, **octobre**, le vert fondamental passe au jaune conservant souvent une teinte un peu verdâtre, et le côté du soleil est coloré d'un rouge relevé de points d'un rouge cramoisi, plus apparents à proportion que le fruit était mieux exposé.

Œil grand, demi-ouvert, à divisions fermes, dressées, placé dans une petite cavité ordinairement sillonnée dans ses parois et par ses bords.

Queue longue, forte, épaissie à son point d'attache au rameau, un peu courbée, un peu souple, attachée un peu obliquement dans un pli plus ou moins prononcé formé par la pointe du fruit.

Chair blanche, assez fine, beurrée, fondante, savoureuse, abondante en eau sucrée, relevée et agréablement parfumée.

PETITE POIRE DE PIERRE

(KLEINE PETERSBIRNE)

(N° 243)

Deutscher Obst Gartner. Sickler.
Systematisches Handbuch der Obstkunde. Dittrich.
Anleitung der besten Obstes. Oberdieck.
Illustrirtes Handbuch der Obstkunde. Jahn.

Observations. — Cette variété, d'origine allemande, est très-répandue dans le duché d'Altenbourg. Sa végétation est des plus chétives sur cognassier. Elle ne prend un peu de développement sur franc que sous condition d'une grande fertilité accumulée depuis longtemps dans le sol. Il est fâcheux qu'elle ne puisse être plus généralement cultivée, car elle est d'une grande fertilité et son fruit réunit toutes les qualités de la bonne poire à confire ou à sécher, au même degré que le Rousselet de Reims, qui aussi ne s'accommode pas de tous les climats.

DESCRIPTION.

Rameaux peu forts, très-fluets à leur sommet, d'un vert un peu teinté de rouge brun du côté du soleil; lenticelles blanchâtres, très-petites et allongées.

Boutons à bois petits, courts, épaissis à leur base et un peu aigus, à direction bien écartée du rameau; écailles presque entièrement recouvertes d'un gris fauve.

Pousses d'été grêles, d'un vert intense à leur base, un peu lavées de rouge à leur sommet très-peu duveteux.

Feuilles des pousses d'été petites, obovales ou ovales-elliptiques, s'atténuant peu pour se terminer brusquement en une pointe courte et fine, creusées en gouttière et arquées, bordées très-irrégulièrement de dents inégales entre elles, assez bien soutenues sur des pétioles courts, peu forts et bien redressés.

Stipules en forme d'alênes courtes.

Feuilles stipulaires assez fréquentes.

Boutons à fruit très-petits, exactement coniques et un peu aigus; écailles un peu entr'ouvertes.

Feuilles des productions fruitières le plus souvent ovales-elliptiques, se terminant peu brusquement en une pointe très-courte ou nulle, planes ou un peu concaves, parfois un peu recourbées et contournées par leur pointe, entières par leurs bords, mal soutenues sur des pétioles de moyenne longueur, très-grêles et flexibles.

Caractère saillant de l'arbre : branchage et feuillage menus; feuilles presque toutes se rapprochant de la forme elliptique; végétation buissonneuse.

Fruit petit, ovoïde-piriforme et bien ventru, atteignant sa plus grande épaisseur au-dessous du milieu de sa hauteur; au-dessus de ce point, s'atténuant par une courbe d'abord largement convexe puis concave en une pointe peu longue, assez peu épaisse et bien obtuse; au-dessous du même point, s'arrondissant par une courbe bien convexe pour ensuite s'aplatir un peu autour de l'œil.

Peau fine, d'abord d'un vert clair semé de points d'un vert noirâtre, petits et très-nombreux. Souvent on remarque un nuage de rouille sur quelques parties de sa surface. A la maturité, **commencement d'août**, le vert fondamental passe au jaune mat et le côté du soleil est lavé, sur une large étendue, d'un rouge sombre sur lequel les points sont cernés de rouge plus foncé.

Œil grand, ouvert, à divisions fermes et souvent caduques, placé à fleur de la base aplatie du fruit ou légèrement enfoncé de manière à ce que le fruit puisse encore s'asseoir un peu solidement.

Queue de moyenne longueur et de moyenne force, ligneuse, souvent repoussée un peu obliquement sur la pointe charnue du fruit à laquelle elle est attachée.

Chair d'un blanc verdâtre, bien fine, serrée, demi-cassante, suffisante en eau sucrée et agréablement parfumée.

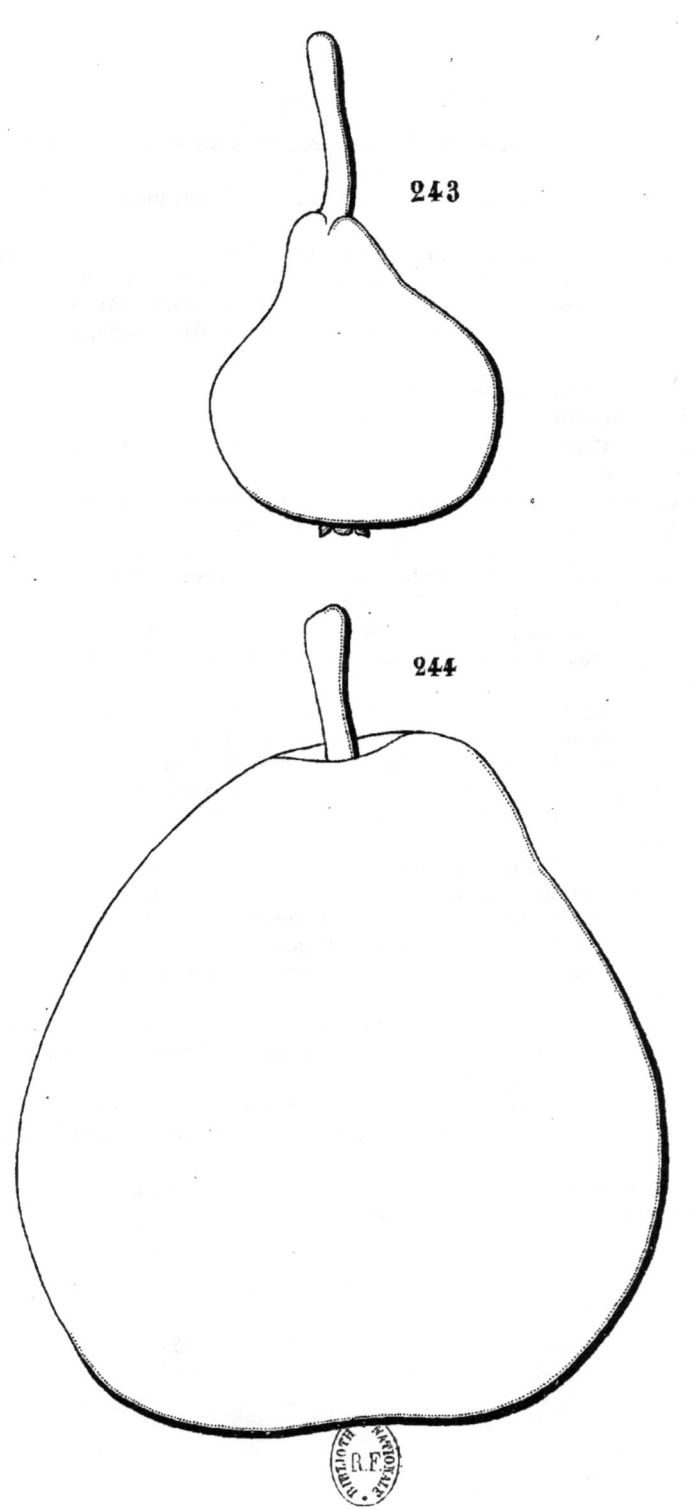

243. PETITE POIRE DE PIERRE . 244 . CONSEILLER RANWEZ .

CONSEILLER RANWEZ

(N° 244)

Catalogue des Pépinières royales de Vilvorde. DE BAVAY.
Catalogue BIVORT. 1851-1852.
The Fruits and the fruit-trees of America. DOWNING.
Handbuch aller bekannten Obstsorten. BIEDENFELD.
Dictionnaire de pomologie. ANDRÉ LEROY.

OBSERVATIONS. — Van Mons obtint cette variété dont le premier rapport eut lieu vers 1841 ou 1842, et la dédia au conseiller Ranwez sur lequel nous n'avons pu trouver aucun renseignement. — L'arbre est d'une belle végétation aussi bien sur cognassier que sur franc et disposé naturellement à la forme pyramidale. Son rapport est précoce, et sans être des plus abondants, il est bien suffisant et surtout peu sujet à l'alternat. Le fruit, d'un beau volume, est de qualité variable et manque de finesse ; aussi n'atteint-il jamais que le second degré à la dégustation.

DESCRIPTION.

Rameaux peu forts, bien allongés, bien anguleux dans leur contour, d'un jaunâtre mat du côté de l'ombre, d'un vert jaunâtre du côté du soleil ; lenticelles blanches, larges, bien allongées, rares et apparentes.

Boutons à bois petits, coniques, maigres et aigus, souvent éperonnés, à direction tantôt bien écartée, tantôt bien rapprochée du rameau, soutenus sur des supports très-saillants dont les côtés et l'arête médiane se prolongent distinctement ; écailles d'un marron clair un peu bordé de gris.

Pousses d'été d'un vert jaunâtre à leur base, d'un vert pâle à leur sommet, bien duveteuses et teintées de places en places d'un rouge violacé.

Feuilles des pousses d'été petites, à peu près elliptiques, se terminant un peu brusquement en une pointe tantôt courte, tantôt un peu longue et fine, peu repliées sur leur nervure médiane et un peu arquées, bordées de dents peu profondes, obtuses et duveteuses, soutenues à peu près horizontalement sur des pétioles de moyenne longueur, de moyenne force et peu redressés.

Stipules un peu longues, linéaires-étroites.

Feuilles stipulaires un peu fréquentes.

Boutons à fruit petits, ovoïdes, courts et émoussés; écailles d'un marron jaunâtre et terne.

Fleurs moyennes; pétales bien élargis, concaves, peu colorés de rose avant l'épanouissement; divisions du calice larges à leur base, allongées et recourbées par leur pointe; pédicelles de moyenne longueur, forts et duveteux.

Feuilles des productions fruitières petites, exactement elliptiques, se terminant un peu brusquement en une pointe courte et presque nulle, planes ou peu concaves, bordées de dents très-peu profondes et émoussées, peu appréciables, assez bien soutenues sur des pétioles courts, grêles et divergents.

Caractère saillant de l'arbre : teinte générale du feuillage d'un vert foncé; denture de toutes les feuilles peu prononcée.

Fruit gros, turbiné-conique ou conique-piriforme, bien ventru, quelquefois irrégulier dans son contour, atteignant sa plus grande épaisseur peu au-dessous du milieu de sa hauteur; au-dessus de ce point, s'atténuant peu par une courbe d'abord à peine convexe puis à peine concave en une pointe peu longue, bien épaisse et largement tronquée à son sommet; au-dessous du même point, s'arrondissant par une courbe largement convexe pour diminuer un peu sensiblement d'épaisseur vers la cavité de l'œil.

Peau un peu épaisse, d'abord d'un vert décidé semé de points d'un gris brun, larges, très-nombreux et un peu irrégulièrement espacés. Souvent une large tache d'une rouille d'un brun verdâtre, rude au toucher, s'étend dans la cavité de la queue, se prolonge d'un côté sur toute la hauteur du fruit et couvre la cavité de l'œil. A la maturité, **octobre, novembre**, le vert fondamental passe au vert jaunâtre et le côté du soleil est indiqué, soit par une rouille un peu bronzée, soit par la concentration des points.

Œil grand, demi-ouvert, à divisions fermes, d'abord dressées puis recourbées en dehors, placé dans une cavité en forme de godet large et assez profond.

Queue assez courte, peu forte, ligneuse, d'un brun sombre, insérée perpendiculairement dans une cavité large et profonde.

Chair bien blanche, peu fine, tendre, moëlleuse, suffisante en eau sucrée, acidulée, un peu musquée, assez agréable, mais disposée à blettir promptement.

DE DEUX-FOIS-L'AN

(N° 245)

Dictionnaire de pomologie. André Leroy.
Album de pomologie. Bivort.
ZWEIMAL BLUHENDE UND ZWEIMAL TRAGENDE. *Versuch einer Systematischen Beschreibung.* Diel.
Illustrirtes Handbuch der Obstkunde. Jahn.
HONEY, EUROPEAN HONEY. *The Fruits and the fruit-trees of America.* Downing.

Observations. — Les auteurs du *Illustrirtes Handbuch* soupçonnent que cette variété est d'origine allemande, parce qu'elle n'a été citée par aucun des plus anciens pomologistes français. Ce motif tombe devant la remarque faite par M. André Leroy que la poire Bonne Deux-Fois-l'An était cultivée, dès 1598, dans le verger du procureur du Roi Le Lectier, à Orléans. Je n'oserais cependant, comme lui, l'assimiler à la Bellissime d'été ou Figue musquée de Merlet, car si sa description du fruit lui convient comme à beaucoup d'autres variétés, celle de l'arbre aux feuilles grandes et larges ne peut s'appliquer à celui de notre Poire de Deux-Fois-l'An, dont les feuilles sont plutôt étroites et ont de grands rapports de forme et d'étendue avec celles du Beurré Giffard. J'ai reçu cette variété d'Amérique sous le nom de Honey, Miel ou Poire Mielleuse, et Downing dit qu'elle y est très-répandue, depuis longtemps, sans que l'on connaisse son origine et sans qu'aucun auteur l'ait décrite avant lui. Le doute reste donc complet sur le lieu de naissance de cette variété sur laquelle, depuis plus de vingt ans, je n'ai pu constater l'anomalie de la double floraison à laquelle elle dut son nom. — L'arbre est sain, rustique malgré son origine ancienne; sa fertilité est bonne et son fruit de bonne qualité lui mérite une place, surtout dans le verger. Il s'accommode peu des formes soumises à la taille, ses branches fruitières ne sont pas d'assez longue durée.

DESCRIPTION.

Rameaux de moyenne force, presque unis dans leur contour, un peu flexueux, verdâtres à l'ombre, rougeâtres du côté du soleil; lenticelles blanchâtres, un peu larges, un peu allongées, peu nombreuses et assez apparentes.

Boutons à bois moyens, coniques, émoussés, parallèles ou presque parallèles au rameau, soutenus sur des supports très-saillants dont l'arête médiane se prolonge seule et peu distinctement ; écailles recouvertes d'un duvet fin et gris.

Pousses d'été d'un vert olive à leur base, d'un vert brun à leur sommet, et longtemps couvertes sur toute leur longueur d'un duvet court et grisâtre.

Feuilles des pousses d'été moyennes, obovales-étroites, bien repliées sur leur nervure médiane et arquées, entières et un peu duveteuses par leurs bords, assez peu soutenues sur des pétioles assez longs, grêles, un peu duveteux et un peu redressés.

Stipules de moyenne longueur, filiformes.

Feuilles stipulaires assez rares.

Boutons à fruit gros, coniques, obtus ; écailles un peu entr'ouvertes, recouvertes d'un duvet fauve et maculées de gris.

Fleurs moyennes ; pétales obovales-arrondis, obtus et un peu échancrés à leur sommet, entièrement blancs avant l'épanouissement ; pédicelles de moyenne longueur, grêles et un peu duveteux.

Feuilles des productions fruitières très-inégales entre elles et le plus souvent plus longues, plus élargies, moins repliées sur leur nervure médiane et moins arquées que celles des pousses d'été, entières par leurs bords, retombant sur des pétioles inégaux entre eux de force et de longueur.

Caractère saillant de l'arbre : teinte générale du feuillage d'un vert d'eau ; toutes les feuilles entières.

Fruit presque moyen, turbiné-piriforme et court, uni dans son contour, atteignant sa plus grande épaisseur au-dessous du milieu de sa hauteur ; au-dessus de ce point, s'arrondissant d'abord puis s'atténuant brusquement par une courbe bien concave en une pointe courte, peu épaisse et peu obtuse ; au-dessous du même point, s'arrondissant brusquement jusque vers la cavité de l'œil.

Peau unie, d'abord d'un vert gai semé de points gris, saillants et très-rapprochés. Quelques traces d'une rouille verdâtre s'étendent autour de la cavité de l'œil. A la maturité, **commencement d'août**, le vert fondamental passe au jaune clair, lavé de rouge du côté du soleil, et sur ce rouge un peu sombre, les points sont plus nombreux et plus apparents.

Œil assez grand, à divisions courtes, dressées, assez ouvert pour montrer dans son intérieur les étamines longtemps persistantes, placé dans une petite cavité plus ou moins profonde, déprimée dans son fond et régulière par ses bords.

Queue assez forte, de moyenne longueur ou peu longue, attachée parfois de côté à la pointe du fruit souvent un peu écrasée.

Chair d'un blanc un peu verdâtre et veinée de jaune, demi-fine, demi-cassante, abondante en eau sucrée et bien parfumée.

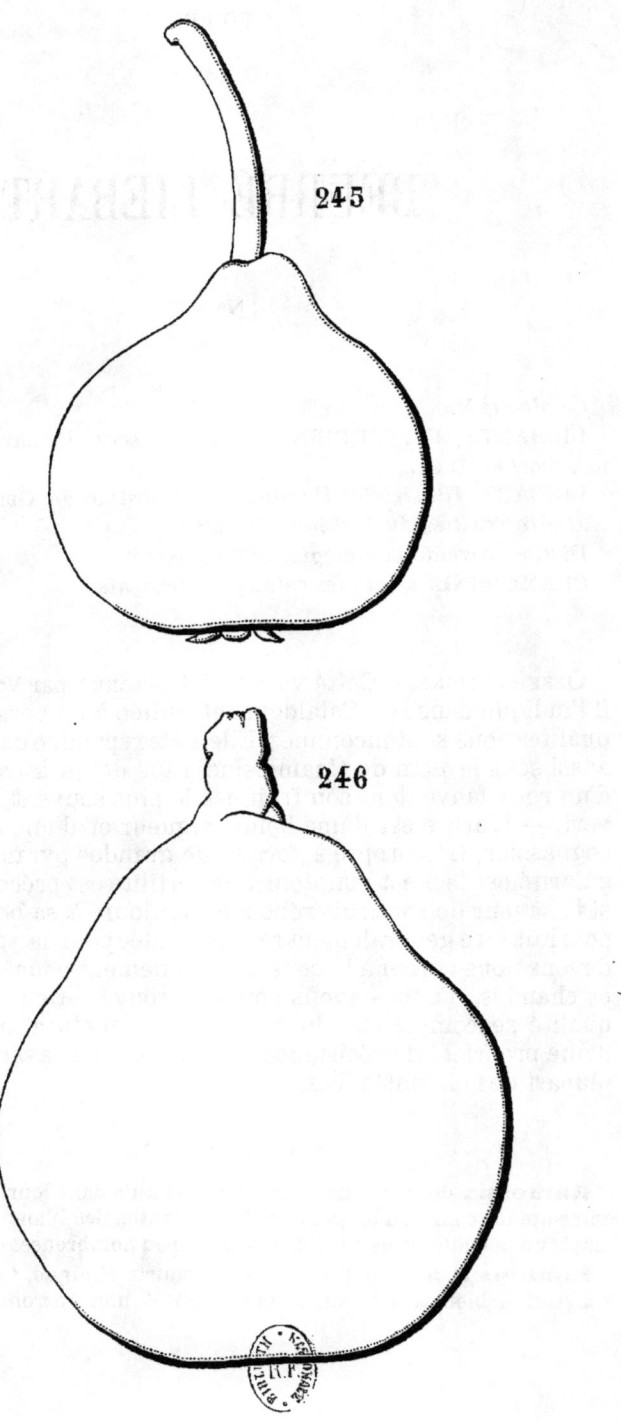

245. DE DEUX-FOIS-L'AN.   246. BEURRÉ LIEBART.

BEURRÉ LIEBART

(N° 246)

Catalogue Van Mons. 1823.
LIEBARTS BUTTERBIRNE. *Systematische Beschreibung der Kernobstsorten.* Diel.
LIEBART. *Illustrirtes Handbuch der Obstkunde.* Oberdieck.
Jardin fruitier du Muséum. Decaisne.
Dictionnaire de pomologie. André Leroy.
CHAMOISINE. *Quelques catalogues français.*

Observations. — Cette variété fut obtenue par Van Mons, comme il l'indique dans son Catalogue, et dédiée à un personnage dont les qualités nous sont inconnues. Elle a été répandue dans le commerce, aussi sous le nom de Chamoisine, sans doute à cause de la teinte d'un roux fauve dont son fruit est, le plus souvent, en partie recouvert. — L'arbre est d'une bonne vigueur et d'une bonne tenue sur cognassier, très-propre à former de grandes pyramides dont la régularité est facile à maintenir. Sa fertilité est précoce et grande, et si la saveur de son fruit répondait toujours à sa beauté, sa culture pourrait être généralement recommandée pour la spéculation. Nous devons nous borner à la conseiller seulement pour les terres légères et chaudes, où nous avons souvent trouvé cette poire d'une bonne qualité se complétant du mérite d'une maturation prolongée et d'une propriété de résistance au transport fort avantageuse dans la plupart des circonstances.

DESCRIPTION.

Rameaux de moyenne force, presque unis dans leur contour, droits, à entre-nœuds courts, d'un jaunâtre terne; lenticelles blanchâtres, peu larges, tantôt un peu allongées, tantôt arrondies, peu nombreuses et peu apparentes.

Boutons à bois petits, coniques, courts et aigus, tantôt éperonnés et à direction bien écartée du rameau, tantôt non éperonnés et à direction parallèle, soutenus sur des supports peu saillants dont les côtés se prolongent très-obscurément sur le rameau; écailles d'un marron noirâtre.

Feuilles des pousses d'été moyennes ou assez grandes, ovales-elliptiques ou obovales-elliptiques, se terminant un peu promptement ou brusquement en une pointe longue, peu repliées sur leur nervure médiane et non arquées, bordées de dents profondes, régulièrement prononcées mais obtuses, pendantes sur des pétioles assez longs, forts et cependant mollement flexibles.

Stipules remarquablement longues et fines.

Feuilles stipulaires grandes et ne manquant jamais.

Boutons à fruit moyens, conico-ovoïdes, un peu maigres, allongés et aigus; écailles d'un beau marron brillant.

Fleurs petites; pétales elliptiques-élargis, bien concaves, arrondis ou tronqués à leur sommet, blancs avant l'épanouissement; divisions du calice de moyenne longueur, déliées à leur extrémité par laquelle elles sont un peu recourbées en dessous; pédicelles courts, forts, un peu duveteux et un peu colorés de rouge.

Feuilles des productions fruit'ères de formes bien différentes entre elles, tantôt ovales-arrondies, tantôt obovales, d'autres elliptiques-étroites et allongées, les unes obtuses, les autres se terminant peu brusquement en une pointe assez courte, toutes peu concaves ou presque planes et assez bien soutenues sur des pétioles peu longs, grêles, raides et étalés.

Caractère saillant de l'arbre : teinte générale du feuillage d'un vert blond; feuilles des pousses d'été molles et pendantes; stipules très-longues.

Fruit gros ou presque gros, turbiné-conique, ordinairement uni dans son contour, atteignant sa plus grande épaisseur bien au-dessous du milieu de sa hauteur; au-dessus de ce point, s'atténuant par une courbe à peine convexe ou à peine concave en une pointe un peu longue, bien épaisse et largement tronquée à son sommet; au-dessous du même point, s'arrondissant par une courbe largement convexe pour ensuite s'aplatir un peu autour de la cavité de l'œil.

Peau assez fine, peu épaisse, d'abord d'un vert pâle semé de points d'un brun clair, larges, arrondis et régulièrement espacés. Une rouille fauve couvre la cavité de l'œil et la base du fruit et s'étend ordinairement sur une partie de la surface du fruit en un nuage jaunâtre très-peu dense. A la maturité, **septembre, octobre**, le vert fondamental passe au jaune paille pâle lavé de rouge rosat du côté du soleil et autour de ce rouge les points, de couleur fauve, sont plus larges et plus apparents.

Œil grand, ouvert, placé presque à fleur de la base du fruit dans une cavité étroite, très-peu profonde et ordinairement régulière.

Queue courte, très-forte, charnue, attachée à fleur de la pointe tronquée du fruit ou sur une excroissance plissée circulairement.

Chair bien blanche, fine, serrée, beurrée, un peu pierreuse vers le cœur, suffisante en eau douce, sucrée, assez agréablement parfumée lorsque la saison a été suffisamment chaude, et constituant un fruit seulement propre aux usages de la cuisine dans les années moins favorables.

BEURRÉ SUCRÉ

(N° 247)

Catalogue Bivort. 1851-1852.
Bulletin de la Société Van Mons. 1857.

Observations. — D'après son Catalogue, cette variété serait un gain du célèbre semeur belge dont la Société Van Mons voulut continuer les expériences. Je l'ai reçue, il y a plus de vingt ans, de M. Bivort, et au silence qui s'est fait sur elle dans tous les catalogues publiés depuis cette époque, il est à croire qu'elle est devenue rare. Si elle ne mérite pas un oubli complet, elle a néanmoins quelques défauts qui en rendent la culture moins avantageuse. — La vigueur de l'arbre n'est pas grande; il est sujet à des alternats fréquents et son fruit, quoique de bonne qualité, est disposé à blettir promptement.

DESCRIPTION.

Rameaux de moyenne force, à peine anguleux dans leur contour, presque droits, d'un jaune grisâtre; lenticelles blanchâtres, un peu allongées, assez peu nombreuses, un peu larges et apparentes.

Boutons à bois moyens, coniques, bien aigus, à direction tantôt presque parallèle au rameau, tantôt un peu écartée, soutenus sur des supports peu saillants dont l'arête médiane se prolonge seule et très-finement; écailles jaunâtres, presque entièrement recouvertes de gris blanchâtre.

Pousses d'été d'un vert sombre jusqu'à leur sommet qui est un peu duveteux.

Feuilles des pousses d'été moyennes, exactement ovales, se terminant régulièrement en une pointe un peu longue, repliées sur leur nervure médiane et arquées, très-peu profondément crénelées par leurs bords, souvent d'une manière presque inappréciable, soutenues bien horizontalement sur des pétioles courts et de moyenne force.

Stipules en alênes assez courtes.

Feuilles stipulaires manquant toujours.

Boutons à fruit moyens, ovo-ellipsoïdes, émoussés; écailles d'un marron clair.

Fleurs petites; pétales ovales un peu allongés, un peu irréguliers dans leur contour, assez écartés entre eux, roses avant l'épanouissement; divisions du calice de moyenne longueur, recourbées en dessous seulement par leur pointe; pédicelles de moyenne longueur, grêles et un peu duveteux.

Feuilles des productions fruitières plus amples, plus élargies que celles des pousses d'été, se terminant en une pointe longue, peu repliées sur leur nervure médiane, le plus souvent entières par leurs bords, assez bien soutenues sur des pétioles très-courts, de moyenne force et redressés.

Caractère saillant de l'arbre : teinte générale du feuillage d'un vert sombre et foncé; toutes les feuilles épaisses, entières ou presque entières par leurs bords.

Fruit petit, ovoïde-piriforme, ordinairement uni dans son contour, atteignant sa plus grande épaisseur peu au-dessous du milieu de sa hauteur; au-dessus de ce point, s'atténuant par une courbe d'abord peu convexe puis à peine concave en une pointe peu longue, un peu épaisse et bien obtuse; au-dessous du même point, s'atténuant peu par une courbe à peine convexe pour ensuite s'aplatir un peu autour de la cavité de l'œil.

Peau épaisse, ferme sous le couteau, d'abord d'un vert d'eau pâle semé de points bruns, larges, inégaux entre eux et bien apparents. Une rouille brune épaisse, rude au toucher, recouvre ordinairement la plus grande partie de sa surface. A la maturité, **octobre**, le vert fondamental passe au jaune paille un peu verdâtre, et sur le côté du soleil, la rouille se recouvre de petites écailles blanchâtres.

Œil grand, demi-fermé, à divisions courtes et réfléchies en dedans, placé dans une cavité étroite, peu profonde et le contenant à peine.

Queue de moyenne longueur, un peu forte, ligneuse, quelquefois un peu courbée et implantée perpendiculairement dans un pli formé par la pointe du fruit.

Chair d'un jaune verdâtre, fine, fondante, un peu pierreuse vers le cœur, suffisante en eau richement sucrée, ayant la consistance d'un véritable sirop et d'où le fruit a reçu son nom.

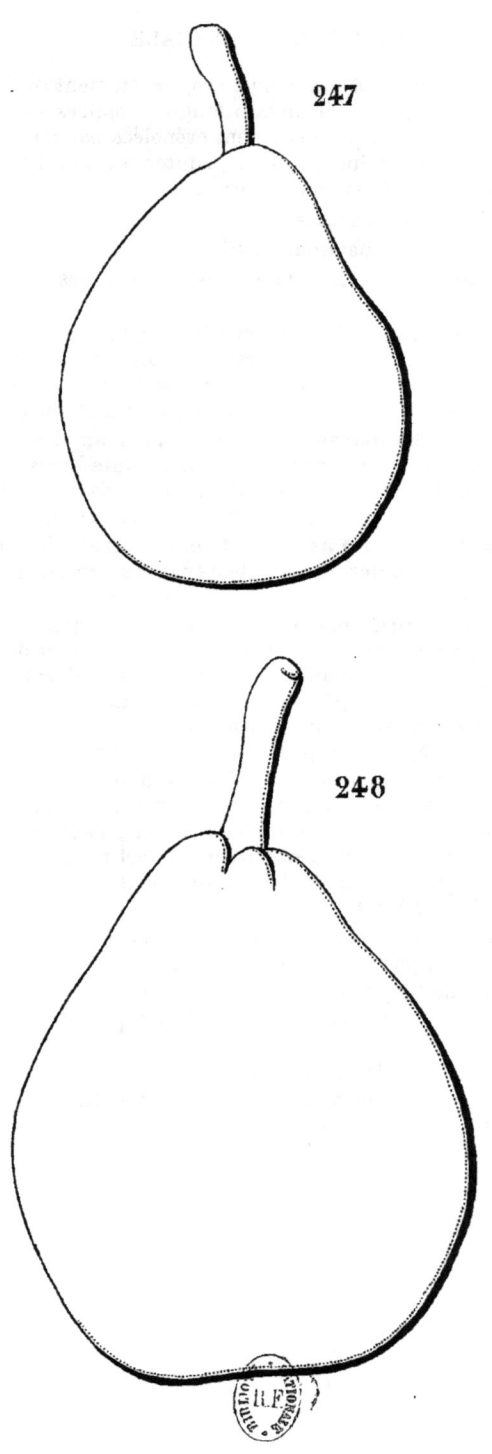

247. BEURRÉ SUCRÉ.   248. VEZOUZIÈRE.

VEZOUZIÈRE

(N° 248)

Album de pomologie. BIVORT.
The Fruits and the fruit-trees of America. DOWNING.
DE LA VEZOUZIÈRE. *Dictionnaire de pomologie.* ANDRÉ LEROY.

OBSERVATIONS. — D'après les renseignements fournis à M. André Leroy par M. Hutin, ancien régisseur des pépinières de M. Léon Leclerc, de Laval, cette variété ne serait pas un gain du député pomologiste, mais aurait été trouvée par lui dans un champ dépendant du château de la Vezouzière, commune de Bouëre (Mayenne); il en fut ainsi seulement le premier propagateur. Elle est propre à la grande culture par sa rusticité et sa fertilité peu sujette à l'alternat. Son fruit, disposé à mollir, doit être cueilli un peu longtemps d'avance.

DESCRIPTION.

Rameaux fluets, allongés, presque droits, d'un brun verdâtre un peu teinté de rouge du côté du soleil; lenticelles blanchâtres, assez larges et apparentes.

Boutons à bois petits, coniques, un peu obtus, à direction presque parallèle au rameau; écailles presque entièrement recouvertes de gris argenté.

Pousses d'été d'un vert jaune à leur base, lavées de rouge et à peine duveteuses à leur sommet.

Feuilles des pousses d'été petites, exactement ovales, se terminant assez régulièrement en une pointe fine et aiguë, un peu repliées sur leur nervure médiane ou concaves, peu arquées, crénelées plutôt que dentées par leurs bords, assez bien soutenues sur des pétioles courts, grêles et redressés.

Stipules courtes, presque filiformes.

Feuilles stipulaires se présentant quelquefois.

Boutons à fruit moyens, coniques-allongés, aigus ; écailles d'un marron foncé.

Fleurs presque moyennes; pétales ovales et bien obtus à leur sommet; pédicelles assez courts et un peu duveteux.

Feuilles des productions fruitières ovales-lancéolées et allongées, se terminant régulièrement en une pointe aiguë, le plus souvent planes ou peu repliées sur leur nervure médiane, peu profondément crénelées par leurs bords, irrégulièrement soutenues sur des pétioles courts, grêles et un peu flexibles.

Caractère saillant de l'arbre : teinte générale du feuillage d'un vert intense; pousses d'été bien fluettes et bien allongées; tous les pétioles courts et grêles.

Fruit moyen ou presque moyen, inconstant dans sa forme, tantôt irrégulièrement sphérique, tantôt ovoïde, épais et obtus ; dans le premier cas, atteignant sa plus grande épaisseur très-peu au-dessous du milieu de sa hauteur; au-dessus et au-dessous de ce point, s'arrondissant par des courbes largement convexes, soit du côté de l'œil, soit du côté de la queue, vers laquelle il s'atténue cependant un peu plus; dans le second cas, atteignant sa plus grande épaisseur peu au-dessous du milieu de sa hauteur; au-dessus de ce point, s'atténuant par une courbe d'abord convexe puis à peine concave en une pointe courte, épaisse et bien obtuse; au-dessous du même point, s'atténuant par une courbe peu convexe pour diminuer un peu d'épaisseur vers la cavité de l'œil.

Peau épaisse, rude au toucher, d'abord d'un vert d'eau mat semé de petits points d'un gris noir, cernés de vert un peu plus clair. Une rouille grise se disperse aussi quelquefois sur sa surface. A la maturité, **septembre et octobre**, le vert fondamental s'éclaircit un peu en jaune et le côté du soleil est seulement indiqué par un ton un peu plus intense ou par une plus grande abondance de rouille.

Œil grand, ouvert, à divisions vertes, courtes, aiguës, raides et dressées, placé dans une cavité large et assez profonde.

Queue de moyenne longueur, forte, d'un vert brun, attachée un peu obliquement entre des plis charnus formés par le sommet du fruit.

Chair d'un blanc verdâtre, peu fine, fondante, abondante en eau bien sucrée, un peu relevée, mais sans parfum appréciable.

SAINT-ANDRÉ

(N° 249)

Album de pomologie. BIVORT.
Pomologie de la Seine-Inférieure. PRÉVOST.
The Fruits and the fruit-trees of America. DOWNING.
The fruit Manual. ROBERT HOGG.
Dictionnaire de pomologie. ANDRÉ LEROY.

OBSERVATIONS. — Downing dit que cette variété fut introduite en Amérique par Manning et provenait des pépinières des frères Baumann, de Bollwiller (Haut-Rhin). Ces Messieurs en seraient-ils les obtenteurs ou seulement les premiers propagateurs ? Nous n'avons pas été plus heureux dans nos recherches que M. André Leroy, et pour nous aussi, son origine reste incertaine. — L'arbre, d'une vigueur bien contenue sur cognassier, se prête assez bien à la forme pyramidale. Son fruit est de bonne qualité, mais assez peu abondant pour qu'il ne puisse être recommandé qu'aux amateurs. Ses fleurs sont assez nombreuses, mais souvent infertiles, soit par les influences de la saison, soit par le défaut de santé, qui devient apparent par le mauvais aspect de son bois de deux ou trois ans.

DESCRIPTION.

Rameaux de moyenne force, presque unis dans leur contour, presque droits, à entre-nœuds assez courts, de couleur jaunâtre un peu teintée de rouge vers les nœuds ; lenticelles blanches, très-fines, allongées et peu apparentes.

Boutons à bois petits, coniques, un peu maigres et aigus, à direction bien écartée du rameau, soutenus sur des supports très-peu saillants dont l'arête médiane se prolonge très-peu distinctement; écailles entr'ouvertes, d'un marron rougeâtre presque entièrement recouvert de gris blanchâtre.

Pousses d'été d'un vert clair, colorées de rouge et à peine duveteuses à leur sommet.

Feuilles des pousses d'été moyennes ou petites, obovales-elliptiques et souvent étroites, se terminant presque régulièrement en une pointe courte, repliées sur leur nervure médiane ou creusées en gouttière et non arquées, bordées de dents écartées entre elles, couchées, peu profondes et émoussées, soutenues horizontalement ou s'abaissant sur des pétioles assez courts, grêles et un peu souples.

Stipules longues, linéaires, dentées.

Feuilles stipulaires se présentent rarement.

Boutons à fruit ovoïdes, un peu allongés et finement aigus; écailles d'un rouge clair et vif.

Fleurs petites; pétales ovales-arrondis, un peu atténués à leur sommet, un peu veinés de rose avant l'épanouissement; divisions du calice courtes, fines, aiguës, étalées ou peu réfléchies en dessous, rougeâtres comme les pédicelles qui sont très-courts et très-grêles.

Feuilles des productions fruitières moyennes, ovales un peu allongées et peu larges, peu atténuées vers le pétiole et se terminant un peu brusquement à leur autre extrémité en une pointe courte, concaves et non arquées, exactement entières par leurs bords, s'abaissant bien sur des pétioles longs, peu forts et flexibles.

Caractère saillant de l'arbre : teinte générale du feuillage d'un vert clair; feuilles des productions fruitières exactement entières et remarquables par leurs pétioles bien longs et bien souples; écorce du vieux bois le plus souvent fendillée.

Fruit presque moyen, conique-piriforme ou ovoïde-piriforme, tantôt uni, tantôt un peu bosselé dans son contour, atteignant sa plus grande épaisseur bien au-dessous du milieu de sa hauteur; au-dessus de ce point, s'atténuant par une courbe d'abord plus ou moins convexe puis plus ou moins concave en une pointe un peu épaisse et obtuse à son sommet; au-dessous du même point, s'arrondissant par une courbe bien convexe jusque vers l'œil.

Peau fine, mince, tendre, d'abord d'un vert pâle semé de petits points d'un vert plus foncé et peu apparents. Rarement on remarque quelques traces de rouille sur sa surface. A la maturité, **septembre**, le vert fondamental passe au jaune paille et le côté du soleil se dore un peu ou parfois est un peu pointillé de rouge.

Œil petit, bien ouvert, à divisions courtes, appliquées aux parois d'une petite cavité qui le contient exactement, ou parfois placé presque à fleur de la base du fruit.

Queue courte, grêle, bien ligneuse, un peu courbée, attachée un peu obliquement dans un pli peu prononcé formé par la pointe du fruit.

Chair bien blanche, fine, bien fondante, abondante en eau douce, sucrée et délicatement parfumée.

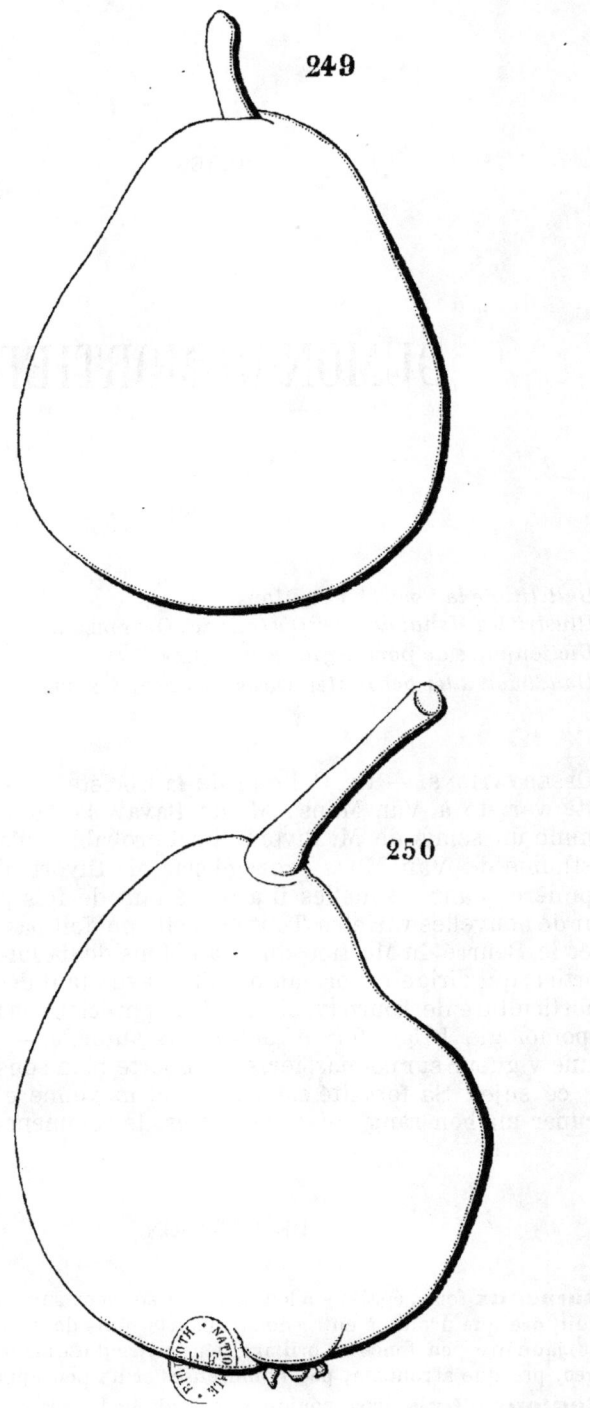

249. SAINT-ANDRÉ. 250. DUMON - DUMORTIER.

DUMON-DUMORTIER

(N° 250)

Bulletin de la Société Van Mons.
Illustrirtes Handbuch der Obstkunde. OBERDIECK.
Dictionnaire de pomologie. ANDRÉ LEROY.
Handbuch aller bekannten Obstsorten. BIEDENFELD.

OBSERVATIONS. — Le Bulletin de la Société Van Mons attribue cette variété à Van Mons ; M. de Bavay la donne au contraire comme un semis de M. Bivort. Il est probable qu'elle est un gain posthume de Van Mons propagé par M. Bivort, l'acquéreur des pépinières dans lesquelles il a puisé tant de fois pour mettre au jour de nouvelles variétés. Toutefois elle ne doit pas être confondue avec le Beurré du Mortier que Van Mons dédia lui-même à M. du Mortier, qui dirige encore aujourd'hui avec tant de zèle la Société d'horticulture de Tournay, et dont les appréciations historiques sur la pomologie belge feront désormais autorité. — L'arbre, d'une bonne vigueur sur cognassier, se comporte bien sous toutes formes sur ce sujet. Sa fertilité est seulement moyenne et son fruit doit occuper un bon rang entre les poires de commencement d'hiver.

DESCRIPTION.

Rameaux forts, épaissis à leur sommet souvent surmonté d'un bouton à fruit, presque droits, à entre-nœuds courts, unis dans leur contour, d'un brun jaunâtre peu foncé et brillant; lenticelles d'un blanc jaunâtre, assez larges, presque arrondies, peu nombreuses et un peu apparentes.

Boutons à bois gros, coniques, peu allongés, épais et obtus, à direction un peu écartée du rameau, soutenus sur des supports très-peu saillants dont les côtés et l'arête médiane ne se prolongent pas ; écailles d'un marron foncé et presque entièrement recouvertes de gris argenté.

Pousses d'été d'un vert décidé, d'un vert un peu plus clair à leur sommet couvert d'un duvet blanc, soyeux et assez peu abondant.

Feuilles des pousses d'été assez grandes, sensiblement atténuées à leurs deux extrémités, repliées sur leur nervure médiane et arquées, bordées de dents peu profondes et obtuses, retombant sur des pétioles longs, forts, redressés, mais flexibles.

Stipules assez courtes, en alênes fines.

Feuilles stipulaires manquant le plus souvent.

Boutons à fruit gros, coniques, épais, se terminant en une pointe courte ; écailles d'un marron rougeâtre foncé et brillant, bordées de gris blanchâtre.

Fleurs petites ; pétales presque elliptiques, bien atténués à leurs deux extrémités, bien écartés entre eux, un peu lavés de rose avant leur épanouissement ; divisions du calice courtes, obtuses, blanchâtres et cotonneuses aussi bien que les pédicelles courts et assez forts.

Feuilles des productions fruitières plus étroites que celles des pousses d'été, se terminant en une pointe obtuse, creusées en gouttière, régulièrement bordées de dents obtuses, assez bien soutenues sur des pétioles longs, assez forts et redressés.

Caractère saillant de l'arbre : teinte générale du feuillage d'un vert intense et brillant ; toutes les feuilles remarquablement allongées, repliées sur leur nervure médiane ou creusées en gouttière ; tous les pétioles longs.

Fruit moyen, irrégulièrement turbiné-ventru, souvent déformé dans son contour par des côtes inégales entre elles, atteignant sa plus grande épaisseur plus ou moins au-dessous du milieu de sa hauteur ; au-dessus de ce point, s'atténuant promptement par une courbe d'abord largement convexe puis brusquement concave en une pointe courte et un peu aiguë ; au-dessous du même point, s'atténuant par une courbe souvent irrégulière et peu convexe pour diminuer assez sensiblement d'épaisseur vers la cavité de l'œil.

Peau très-épaisse et ferme, d'abord d'un vert gai semé de points bruns, inégaux entre eux et irrégulièrement espacés. Quelques traits d'une rouille épaisse et d'un brun foncé se dispersent sur sa surface et se condensent ordinairement dans la cavité de l'œil. A la maturité, **décembre, janvier**, le vert fondamental passe au vert jaunâtre et le côté du soleil est un peu doré.

Œil petit, fermé, à divisions courtes, fermes, dressées, comprimé dans une cavité étroite, un peu profonde dont les bords se divisent en quatre ou cinq côtes prononcées qui se prolongent irrégulièrement sur la hauteur du fruit.

Queue courte, forte, un peu charnue, d'un brun noirâtre, implantée un peu obliquement dans un pli formé par la pointe du fruit.

Chair d'un blanc un peu verdâtre et bien verte sous la peau, fine, fondante, abondante en eau sucrée, acidulée, agréablement relevée, constituant un fruit de bonne qualité.

CUISSE-MADAME

(N° 251)

Traité des arbres fruitiers. Duhamel.
Pomologie. Jean-Hermann Knoop.
Dictionnaire des Jardiniers. Miller.
A Guide to the Orchard. Lindley.
Traité des fruits. Couverchel.
Pomologie de la Seine-Inférieure. Prévost.
Jardin fruitier du Muséum. Decaisne.
Dictionnaire de pomologie. André Leroy.
FRAUENSCHENKEL. *Illustrirtes Handbuch der Obstkunde.* Jahn.

Observations. — Cette ancienne variété a souvent été confondue avec d'autres, mais tous les auteurs que nous citons et surtout Lindley ont donné de son fruit des descriptions si caractéristiques qu'une erreur n'est plus possible. Elle est assez généralement répandue et quoiqu'elle ait été maintenue dans la plupart des anciens vergers, nous ne pouvons nous décider à la bien recommander : son arbre est peu précoce au rapport, sa fertilité est seulement moyenne et son fruit est à peine de seconde qualité.

DESCRIPTION.

Rameaux peu forts, légèrement coudés à leurs entre-nœuds, d'un vert un peu bruni du côté du soleil; lenticelles très-petites, et peu apparentes.
Boutons à bois assez gros, coniques, épais et cependant aigus, à direction bien écartée du rameau, soutenus sur des supports peu saillants

et dont les côtés se prolongent très-finement; écailles d'un marron noirâtre bordé de blanc argenté.

Pousses d'été d'un vert clair, à peine lavées d'un peu de rouge et glabres à leur sommet.

Feuilles des pousses d'été moyennes, obovales-elliptiques, se terminant un peu brusquement en une pointe courte, presque planes, souvent bien recourbées en dessous par leur pointe, régulièrement bordées de dents profondes et un peu aiguës, soutenues horizontalement sur des pétioles longs, forts et peu redressés.

Stipules en alênes très-courtes et recourbées, très-caduques.

Feuilles stipulaires manquant le plus souvent.

Boutons à fruit gros, ovoïdes, aigus; écailles d'un marron foncé, largement bordées de gris blanchâtre.

Fleurs bien grandes; pétales ovales bien élargis, tronqués ou largement arrondis à leur sommet, presque planes et à long onglet; divisions du calice courtes, larges, bien épaisses, bien obtuses et recourbées en dessous; pédicelles longs, forts et presque glabres.

Feuilles des productions fruitières un peu plus grandes que celles des pousses d'été, ovales-élargies, s'atténuant très-lentement pour se terminer en une pointe extraordinairement courte et fine, très-peu repliées sur leur nervure médiane, largement ondulées dans leur contour, bien régulièrement bordées de dents très-fines, peu profondes et très-aiguës, mal soutenues sur des pétioles très-longs, de moyenne force et flexibles.

Caractère saillant de l'arbre : teinte générale du feuillage d'un vert jaune clair et brillant; serrature des feuilles des productions fruitières remarquablement fine et régulière.

Fruit moyen, conique-piriforme, bien uni dans son contour, atteignant sa plus grande épaisseur bien près de sa base; au-dessus de ce point, s'atténuant par une courbe d'abord à peine convexe puis à peine concave en une pointe longue, maigre et aiguë ou rarement plus épaisse et obtuse; au-dessous du même point, s'arrondissant brusquement par une courbe bien convexe pour s'aplatir ensuite un peu autour de l'œil.

Peau un peu épaisse et ferme, d'abord d'un vert décidé semé de petits points d'un gris jaunâtre, nombreux et régulièrement espacés. Une tache d'une rouille fauve couvre ordinairement la cavité de l'œil et parfois s'étend en un nuage peu dense sur sa surface. A la maturité, **août**, le vert fondamental passe au jaune citron et le côté du soleil est largement lavé de rouge brun ou de rouge doré sur lequel ressortent bien des points jaunes extraordinairement nombreux et serrés.

Œil grand, demi-ouvert, à divisions dressées, placé dans une cavité très-peu profonde, évasée, plissée dans ses parois et régulière par ses bords.

Queue longue, grêle, souple, élastique, un peu courbée, attachée à fleur de la pointe du fruit.

Chair d'un blanc un peu jaunâtre, demi-fine, demi-beurrée, peu abondante en eau sucrée et parfumée à la manière du Martin Sec.

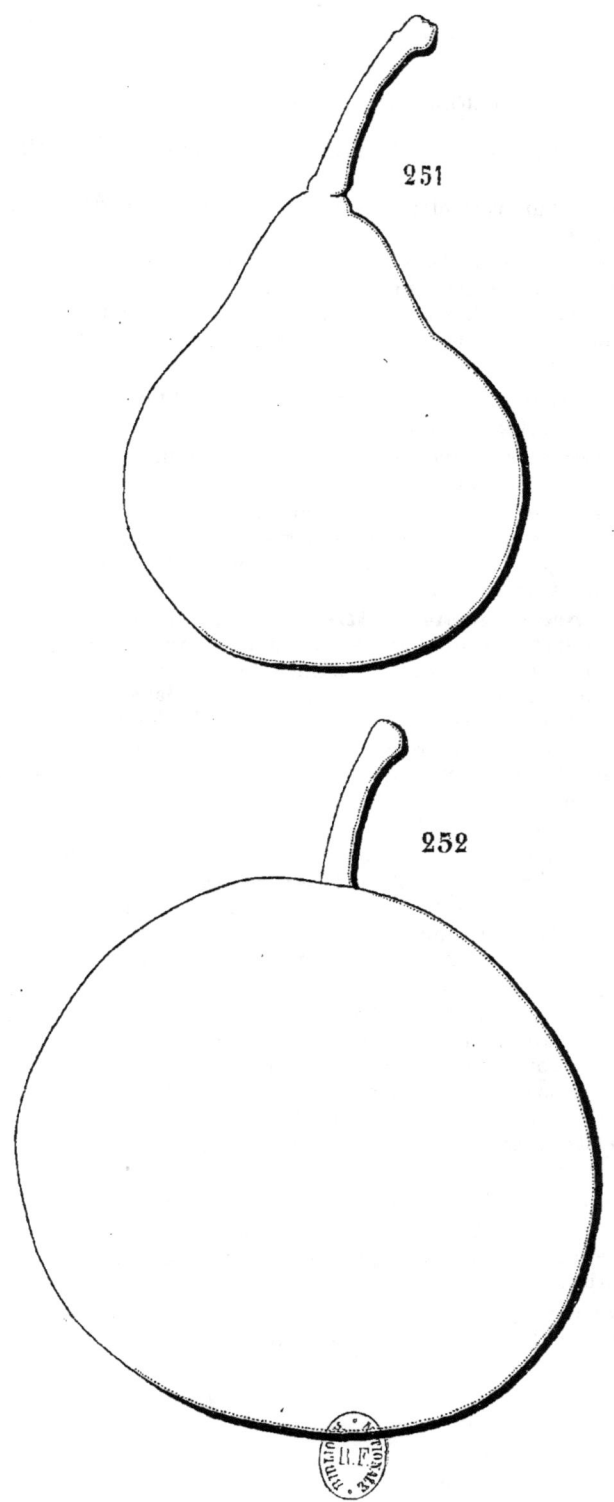

251, CUISSE-MADAME. 252, BERGAMOTTE DE DONAUER.

BERGAMOTTE DE DONAUER

(DONAUERS BERGAMOTTE)

(N° 252)

Illustrirtes Handbuch der Obstkunde. Jahn.

Observations. — Je tiens cette variété de M. Jahn. Elle fut trouvée par le lieutenant Donauer dans un jardin des environs de Cobourg (Saxe-Cobourg), et comme elle ne portait pas encore de nom, il la propagea d'abord sous celui de Bergamotte ronde. C'est probablement pour éviter une confusion de cette variété avec la Bergamotte d'été, souvent appelée Bergamotte ronde d'été, que M. Jahn a adopté la dénomination de Bergamotte de Donauer que nous trouvons aussi préférable. Elle est encore peu répandue et mérite de l'être dans la grande culture. Son fruit a beaucoup de rapport pour sa qualité et son apparence avec la Belle sans pepins, mais son arbre est bien différent.

DESCRIPTION.

Rameaux peu forts, un peu anguleux dans leur contour, un peu coudés à leurs entre-nœuds inégaux entre eux, de couleur jaunâtre et peu foncée; lenticelles blanchâtres, petites, assez nombreuses et très-peu apparentes.

Boutons à bois moyens, coniques, épaissis à leur base et cependant finement aigus, à direction parallèle ou presque parallèle au rameau, soutenus sur des supports saillants dont les côtés et l'arête médiane se prolongent finement; écailles d'un marron peu foncé largement bordé de gris blanchâtre.

Pousses d'été de bonne heure entièrement colorées de rouge sanguin un peu bruni du côté du soleil, et longtemps couvertes, sur presque toute leur longueur, d'un duvet gris et fin.

Feuilles des pousses d'été petites, exactement ovales, se terminant régulièrement en une pointe un peu longue, creusées en gouttière et à peine arquées, bordées de dents fines, peu profondes, couchées et aiguës, soutenues horizontalement sur des pétioles de moyenne longueur, bien grêles et redressés.

Stipules de moyenne longueur, filiformes.

Feuilles stipulaires manquant le plus souvent.

Boutons à fruit assez gros, conico-ovoïdes, un peu anguleux et aigus; écailles d'un marron peu foncé.

Fleurs à peine moyennes; pétales ovales-elliptiques, peu concaves, à onglet un peu long, peu écartés entre eux; divisions du calice longues, étroites et réfléchies en dessous; pédicelles longs, de moyenne force et peu duveteux.

Feuilles des productions fruitières un peu plus grandes que celles des pousses d'été, ovales plus allongées, se terminant presque régulièrement en une pointe courte, creusées en gouttière et non arquées, bordées de dents très-fines, très-peu profondes, souvent à peine appréciables, bien soutenues sur des pétioles de moyenne longueur, très-grêles, fermes et assez redressés.

Caractère saillant de l'arbre : teinte générale du feuillage d'un vert gai; toutes les feuilles petites et bien régulières dans leur forme; tous les pétioles bien grêles.

Fruit moyen ou gros, sphérique, peu tronqué à ses deux pôles et parfois même un peu conique, souvent un peu irrégulier dans son contour, atteignant le plus souvent sa plus grande épaisseur à peu près au milieu de sa hauteur; au-dessus et au-dessous de ce point, s'atténuant par des courbes presque de même longueur et presque également convexes, soit du côté de l'œil, soit du côté de la queue.

Peau assez mince, bien unie, d'abord d'un vert très-pâle, sur lequel on a peine à reconnaître des points très-petits, nombreux et quelquefois à peine visibles. Quelques traits d'une rouille fine et d'un brun jaune se dispersent, soit sur le sommet du fruit, soit dans la cavité de l'œil. A la maturité, **courant de septembre**, le vert fondamental passe au jaune citron clair et uniforme, et le côté du soleil est doré ou flammé d'un rouge orangé très-léger.

Œil moyen, demi-fermé, placé dans une cavité peu profonde, bien évasée, souvent divisée par ses bords en côtes émoussées et assez régulièrement disposées pour que le fruit puisse bien se tenir debout.

Queue de moyenne longueur, un peu forte, d'un brun clair, un peu épaissie à son point d'attache dans une cavité étroite, peu profonde, souvent irrégulière par ses bords.

Chair bien blanche, demi-fine, beurrée ou demi-beurrée, suffisante en eau douce, sucrée, un peu vineuse, sans parfum appréciable, constituant un fruit seulement de seconde qualité.

VERTE-LONGUE. MOUILLE-BOUCHE

(N° 253)

Traité des arbres fruitiers. Duhamel.
Dictionnaire des Jardiniers. Miller.
A Guide to the Orchard. Lindley.
The Fruits and the fruit-trees of America. Downing.
VERTE-LONGUE D'AUTOMNE. *Dictionnaire de pomologie.* André Leroy.
LANGE GRUNE HERBSTBIRNE. *Versuch einer Systematischen Beschreibung der Kernobstsorten.* Diel.
Illustrirtes Handbuch der Obstkunde. Jahn.
Schweizerische Obstsorten.

Observations. — Cette variété, depuis longtemps répandue dans nos jardins et nos vergers, mérite d'y être conservée. Sans être d'une grande vigueur, elle est rustique et d'une fertilité soutenue. Son fruit, d'une saveur vraiment agréable, est aussi d'une maturation prolongée.

DESCRIPTION.

Rameaux de moyenne force, unis dans leur contour, à peine flexueux, à entre-nœuds inégaux entre eux, verdâtres; lenticelles blanches, petites et peu apparentes.

Boutons à bois petits, coniques, un peu courts et un peu épais, courtement et finement aigus, à direction tantôt plus, tantôt moins écartée du rameau, soutenus sur des supports peu saillants dont les côtés et l'arête médiane ne se prolongent pas; écailles d'un marron rougeâtre brillant, et largement bordées de gris argenté.

Pousses d'été d'un vert décidé, bien colorées de rouge sanguin et peu duveteuses à leur sommet.

Feuilles des pousses d'été moyennes, arrondies, se terminant brusquement en une pointe courte, convexes, bordées de dents peu profondes, émoussées et souvent peu appréciables, soutenues horizontalement sur des pétioles courts, peu forts et flexibles.

Stipules en alênes courtes et fines, très-caduques.

Feuilles stipulaires se présentent quelquefois.

Boutons à fruit assez gros, coniques, bien allongés et finement aigus; écailles d'un marron rougeâtre foncé.

Fleurs moyennes; pétales elliptiques-arrondis, presque planes, bien étalés, un peu lavés de rose avant l'épanouissement; divisions du calice longues, étroites, finement aiguës, étalées ou peu recourbées en dessous; pédicelles de moyenne longueur, grêles et glabres.

Feuilles des productions fruitières moyennes, ovales-allongées, s'atténuant lentement pour se terminer plus ou moins brusquement en une pointe courte, fine et aiguë, tantôt concaves, tantôt convexes, les unes bordées de dents fines et aiguës, les autres de dents larges, assez profondes et aiguës, bien soutenues sur des pétioles assez courts, forts, bien raides et redressés.

Caractère saillant de l'arbre : feuilles des pousses d'été d'un vert jaune et les plus jeunes largement lavées de rouge; un grand nombre de feuilles convexes.

Fruit moyen ou presque moyen, ovoïde, plus ou moins allongé, uni dans son contour, atteignant sa plus grande épaisseur au-dessous du milieu de sa hauteur; au-dessus de ce point, s'atténuant par une courbe largement convexe en une pointe plus ou moins longue, plus ou moins épaisse et obtuse; au-dessous du même point, s'arrondissant par une courbe un peu plus convexe jusque dans la cavité de l'œil.

Peau fine, mince, tendre, d'abord d'un vert pâle semé de points gris peu foncés et peu visibles. On ne trouve pas ordinairement de traces de rouille sur sa surface. A la maturité, **octobre**, le vert fondamental s'éclaircit un peu en jaune et sur les fruits bien exposés, le côté du soleil est flammé d'un rouge brun peu intense sur lequel apparaissent bien des points larges et d'un blanc verdâtre.

Œil grand, ouvert, à divisions longues et étroites, étalées dans une cavité large et aplatie dont elles dépassent souvent un peu les bords.

Queue longue, grêle, ligneuse, d'un joli brun, recourbée ou contournée, un peu épaissie à son point d'attache au rameau, semblant le plus souvent former la continuation de la pointe du fruit.

Chair d'un blanc un peu teinté de jaune, assez fine, bien fondante, abondante en eau bien sucrée, relevée d'un léger parfum d'orange.

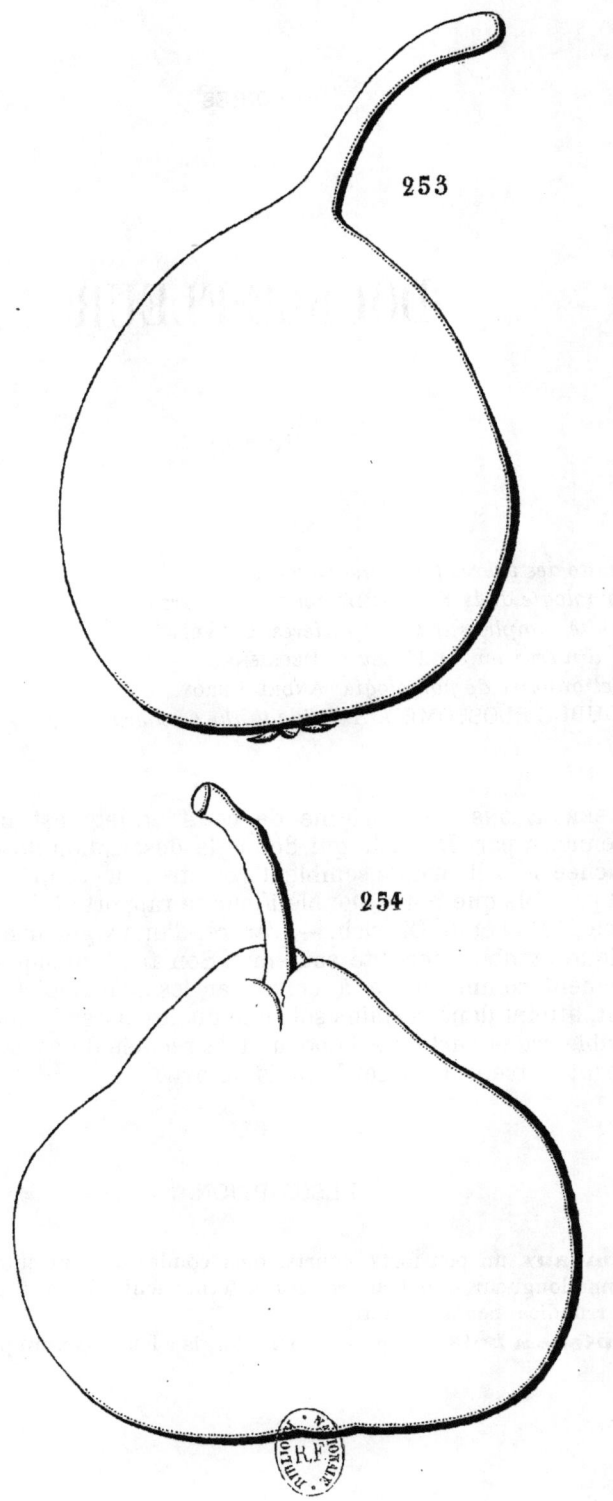

253. VERTE-LONGUE, MOUILLE-BOUCHE. 254, DOUBLE-FLEUR.

DOUBLE-FLEUR

(N° 254)

Traité des arbres fruitiers. Duhamel.
Pomologie de la Seine-Inférieure. Prévost.
Traité complet sur les pépinières. Calvel.
Jardin fruitier du Muséum. Decaisne.
Dictionnaire de pomologie. André Leroy.
DOUBLE BLOSSOMED. *A Guide to the Orchard.* Lindley.

Observations. — L'origine de cette variété est inconnue et ancienne. A part Dittrich, qui donne la description de sa variation panachée, les Allemands semblent s'en être peu occupés; cependant, il est possible que notre Double-Fleur se rapporte à la vraie Napolitaine de Diel et de Dittrich. — L'arbre, d'une vigueur normale, est rustique et d'une fertilité soutenue. Son fruit, quoique considéré seulement comme poire à cuire par les pomologistes qui l'ont décrit, atteint dans certains sols une qualité assez bonne pour être agréable cru et surtout à l'époque très-reculée de sa conservation qui peut souvent dépasser le mois de mai.

DESCRIPTION.

Rameaux un peu forts, courts, bien coudés à leurs entre-nœuds de moyenne longueur, d'un brun rougeâtre terne; lenticelles petites, grisâtres, bien arrondies, peu apparentes.

Boutons à bois coniques, courts, élargis à leur base, un peu aplatis et cependant aigus, presque parallèles au rameau ; écailles d'un marron foncé et presque entièrement recouvert de gris argenté.

Pousses d'été d'un vert décidé, colorées de rouge et peu duveteuses à leur sommet.

Feuilles des pousses d'été ovales-cordiformes et se terminant en une pointe assez longue et fine, concaves ou creusées en gouttière, entières ou largement crénelées par leurs bords, assez peu soutenues sur des pétioles longs, forts et presque horizontaux.

Stipules longues, lancéolées, finement aiguës.

Feuilles stipulaires manquant toujours.

Boutons à fruit moyens, épaissis à leur base, aigus à leur sommet ; écailles d'un marron foncé un peu ombré de gris de fumée.

Fleurs grandes, les unes presque doubles, les autres semi-doubles ; pétales arrondis, concaves, se recouvrant bien entre eux ; pédicelles longs, grêles, presque glabres.

Feuilles des productions fruitières plus grandes que celles des pousses d'été, ovales-cordiformes, bien élargies, concaves, entières par leurs bords, assez bien soutenues sur des pétioles courts, forts et divergents.

Caractère saillant de l'arbre : teinte générale du feuillage d'un vert sombre et terne; toutes les feuilles plus ou moins concaves, entières ou presque entières par leurs bords.

Fruit moyen, irrégulièrement turbiné, ordinairement uni dans son contour, atteignant sa plus grande épaisseur très-peu au-dessous du milieu de sa hauteur ; au-dessus de ce point, s'atténuant par une courbe d'abord bien convexe puis brusquement concave en une pointe courte, peu épaisse et un peu obtuse; au-dessous du même point, s'arrondissant par une courbe largement convexe pour ensuite s'aplatir un peu autour de la cavité de l'œil.

Peau assez épaisse, comme chagrinée, d'abord d'un vert terne un peu voilé de gris, semé de points bruns, nombreux, serrés, peu distincts. Des traits d'une rouille brune se dispersent çà et là sur sa surface et se disposent en cercles concentriques dans la cavité de l'œil. A la maturité, **fin d'hiver et printemps**, le vert fondamental passe au jaune citron terne et le côté du soleil est souvent lavé d'un rouge vif.

Œil grand, demi-ouvert, à divisions cotonneuses, placé dans une cavité assez profonde, évasée et irrégulière par ses bords.

Queue longue, forte, ligneuse, souvent contournée, épaissie à son point d'attache dans une cavité profonde, divisée par ses bords en côtes assez prononcées ou seulement insérée entre des plis divergents.

Chair d'un blanc un peu teinté de jaune vers le cœur, peu fine, demi-cassante, suffisante en eau richement sucrée mais sans parfum appréciable, devenant presque tendre à la période extrême de maturité.

BESI D'HERY

(N° 255)

Pomologie. Jean-Hermann Knoop.
Traité des arbres fruitiers. Duhamel.
Dictionnaire de pomologie. André Leroy.
BEZI D'HERI. *A Guide to the Orchard.* Lindley.
The fruit Manual. Robert Hogg.
The Fruits and the fruit-trees of America. Downing.
BESI DE HÉRIC. *Jardin fruitier du Muséum.* Decaisne.
WILDLING VON HERY. *Versuch einer Systematischen Beschreibung.* Diel.
Illustrirtes Handbuch der Obstkunde. Jahn.

Observations. — Je ne chercherai pas à témoigner une préférence pour l'une des deux opinions exprimées par les auteurs sur l'origine des noms de cette variété. Elle les a probablement reçus et portés ensuite simultanément; celui de Besi d'Hery ou de Henry pour avoir eu l'honneur d'être offerte en cadeau au roi Henry IV, lors de son passage à Nantes, et l'autre pour avoir été découverte dans la forêt de Héric, en Bretagne. Je me contente de constater qu'elle a près de trois siècles d'âge et qu'elle commence à devenir rare dans les collections. Cet abandon peut être justifié par sa végétation assez faible sur cognassier, par son peu de rusticité dans ses fleurs lorsqu'elle est élevée en haute tige, et par la qualité de son fruit auquel il est facile de préférer bien des poires de la même époque de maturité.

DESCRIPTION.

Rameaux de moyenne force, anguleux dans leur contour, coudés à leurs entre-nœuds courts, bruns du côté de l'ombre, d'un brun rougeâtre du côté du soleil; lenticelles grisâtres, un peu larges, inégales, peu nombreuses et apparentes.

Boutons à bois moyens, coniques, peu aigus, à direction bien écartée du rameau, soutenus sur des supports saillants dont l'arête médiane surtout se prolonge distinctement ; écailles d'un beau marron foncé et brillant bordé de blanc argenté.

Pousses d'été grisâtres à leur base, vertes à leur sommet et longtemps couvertes, sur toute leur longueur, d'un duvet cotonneux.

Feuilles des pousses d'été ovales-arrondies et se terminant en une pointe assez courte, repliées sur leur nervure médiane et arquées, peu profondément découpées par leurs bords plutôt que dentées, assez peu soutenues sur des pétioles longs, grêles et horizontaux.

Stipules très-caduques.

Feuilles stipulaires assez fréquentes.

Boutons à fruit moyens, conico-ovoïdes, allongés et peu aigus ; écailles d'un marron peu foncé.

Fleurs petites ; pétales arrondis, concaves, bien écartés entre eux, entièrement blancs avant l'épanouissement ; divisions du calice de moyenne longueur et étalées ; pédicelles de moyenne longueur et de moyenne force.

Feuilles des productions fruitières petites, ovales-arrondies, planes ou un peu concaves, dentées d'une manière presque imperceptible et duveteuses par leurs bords, assez peu soutenues sur des pétioles courts, très-grêles et horizontaux.

Caractère saillant de l'arbre : toutes les feuilles tendant à la forme arrondie ; branches irrégulièrement divergentes.

Fruit petit ou presque moyen, presque sphérique, très-peu déprimé du côté de la queue et un peu plus du côté de l'œil, bien uni dans son contour, atteignant sa plus grande épaisseur à peu près au milieu de sa hauteur ; au-dessus de ce point, s'arrondissant par une courbe bien régulièrement convexe jusque dans la cavité de la queue ; au-dessous du même point, s'atténuant peu par une courbe offrant à peu près la même convexité pour diminuer un peu d'épaisseur vers la cavité de l'œil, dont les bords sont épais et ordinairement bien réguliers.

Peau fine, mince et cependant un peu ferme, d'abord d'un vert pâle blanchâtre semé de points d'un gris brun, très-petits, bien arrondis, plus ou moins serrés sur certaines parties. Souvent une tache de rouille épaisse et d'un brun foncé couvre la cavité de l'œil et celle de la queue. A la maturité, **novembre, décembre**, le vert fondamental passe au jaune paille sur lequel les points sont moins apparents, le côté du soleil se dore ou se lave d'un soupçon de rouge rosat.

Œil grand, demi-ouvert, à divisions longues, larges et fermes, placé dans une cavité régulière, peu profonde, évasée, unie dans ses parois et par ses bords.

Queue longue, grêle, ligneuse, d'un brun foncé, un peu épaissie à son point d'attache au rameau, insérée bien perpendiculairement dans une cavité étroite, le plus souvent bien régulière et dans laquelle cependant elle est parfois repoussée un peu obliquement par une petite bosse de chair.

Chair bien blanche, très-fine, très-serrée, cassante, suffisante en eau douce, sucrée, d'une saveur mélangée des parfums de l'amande et de l'anis, mais peu prononcés.

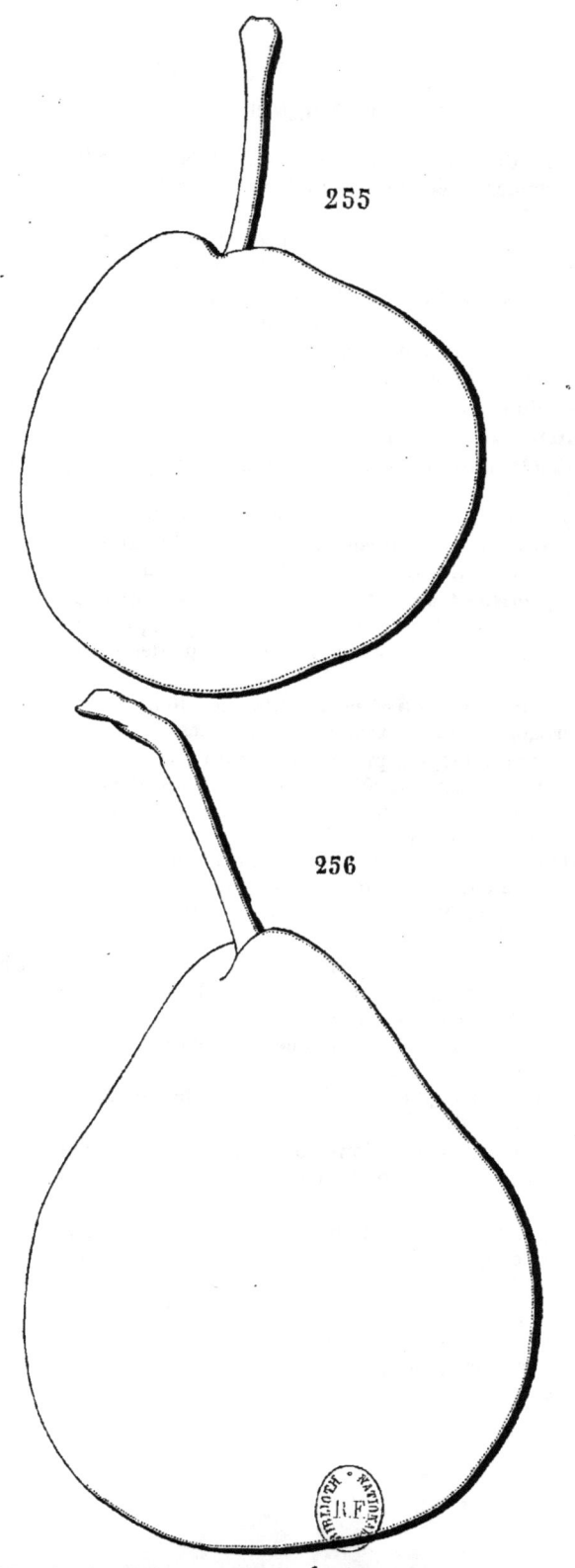

255, BESI D'HERY.   256, ÉPINE-ROYALE DE COURTRAY.

ÉPINE-ROYALE DE COURTRAY

(N° 256)

Bulletin de la Société Van Mons. 1858.

OBSERVATIONS. — Le nom de cette variété indique probablement son origine. — L'arbre, d'une végétation normale sur cognassier, se prête facilement aux formes régulières. La haute tige sur franc, d'une bonne vigueur, forme une tête d'assez grande dimension dont le produit se fait attendre pour devenir ensuite abondant, dans certaines années, et sujet à un alternat complet dans d'autres. Son fruit, d'assez beau volume, de jolie apparence, est propre au transport et convient à la vente sur le marché.

DESCRIPTION.

Rameaux assez forts, presque unis dans leur contour, un peu flexueux, à entre-nœuds courts, rougeâtres; lenticelles jaunâtres, assez nombreuses, irrégulièrement espacées et un peu apparentes.

Boutons à bois moyens, coniques, aigus, à direction un peu écartée du rameau vers lequel ils se recourbent par leur pointe, soutenus sur des supports peu saillants et dont l'arête médiane se prolonge très-obscurément; écailles d'un marron rougeâtre peu foncé et uniforme.

Pousses d'été d'un vert intense, un peu colorées de rouge et peu duveteuses à leur sommet.

Feuilles des pousses d'été moyennes, ovales-arrondies, s'atténuant promptement pour se terminer brusquement en une pointe bien longue et effilée, un peu concaves ou creusées en gouttière et peu arquées, régulièrement bordées de dents très-larges et arrondies, mal soutenues sur des pétioles longs, peu forts et horizontaux.

Stipules en alènes courtes, fines et recourbées.

Feuilles stipulaires fréquentes.

Boutons à fruit moyens, presque exactement coniques, aigus; écailles d'un marron rougeâtre très-peu foncé et terne.

Fleurs moyennes; pétales ovales-elliptiques, écartés entre eux et concaves; divisions du calice de moyenne longueur, larges et recourbées en dessous; pédicelles longs, peu forts et duveteux.

Feuilles des productions fruitières bien grandes, ovales-élargies, s'atténuant lentement pour se terminer un peu brusquement en une pointe longue, un peu concaves et largement ondulées dans leur contour bordé, seulement sur la moitié de son étendue, de dents larges, peu profondes et obtuses, mal soutenues sur des pétioles extraordinairement longs et très-grêles.

Caractère saillant de l'arbre: teinte générale du feuillage d'un vert bleu intense; presque toutes les feuilles bien amples; tous les pétioles longs et grêles.

Fruit moyen ou gros, piriforme-ventru, le plus souvent uni dans son contour, atteignant sa plus grande épaisseur au-dessous du milieu de sa hauteur; au-dessus de ce point, s'atténuant par une courbe d'abord largement convexe puis largement concave en une pointe longue, aiguë et maigre à son sommet; au-dessous du même point, s'atténuant par une courbe largement convexe pour diminuer assez sensiblement d'épaisseur vers la cavité de l'œil.

Peau peu épaisse et tendre, d'abord d'un vert décidé semé de points bruns très-nombreux, serrés et bien apparents. Une rouille fine de couleur fauve couvre ordinairement un peu le sommet du fruit, la cavité de l'œil et s'étend aussi sur sa base. A la maturité, **fin d'août**, le vert fondamental passe au jaune paille souvent encore un peu verdâtre sur lequel les points deviennent moins apparents du côté de l'ombre, tandis que du côté du soleil ils passent au brun foncé et se détachent bien sur le rouge sanguin un peu sombre qui recouvre cette partie.

Œil assez grand, ouvert, placé dans une cavité étroite, peu profonde, souvent divisée par ses bords en des côtes peu prononcées, et qui se prolongent un peu jusque vers le ventre du fruit.

Queue un peu longue, grêle, bien ligneuse, un peu courbée, attachée dans un pli charnu et souvent irrégulier formé par la pointe du fruit.

Chair blanche, demi-fine, beurrée ou demi-beurrée, abondante en eau sucrée et agréablement relevée.

BEURRÉ SAMOYEAU

(N° 257)

Dictionnaire de pomologie. ANDRÉ LEROY.
The fruit Manual. ROBERT HOGG.

OBSERVATIONS. — Cette variété est un semis de M. André Leroy, qu'il a dédié à un de ses oncles et dont le premier rapport eut lieu en 1833. Sa végétation la rend peu propre aux formes régulières. Sa fertilité est à peine moyenne, mais son fruit est de bonne qualité.

DESCRIPTION.

Rameaux d'une bonne force, bien soutenus jusqu'à leur sommet souvent un peu épaissi, peu anguleux dans leur contour, bien droits, à entre-nœuds inégaux entre eux, d'un brun violacé; lenticelles blanchâtres, petites, peu nombreuses et peu apparentes.

Boutons à bois petits, coniques, maigres et aigus, dirigés parallèlement ou appliqués au rameau, soutenus sur des supports peu saillants dont l'arête médiane se prolonge seule longuement et distinctement; écailles d'un marron rougeâtre, ordinairement presque entièrement recouvertes de gris cendré.

Pousses d'été d'un vert intense, colorées de rouge lie de vin et duveteuses à leur sommet.

Feuilles des pousses d'été moyennes, obovales-élargies, se terminant brusquement en une pointe assez longue, large et cependant bien finement aiguë, peu repliées sur leur nervure médiane ou un peu concaves, bordées de dents larges, assez profondes et bien obtuses, bien soutenues sur des pétioles un peu longs, un peu forts, bien raides et redressés.

Stipules longues, linéaires très-étroites, presque filiformes.

Feuilles stipulaires se présentent quelquefois.

Boutons à fruit moyens, coniques-allongés, maigres et bien aigus; écailles d'un marron rougeâtre bordé de gris blanchâtre.

Fleurs à peine moyennes; pétales ovales-elliptiques, souvent presque aigus à leur sommet, à onglet peu long. écartés entre eux, blancs avant l'épanouissement; divisions du calice un peu longues, très-finement aiguës, un peu recourbées en dessous; pédicelles de moyenne longueur, de moyenne force et duveteux.

Feuilles des productions fruitières très-inégales entre elles, les unes plus grandes, les autres plus petites que celles des pousses d'été, se terminant assez brusquement en une pointe courte, fine et souvent bien recourbée, planes ou presque planes, bordées de dents extraordinairement peu profondes et obtuses ou souvent presque entières, bien soutenues sur des pétioles longs, grêles et cependant raides et redressés.

Caractère saillant de l'arbre : teinte générale du feuillage d'un vert vif et brillant; rameaux remarquablement épaissis à leur sommet.

Fruit petit, tantôt piriforme un peu allongé, tantôt turbiné-piriforme, ordinairement uni dans son contour, atteignant sa plus grande épaisseur souvent bien au-dessous du milieu de sa hauteur; au-dessus de ce point, s'atténuant par une courbe d'abord convexe puis concave en une pointe tantôt courte et épaisse, tantôt longue, maigre et presque aiguë à son sommet; au-dessous du même point, s'atténuant brusquement par une courbe peu convexe, pour diminuer sensiblement d'épaisseur vers la cavité de l'œil.

Peau mince et tendre, d'abord d'un vert très-clair semé de très-petits points bruns, se confondant avec des taches d'une rouille de même couleur et qui se condensent souvent un peu, soit sur le sommet du fruit, soit autour de la cavité de l'œil. A la maturité, **octobre**, le **vert** fondamental passe au jaune citron clair un peu doré ou flammé de rouge du côté du soleil.

Œil moyen, ouvert ou demi-ouvert, à divisions courtes, dressées, placé dans une dépression très-peu sensible et presque à fleur de la base du fruit.

Queue de moyenne longueur et de moyenne force, attachée un peu obliquement à la pointe du fruit dont elle semble former la continuation.

Chair d'un blanc jaunâtre, fine, beurrée, fondante, à peine pierreuse vers le cœur, abondante en eau douce, sucrée, légèrement parfumée.

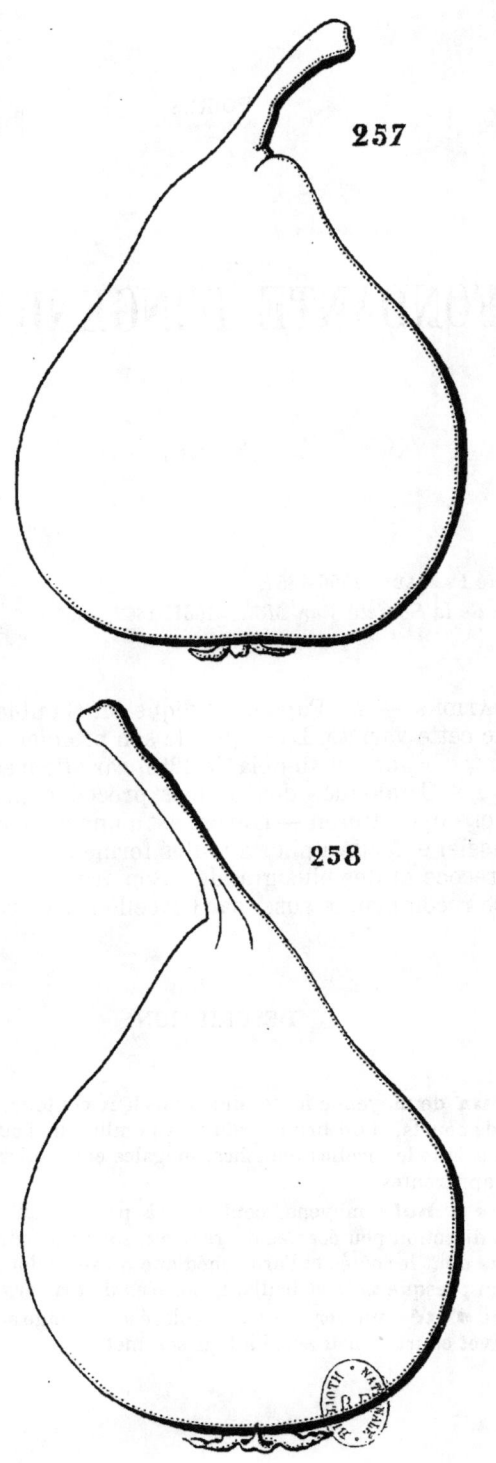

257. BEURRÉ SAMOYEAU.   258. FONDANTE D'INGENDAËL.

FONDANTE D'INGENDAËL

(N° 258)

Catalogue Papeleu. 1856-1857.
Bulletin de la Société Van Mons. 1861, 1862, 1866.

Observations. — M. Papeleu indique M. Gambier comme l'obtenteur de cette variété. L'époque de son premier rapport ne doit pas remonter beaucoup au-delà de 1856, car elle n'est pas mentionnée dans les Catalogues des années précédentes des pépinières renommées de Wetteren.— L'arbre est d'une vigueur très-modérée sur cognassier et facile à plier à toutes formes sur ce sujet. Sa fertilité est précoce et des plus grandes. Son fruit, de maturité assez tardive, se recommande aussi par l'excellence de sa qualité.

DESCRIPTION.

Rameaux de moyenne force, unis dans leur contour, presque droits, à entre-nœuds courts, d'un brun verdâtre à l'ombre, un peu teintés de rouge du côté du soleil; lenticelles blanches, inégales entre elles, assez peu nombreuses et apparentes.

Boutons à bois moyens, coniques, à pointe courte, bien aiguë et piquante, à direction peu écartée du rameau, soutenus sur des supports un peu saillants dont les côtés et l'arête médiane ne se prolongent pas; écailles d'un marron presque noir et brillant, bordées de gris argenté.

Pousses d'été d'un vert jaunâtre, colorées de rouge sanguin et couvertes d'un duvet court et peu serré à leur sommet.

Feuilles des pousses d'été assez petites, ovales un peu élargies, se terminant très-brusquement en une pointe extrêmement courte et finement aiguë, peu repliées sur leur nervure médiane et arquées, bordées de dents peu profondes et émoussées, soutenues horizontalement sur des pétioles courts, bien grêles et un peu redressés.

Stipules moyennes, finement aiguës, très-caduques.

Feuilles stipulaires se présentent assez rarement.

Boutons à fruit assez gros, coniques-allongés et un peu renflés sur le milieu de leur hauteur, à pointe longue et finement aiguë; écailles d'un marron rougeâtre peu foncé, bordées de gris blanchâtre.

Fleurs moyennes; pétales arrondis-élargis, un peu lavés de rose avant l'épanouissement; divisions du calice très-longues, étroites et réfléchies en dessous; pédicelles de moyenne longueur, grêles et duveteux.

Feuilles des productions fruitières plus grandes que celles des pousses d'été, tantôt ovales-étroites, tantôt ovales-élargies, peu repliées sur leur nervure médiane et peu arquées, bordées de dents peu profondes, couchées et peu aiguës, bien soutenues sur des pétioles courts, grêles et redressés.

Caractère saillant de l'arbre : toutes les feuilles bien régulièrement peu creusées en gouttière ou peu repliées; les plus jeunes feuilles bien colorées de rouge.

Fruit moyen, conique-piriforme, uni dans son contour, atteignant sa plus grande épaisseur bien au-dessous du milieu de sa hauteur; au-dessus de ce point, s'atténuant par une courbe d'abord à peine convexe puis à peine concave en une pointe un peu longue, peu forte et presque aiguë; au-dessous du même point, s'arrondissant par une courbe assez convexe pour ensuite s'aplatir un peu autour de la cavité de l'œil.

Peau fine, assez mince et tendre, d'abord d'un vert gai semé de points d'un gris brun, très-petits, assez nombreux et régulièrement espacés. Quelques taches ou traits d'une rouille brune et fine se dispersent parfois sur sa surface. A la maturité, **octobre, novembre**, le vert fondamental passe au jaune assez intense et nuancé de vert, le côté du soleil n'offre guère d'indice appréciable qu'une plus grande concentration des points.

Œil très-petit, presque fermé, à divisions très-courtes, placé dans une cavité très-peu profonde aplatie dans son fond.

Queue courte, un peu forte, ligneuse, d'un brun foncé, attachée obliquement dans un pli formé par la pointe du fruit.

Chair blanche, bien fine, beurrée, fondante, abondante en eau richement sucrée, agréablement parfumée, constituant un fruit de première qualité.

FONDANTE-DE-SEPTEMBRE

(N° 259)

Catalogue Bivort. 1851-1852.
Catalogue Papeleu, de Wetteren.

Observations. — D'après les indications de M. Papeleu, cette variété aurait été obtenue par Van Mons, et je puis ajouter, probablement à une époque postérieure à 1823, car le Catalogue du célèbre semeur belge n'en fait pas mention. — L'arbre, d'une vigueur normale, est facile à plier à toutes formes sur cognassier. Sa fertilité, seulement moyenne, est cependant soutenue. Son fruit est réellement distingué, et l'oubli, dans lequel cette variété semble être tombée, ne peut s'expliquer que par le nombre des poires de bonne qualité mûrissant à la même époque.

DESCRIPTION.

Rameaux de moyenne force, à peine anguleux dans leur contour, presque droits, à entre-nœuds courts et inégaux entre eux, verdâtres et un peu ombrés de gris du côté du soleil ; lenticelles grisâtres, le plus souvent allongées, nombreuses et peu apparentes.

Boutons à bois petits, coniques, un peu courts et un peu épais, peu aigus, à direction presque parallèle au rameau, soutenus sur des supports un peu saillants dont l'arête médiane se prolonge seule et peu distinctement ; écailles entièrement recouvertes de gris cendré.

Pousses d'été flexueuses, d'un vert clair à leur base, d'un vert pâle à leur sommet et couvertes, sur presque toute leur longueur, d'un duvet court et peu serré.

Feuilles des pousses d'été assez petites, ovales-arrondies, se terminant subitement en une pointe très-courte, concaves, bordées de dents peu profondes et aiguës, bien fermes sur des pétioles un peu longs, grêles et bien redressés.

Stipules longues, lancéolées.

Feuilles stipulaires fréquentes.

Boutons à fruit assez gros, conico-ovoïdes, un peu aigus ; écailles d'un marron peu foncé et largement bordé de gris blanchâtre.

Fleurs grandes ; pétales ovales-allongés et un peu élargis, arrondis ou tronqués à leur extrémité, un peu lavés de rose avant l'épanouissement ; divisions du calice courtes, finement aiguës et étalées ; pédicelles de moyenne longueur, de moyenne force et presque glabres.

Fruit moyen, affectant la forme de Bon-Chrétien, irrégulier dans son contour, atteignant sa plus grande épaisseur presque au milieu ou très-peu au-dessous du milieu de sa hauteur ; au-dessus de ce point, s'atténuant par une courbe d'abord convexe puis brusquement et sensiblement concave en une pointe peu longue, épaisse, largement et souvent obliquement tronquée à son sommet ; au-dessous du même point, s'atténuant peu par une courbe peu convexe pour ensuite s'arrondir brusquement jusque dans la cavité de l'œil.

Peau fine et tendre, d'abord d'un vert sombre et mat semé de points d'un gris brun, très-petits, presque invisibles. Des traits d'une rouille brune et fine se dispersent sur sa surface, se condensent du côté du soleil et dans la cavité de l'œil en prenant une teinte grisâtre, et une tache d'une rouille verdâtre couvre le sommet du fruit. A la maturité, **septembre**, le vert fondamental s'éclaircit un peu sans passer tout à fait au jaune.

Œil moyen, demi-fermé, à divisions verdâtres et fines, placé dans une cavité très-large, assez peu profonde, divisée par ses bords en côtes prononcées et cependant aplanies qui se prolongent sur la hauteur du fruit.

Queue assez longue, grêle, ligneuse, d'un brun verdâtre, attachée obliquement dans une cavité large et profonde, aussi divisée par ses bords en côtes prononcées.

Chair verte, transparente, très-fine, bien fondante quoique un peu granuleuse vers le cœur, très-abondante en eau richement sucrée et parfumée, constituant un fruit de première qualité.

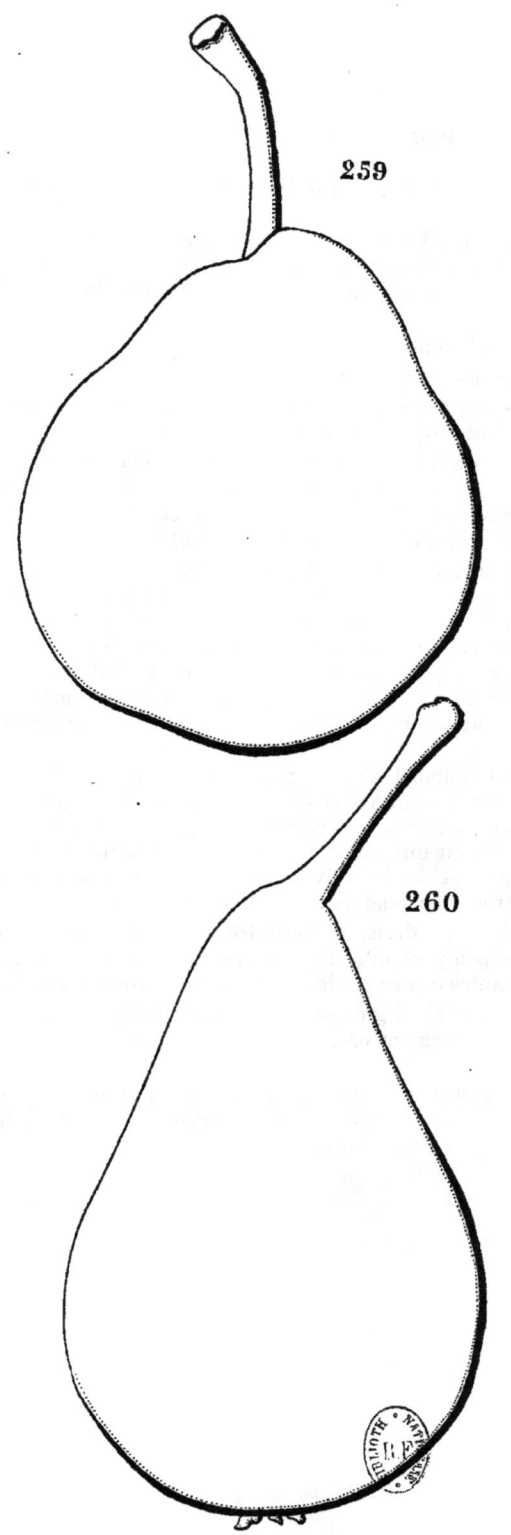

259, FONDANTE-DE-SEPTEMBRE. 260, ROSABIRNE.

ROSABIRNE

(N° 260)

The Fruits and the fruit-trees of America. DOWNING.

OBSERVATIONS. — Je tiens cette variété de l'obligeance de M. Downing qui l'a décrite dans son édition de 1864 et ne l'a pas reproduite dans celle de 1869. Il ne donne pas de renseignements sur son origine, et son nom semble indiquer qu'elle a été obtenue en Allemagne ou peut-être par un Allemand fixé aux Etats-Unis. Quoi qu'il en soit, il est facile de reconnaître par la figure et la description que je donne qu'elle n'a aucun rapport avec les différentes poires de Rose des auteurs français ou allemands. Son nom n'est pas justifié par son apparence, et s'il lui a été donné pour sa saveur, il est probable qu'elle n'est pas constante, car je n'ai pas encore pu retrouver dans le goût de ce fruit rien qui rappelle le parfum de la rose. — L'arbre n'offre rien de bien saillant dans sa végétation. Il est plutôt faible que vigoureux sur cognassier et sa fertilité très-précoce est des plus grandes.

DESCRIPTION.

Rameaux de moyenne force, très-finement anguleux dans leur contour, flexueux, à entre-nœuds très-courts, jaunâtres et colorés, du côté du soleil d'un rouge rose très-vif; lenticelles bien blanches, très-petites, nombreuses et un peu apparentes.

Boutons à bois assez petits, coniques, bien aigus, à direction bien écartée du rameau, soutenus sur des supports renflés et dont les côtés se prolongent très-finement; écailles presque entièrement recouvertes de blanc argenté.

Pousses d'été d'un vert clair un peu jaune, lavées de rouge à leur sommet couvert d'un duvet blanc et soyeux.

Feuilles des pousses d'été à peine moyennes, un peu obovales, se terminant brusquement en une pointe peu longue, bien creusées en gouttière et à peine arquées, bordées de dents fines, peu profondes, aiguës et recourbées, bien soutenues sur des pétioles de moyenne longueur, grêles, raides et redressés.

Stipules longues, linéaires-étroites ou presque filiformes.

Feuilles stipulaires se présentent quelquefois.

Boutons à fruit moyens, conico-ovoïdes, un peu allongés et finement aigus; écailles d'un marron rougeâtre peu brillant.

Fleurs assez petites, quelquefois un peu semi-doubles; pétales obovales-elliptiques, largement arrondis à leur sommet, un peu concaves, à onglet court, bien écartés entre eux; divisions du calice de moyenne longueur, finement aiguës et bien réfléchies en dessous; pédicelles assez courts, peu forts et peu duveteux.

Feuilles des productions fruitières moyennes, ovales ou à peine obovales, un peu allongées, se terminant régulièrement en une pointe très-courte, bien creusées en gouttière et à peine arquées, bordées de dents souvent inégales entre elles, très-peu profondes et un peu aiguës, assez bien soutenues sur des pétioles de moyenne longueur, de moyenne force, raides et un peu redressés.

Caractère saillant de l'arbre : teinte générale du feuillage d'un beau vert intense et luisant; toutes les feuilles bien creusées en gouttière; pousses d'été se colorant de rouge sur presque toute leur longueur.

Fruit petit ou presque moyen. piriforme ou conique-piriforme, ordinairement uni dans son contour, atteignant sa plus grande épaisseur bien au-dessous du milieu de sa hauteur; au-dessus de ce point, s'atténuant par une courbe d'abord à peine convexe puis à peine concave en une pointe longue, peu épaisse et le plus souvent aiguë; au-dessous du même point, s'atténuant par une courbe peu convexe pour diminuer sensiblement d'épaisseur vers la cavité de l'œil.

Peau fine et tendre, d'abord d'un vert d'eau semé de points bruns, petits, nombreux, assez peu apparents et se confondant souvent sous un réseau d'une rouille fauve qui se disperse sur sa surface et se condense, soit sur le sommet du fruit, soit dans la cavité de l'œil. A la maturité, **septembre**, le vert fondamental passe au jaune citron et le côté du soleil se couvre ordinairement seulement d'un ton un peu plus chaud.

Œil grand, ouvert ou demi-ouvert, placé dans une cavité peu profonde, un peu évasée et sillonnée par ses bords.

Queue assez courte, un peu forte, tantôt semblant former la continuation de la pointe du fruit, tantôt repoussée dans un pli peu prononcé.

Chair d'un blanc un peu verdâtre, bien fine, fondante, un peu pierreuse vers le cœur, abondante en eau sucrée, acidulée, légèrement parfumée.

AMIRAL CÉCILE

(N° 261)

Bulletin du Cercle d'horticulture de la Seine-Inférieure. 1858.
Notice pomologique. DE LIRON D'AIROLES.
Revue horticole. 1864.
Dictionnaire de pomologie. ANDRÉ LEROY.
The Fruits and the fruit-trees of America. DOWNING.

OBSERVATIONS. — M. Boisbunel, pépiniériste à Rouen, obtint cette variété dont le premier rapport eut lieu en 1858 et qu'il dédia à son compatriote, l'amiral Cécile, qui en accepta la dédicace. — L'arbre est d'une vigueur bien contenue sur cognassier et sa végétation bien équilibrée se prête facilement à toutes formes, surtout à celle de pyramide. Sa fertilité est précoce et grande, et son fruit, bien savoureux, est d'une maturation prolongée.

DESCRIPTION.

Rameaux de moyenne force, anguleux dans leur contour, coudés à leurs entre-nœuds très-inégaux entre eux, d'un rouge clair ; lenticelles blanches, nombreuses, petites et cependant un peu apparentes.
Boutons à bois moyens, coniques, courts, épaissis à leur base, obtus, à direction très-peu écartée du rameau et souvent parallèle, soutenus sur des supports un peu renflés dont l'arête médiane se prolonge bien distinctement ; écailles noires, brillantes et bordées de gris argenté.
Pousses d'été lavées de rouge sur toute leur longueur et longtemps

couvertes, sur une assez longue étendue de leur partie supérieure, d'un duvet très-léger.

Feuilles des pousses d'été moyennes, ovales un peu élargies, se terminant un peu brusquement en une pointe peu longue, bien creusées en gouttière et arquées, bordées de dents larges, profondes et recourbées, soutenues horizontalement sur des pétioles un peu longs, un peu forts et redressés.

Stipules longues, lancéolées-étroites.

Feuilles stipulaires fréquentes.

Boutons à fruit moyens, conico-ovoïdes, courts, un peu renflés et obtus ; écailles d'un marron foncé et brillant.

Fleurs presque moyennes; pétales en cueillerons, à long onglet, un peu ondulés dans leur contour; divisions du calice courtes et un peu réfléchies en dessous; pédicelles très-courts, très-forts et peu duveteux.

Feuilles des productions fruitières un peu moins grandes que celles des pousses d'été, ovales-élargies, se terminant peu brusquement en une pointe courte, très-peu repliées sur leur nervure médiane et arquées, bordées de dents assez fines et aiguës, se recourbant sur des pétioles de moyenne longueur, un peu forts et un peu flexibles.

Caractère saillant de l'arbre : teinte générale du feuillage d'un vert jaunâtre ; pousses d'été bien colorées de rouge et bien allongées.

Fruit petit ou presque moyen, irrégulièrement sphérique ou turbiné-sphérique, court et épais, souvent déformé dans son contour, atteignant sa plus grande épaisseur tantôt plus, tantôt moins, au-dessous du milieu de sa hauteur ; au-dessus de ce point, s'arrondissant par une courbe largement convexe jusque dans la cavité de la queue ; au-dessous du même point, s'arrondissant par une courbe également convexe pour ensuite s'aplatir un peu autour de la cavité de l'œil.

Peau épaisse, d'abord d'un vert intense semé de points d'un gris brun, très-petits, très-nombreux, très-serrés et se confondant souvent avec des traits fins ou de petites taches d'une rouille brune qui se condense sur le sommet et sur la base du fruit. A la maturité, **octobre**, **novembre**, le vert fondamental s'éclaircit en jaune et le côté du soleil est un peu plus rouillé ou parfois lavé d'un peu de rouge terreux et sombre.

Œil grand, ouvert ou demi-ouvert, à divisions courtes, cornées, placé dans une cavité peu profonde, évasée et souvent irrégulière.

Queue très-courte, très-forte, bien épaissie à son point d'attache au rameau, insérée le plus souvent perpendiculairement dans une cavité étroite, peu profonde et souvent irrégulière.

Chair blanchâtre, fine, serrée, beurrée, fondante, pierreuse vers le cœur, suffisante en eau richement sucrée, relevée et parfumée, constituant un fruit de première qualité.

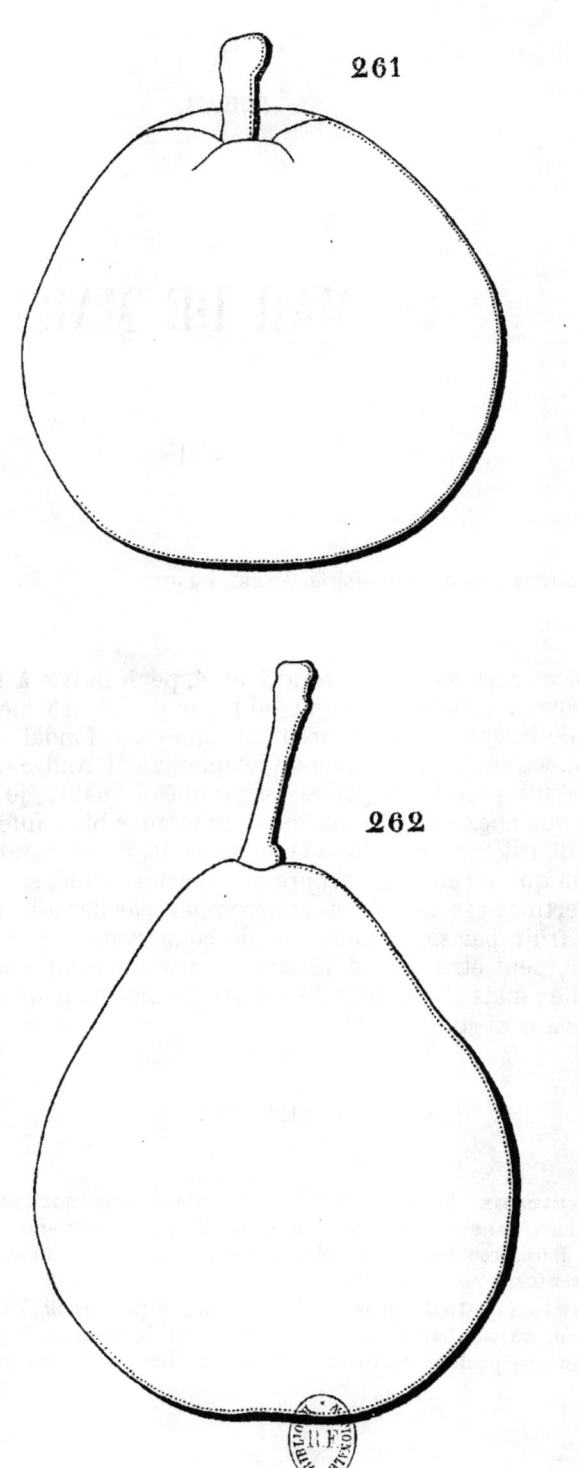

261. AMIRAL CÉCILE. 262. COLMAR DE MARS.

COLMAR DE MARS

(N° 262)

Dictionnaire de pomologie. André Leroy.

Observations. — M. Nérard aîné, pépiniériste à Lyon, fut l'obtenteur de cette variété que j'ai reçue de lui, il y a environ 15 ans, peu de temps après son premier rapport. Il fondait de grandes espérances sur ce nouveau gain, et quoique M. André Leroy ait rangé son fruit parmi les poires de première qualité, je suis obligé de dire que chez moi, il s'est toujours montré bien inférieur. — L'arbre, il est vrai, est d'une belle vigueur, d'une régularité de végétation qui le rend très-propre aux formes soumises à la taille, mais sa fertilité est inégale et interrompue par des alternats complets. Son fruit, par sa longue et facile conservation, par le sucre de sa chair, peut être considéré comme fruit à compotes d'un certain mérite; mais il est trop dépourvu de saveur pour constituer une poire à couteau.

DESCRIPTION.

Rameaux forts et souvent épaissis à leur sommet, obscurément anguleux dans leur contour, presque droits, à entre-nœuds courts, d'un brun jaunâtre; lenticelles blanchâtres, larges, arrondies, nombreuses et apparentes.

Boutons à bois gros, coniques, épais et peu aigus, à direction écartée du rameau, soutenus sur des supports saillants dont les côtés et l'arête médiane se prolongent distinctement; écailles d'un marron clair.

Pousses d'été d'un vert clair sur la moitié de leur longueur, puis colorées d'un rouge sanguin intense jusqu'à leur sommet qui est légèrement duveteux,

Feuilles des pousses d'été moyennes, ovales-elliptiques, se terminant un peu brusquement en une pointe très-courte, fine et aiguë, planes ou presque planes, bordées de dents peu profondes et obtuses, soutenues horizontalement sur des pétioles longs, de moyenne force et un peu flexibles.

Stipules longues, linéaires-étroites.

Feuilles stipulaires fréquentes.

Boutons à fruit gros, ovoïdes-renflés et obtus ; écailles d'un marron peu foncé.

Fleurs moyennes ; pétales ovales-élargis, bien arrondis à leur sommet, à onglet assez long, roses avant l'épanouissement ; divisions du calice longues et réfléchies en dessous ; pédicelles courts et grêles.

Feuilles des productions fruitières moyennes, ovales-elliptiques ou ovales-arrondies, se terminant brusquement en une pointe courte, planes, bordées de dents fines, peu profondes et émoussées, soutenues horizontalement sur des pétioles longs, forts et raides.

Caractère saillant de l'arbre : toutes les feuilles planes ou presque planes et s'étendant horizontalement ; les plus jeunes feuilles d'un vert très-clair et les feuilles adultes d'un vert intense.

Fruit moyen, turbiné-piriforme, assez régulier dans son contour, souvent remarquablement ventru, atteignant sa plus grande épaisseur, tantôt peu au-dessous du milieu de sa hauteur, tantôt près de sa base ; au-dessus de ce point, s'atténuant par une courbe d'abord convexe puis brusquement concave en une pointe plus ou moins longue, un peu obtuse ou presque aiguë ; au-dessous du même point, s'atténuant brusquement par une courbe plus ou moins convexe pour diminuer sensiblement d'épaisseur et ensuite s'aplatir un peu autour de la cavité de l'œil.

Peau un peu épaisse et ferme, d'un vert un peu jaunâtre semé de points bruns, petits, nombreux, serrés, se confondant souvent avec des traits légers d'une rouille de même couleur qui se condensent ordinairement sur le sommet du fruit et forment de petites taches rapprochées dans la cavité de l'œil. A la maturité, **fin d'hiver et printemps**, le vert fondamental passe au beau jaune doré et le côté du soleil prend un ton un peu plus chaud ou se lave d'un jaune orangé.

Œil petit, à divisions fines et courtes, étalées et appliquées aux parois d'une cavité étroite, quelquefois un peu profonde et ordinairement régulière par ses bords.

Queue courte, forte, attachée à fleur de la pointe du fruit ou repoussée un peu obliquement dans un pli peu prononcé.

Chair blanche, un peu veinée de jaune, demi-fine, cassante, abondante en eau sucrée, mais sans parfum appréciable.

BEURRÉ DE MORTEFONTAINE

(N° 263)

Dictionnaire de pomologie. ANDRÉ LEROY.
BEURRÉ LEFÈVRE. *Pomologie de la Seine-Inférieure.* PRÉVOST.
The fruit Manual. ROBERT HOGG.
The Fruits and the fruit-trees of America. DOWNING.
Jardin fruitier du Muséum. DECAISNE.

OBSERVATIONS. — M. Prévost, à la page 18 de la *Pomologie de la Seine-Inférieure*, dit que cette variété a été obtenue vers 1804 par M. Lefèvre, et M. André Leroy est venu compléter ce renseignement, en faisant connaître que M. Lefèvre était le chef d'un grand établissement de pépinières, au lieu de Mortefontaine, commune de la Chapelle-en-Serval, département de l'Oise. J'ai préféré la dénomination de Beurré de Mortefontaine, soupçonnant l'existence d'un autre Beurré Lefèvre que j'ai reçu d'Allemagne et qui diffère par sa végétation de la variété qui nous occupe. — L'arbre est d'une vigueur normale sur cognassier, d'une bonne fertilité ; cependant sa rusticité et le peu de qualité de son fruit indiquent qu'il n'est pas digne des soins du jardinier et doit être cultivé, surtout dans le grand verger, pour son fruit seulement propre aux usages de la cuisine.

DESCRIPTION.

Rameaux de moyenne force, unis dans leur contour, coudés à leurs entre-nœuds courts, d'un jaune rougeâtre peu foncé ; lenticelles blanchâtres, assez larges, nombreuses et apparentes.

Boutons à bois petits, coniques, courts, épaissis à leur base et cependant aigus, à direction très-écartée du rameau, soutenus sur des supports un peu renflés dont les côtés et l'arête médiane ne se prolongent pas; écailles d'un marron rougeâtre foncé et bordé de gris argenté.

Pousses d'été d'un vert terne, colorées d'un beau rouge vif et un peu duveteuses à leur sommet.

Feuilles des pousses d'été moyennes, ovales-allongées, bien atténuées à leurs deux extrémités, se terminant peu brusquement en une pointe longue, bien repliées sur leur nervure médiane et non arquées, bordées de dents fines, recourbées et un peu aiguës, bien soutenues sur des pétioles de moyenne longueur, de moyenne force et redressés.

Stipules moyennes, lancéolées, dentées.

Feuilles stipulaires peu fréquentes.

Boutons à fruit moyens, ovoïdes-courts et bien renflés, à pointe émoussée, un peu anguleux dans leur contour ; écailles d'un marron rougeâtre très-foncé et brillant.

Fleurs petites ; pétales arrondis et se terminant en une pointe courte, à onglet long, concaves, bien lavés de rose vif avant et après l'épanouissement ; divisions du calice étroites et bien réfléchies en dessous; pédicelles très-courts, forts et laineux.

Feuilles des productions fruitières moyennes, obovales, se terminant en une pointe courte ou nulle, bien repliées sur leur nervure médiane et un peu arquées, presque entières ou irrégulièrement bordées de dents inappréciables, retombant sur des pétioles courts, de moyenne force, redressés et raides.

Caractère saillant de l'arbre : sommet des pousses d'été bien coloré de rouge ; les plus jeunes feuilles d'un vert sensiblement jaune.

Fruit moyen, ellipsoïde, tronqué à ses deux pôles, un peu en forme de baril, ordinairement bien uni dans son contour, atteignant sa plus grande épaisseur à peu près au milieu de sa hauteur ; au-dessus et au-dessous de ce point, s'atténuant par des courbes peu convexes et à peu près de même longueur pour se terminer en une pointe courte, épaisse et tronquée.

Peau un peu épaisse et ferme, un peu rude au toucher, entièrement recouverte d'une rouille de couleur canelle et un peu bronzée du côté du soleil, semée de points grisâtres, larges, un peu saillants, nombreux et bien régulièrement espacés. A la maturité, **octobre**, la rouille s'éclaircit seulement un peu et le fruit arrive à maturité, sans que l'on en soit averti par des signes extérieurs un peu sensibles, puis il blettit bientôt après.

Œil grand, ouvert, placé dans une cavité étroite et un peu profonde, à peine plissée dans ses parois et régulière par ses bords.

Queue courte, un peu forte, élastique, tantôt insérée dans une cavité évasée et régulière par ses bords, tantôt attachée sur une sorte de plateau qui termine le fruit.

Chair blanche, fine, tendre, beurrée, peu abondante en eau douce, sucrée, un peu acidulée et sans parfum appréciable.

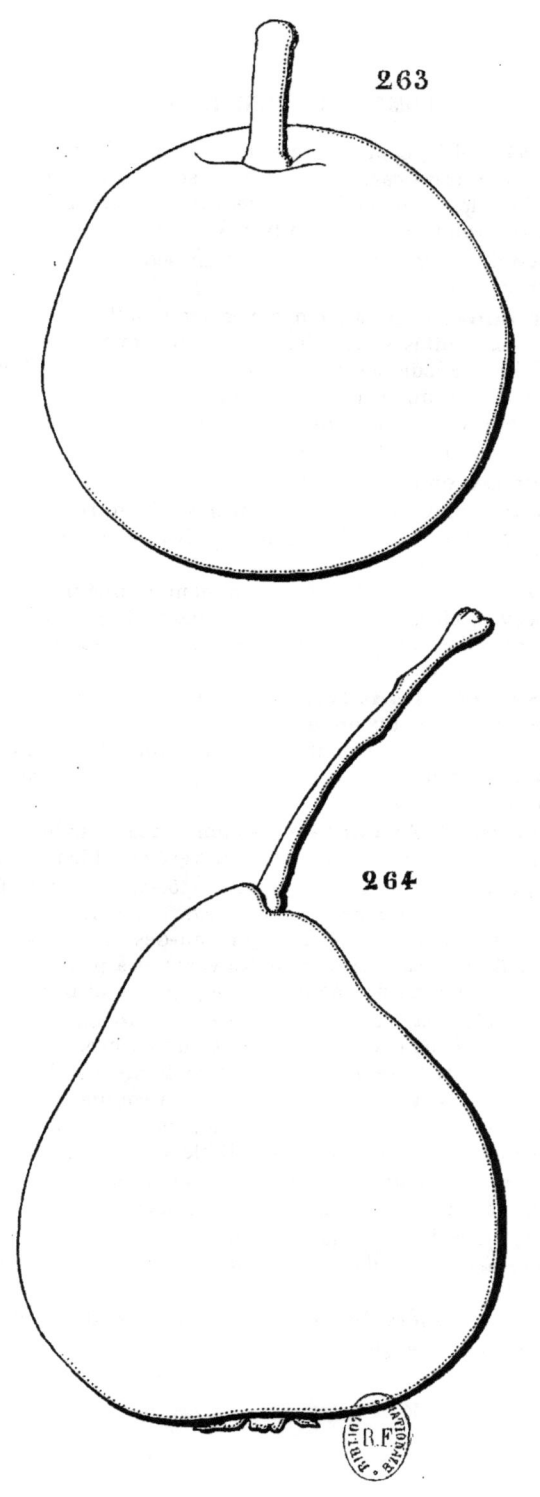

263. BEURRÉ DE MORTEFONTAINE. 264. ST-GERMAIN VAN MONS.

SAINT-GERMAIN VAN MONS

(N° 264)

Systematisches Handbuch der Obstkunde. DITTRICH.
Dictionnaire de pomologie. ANDRÉ LEROY.
VAN MONS SAINT-GERMAIN. *Illustrirtes Handbuch der Obstkunde.* JAHN.
The Fruits and the fruit-trees of America. DOWNING.
SAINT-GERMAIN NOUVEAU. *Album de pomologie.* BIVORT.
Notices pomologiques. DE LIRON D'AIROLES.

OBSERVATIONS. — Obtenue par Van Mons, cette variété, d'après M. André Leroy, fut signalée, pour la première fois, par Poiteau dans sa *Notice sur la théorie Van Mons* publiée en 1834. Ce fut à Hervelé, près Louvain, qu'elle rapporta ses premiers fruits, dans le jardin du duc d'Arenberg, auquel elle avait été donnée par le célèbre semeur belge. Malgré sa qualification, son fruit n'atteint pas tout le mérite de l'ancien Saint-Germain dont on a voulu la rapprocher et avec lequel elle a de véritables rapports par les caractères botaniques de son arbre, et peu de ressemblance par l'apparence de son fruit. Elle est rustique, d'une fertilité moyenne et s'accommode facilement de toutes formes soumises à la taille.

DESCRIPTION.

Rameaux peu forts, finement anguleux dans leur contour, à peine flexueux, à entre-nœuds longs, de couleur noisette; lenticelles blanchâtres, petites, peu nombreuses et peu apparentes.

Boutons à bois petits, coniques, très-courts et très-épais, obtus, à direction un peu écartée du rameau, soutenus sur des supports presque nuls dont l'arête médiane se prolonge seule et finement; écailles d'un beau marron rougeâtre foncé et bordé de blanc argenté.

Pousses d'été d'un vert clair, lavées, sur une assez longue étendue, d'un rouge sanguin clair et peu duveteuses à leur sommet.

Feuilles des pousses d'été petites, obovales, se terminant peu brusquement en une pointe un peu longue et bien fine, creusées en gouttière et à peine arquées, bordées de dents fines, très-peu profondes et peu aiguës, retombant mollement sur des pétioles longs, grêles, colorés de rouge et très-flexibles.

Stipules de moyenne longueur, presque filiformes.

Feuilles stipulaires manquant le plus souvent.

Boutons à fruit moyens, coniques-allongés et peu aigus; écailles d'un beau marron rougeâtre foncé et bordé de blanc argenté.

Fleurs grandes; pétales ovales-elliptiques, planes, à onglet court, écartés entre eux; divisions du calice de moyenne longueur, finement aiguës et recourbées en dessous; pédicelles un peu longs, un peu forts et peu duveteux.

Feuilles des productions fruitières moyennes, ovales-étroites et allongées, se terminant régulièrement en une pointe recourbée, bien creusées en gouttière et bien arquées, bordées de dents peu profondes et émoussées, très-mal soutenues sur des pétioles longs, peu forts et flexibles.

Caractère saillant de l'arbre : teinte générale du feuillage d'un vert clair et gai; la plupart des feuilles plutôt étroites, bien creusées en gouttière et arquées; tous les pétioles bien souples.

Fruit moyen, tantôt ovoïde un peu ventru, tantôt ovoïde-piriforme, ordinairement uni dans son contour, atteignant sa plus grande épaisseur bien au-dessous du milieu de sa hauteur; au-dessus de ce point, s'atténuant plus ou moins promptement en une courbe d'abord largement convexe puis plus ou moins concave en une pointe plus ou moins longue, tantôt obtuse, tantôt tronquée à son sommet; au-dessous du même point, s'arrondissant par une courbe bien convexe jusque dans la cavité de l'œil.

Peau épaisse et ferme, d'abord d'un vert très-clair semé de points bruns, larges, nombreux, serrés et bien apparents. Une tache d'une rouille brune couvre ordinairement la cavité de l'œil et s'étend rarement sur d'autres parties de sa surface. A la maturité, **fin de septembre et commencement d'octobre**, le vert fondamental passe au jaune citron brillant et le côté du soleil, sur les fruits bien exposés, est souvent flammé d'un rouge clair sur lequel les points, bien plus apparents, sont aussi cernés de rouge plus foncé.

Œil moyen, ouvert, à divisions courtes, placé dans une cavité peu profonde, un peu évasée, bien unie dans ses parois et régulière par ses bords, de telle manière que le fruit peut se tenir solidement debout.

Queue un peu longue, un peu forte, épaissie à son point d'attache au rameau, bien ligneuse, un peu courbée, attachée obliquement dans un pli ou à fleur de la pointe du fruit.

Chair d'un blanc à peine jaune, fine, beurrée, fondante, abondante en eau sucrée, vineuse, acidulée et assez agréablement parfumée.

POIRE DE CHEVALIER DE BUTTNER

(BUTTNERS SACHSISCHE RITTERBIRNE)

(N° 265)

Versuch einer Systematischen Beschreibung. DIEL.
Systematisches Handbuch der Obstkunde. DITTRICH.
Anleitung der besten Obstes. OBERDIECK.

OBSERVATIONS. — D'après Diel, cette variété serait originaire des environs de Halle (Prusse). Elle est rustique, fertile et peu sujette à l'alternat; toutefois une longue expérience m'a prouvé que la qualité de son fruit est très-inconstante. Savoureux, quoique dépourvu de finesse, lorsque la saison est normale, il devient âpre et laisse trop de marc dans la bouche, si l'été a été trop sec et trop chaud. Aussi je crois ne devoir recommander sa culture que dans un sol profond et pourvu d'une assez grande fraîcheur. — L'arbre, d'un bonne vigueur, forme lentement une tête sphérique un peu dépourvue de feuillage et dont les branches raides offrent trop de résistance au vent pour que son fruit puisse toujours résister à ses secousses. C'est donc la position dans des vallées abritées qui lui convient le mieux.

DESCRIPTION.

Rameaux peu forts, peu coudés à leurs entre-nœuds assez longs, d'un brun rougeâtre; lenticelles d'un gris blanchâtre, très-petites, peu nombreuses et peu apparentes.

Boutons à bois petits, coniques-allongés, maigres et bien aigus; écailles d'un marron noirâtre, largement bordé de gris cendré.

Pousses d'été d'un vert pâle, lavées de rouge à leur sommet et couvertes d'un duvet cotonneux sur presque toute leur longueur.

Feuilles des pousses d'été moyennes, ovales-arrondies, se terminant un peu brusquement en une pointe courte et fine, largement creusées en gouttière et peu arquées, bordées de dents très-peu distinctes et peu aiguës ou parfois entières, assez mal soutenues sur des pétioles très-longs, très-grêles et redressés.

Stipules en alènes extraordinairement courtes et très-caduques.

Feuilles stipulaires rares.

Boutons à fruit moyens, conico-ovoïdes, allongés et aigus; écailles d'un marron clair en partie recouvert d'un duvet fauve mélangé d'un peu de gris de fumée.

Fleurs moyennes; pétales ovales, sensiblement atténués à leur sommet, concaves; divisions du calice courtes, élargies à leur base et finement aiguës à leur autre extrémité, étalées ou très-peu recourbées en dessous par leur pointe; pédicelles longs, assez grêles et laineux.

Feuilles des productions fruitières ovales-cordiformes, se terminant très-brusquement en une pointe très-courte et très-fine, le plus souvent entières ou presque entières par leurs bords, retombant un peu sur des pétioles peu longs, bien grêles et un peu flexibles.

Caractère saillant de l'arbre : teinte générale du feuillage d'un vert pâle et terne; toutes les feuilles tendant à la forme arrondie; aspect cotonneux des jeunes pousses.

Fruit moyen ou presque moyen, turbiné-sphérique ou sphérico-ovoïde, souvent un peu irrégulier dans son contour, atteignant sa plus grande épaisseur, tantôt plus, tantôt moins, au-dessous du milieu de sa hauteur; au-dessus de ce point, s'atténuant par une courbe peu convexe en une pointe courte, épaisse et bien obtuse; au-dessous du même point, s'arrondissant jusque dans la cavité de l'œil par une courbe, tantôt bien convexe, tantôt plus largement convexe.

Peau un peu épaisse, d'abord d'un vert vif semé de points d'un gris vert, nombreux, bien régulièrement espacés et un peu apparents. Rarement on remarque quelques traces de rouille sur sa surface. A la maturité, **milieu et fin d'août**, le vert fondamental passe au jaune citron brillant et sur les fruits bien exposés le côté du soleil est largement lavé de rouge brun.

Œil grand, ouvert, à divisions longues, étroites et dressées, tantôt simplement creusé dans la base du fruit, tantôt un peu enfoncé dans une dépression irrégulière.

Queue longue, grêle, ligneuse, droite ou un peu courbée, attachée perpendiculairement dans une cavité étroite, peu profonde, ordinairement divisée par ses bords en des rudiments de côtes qui rarement se prolongent sur la hauteur du fruit.

Chair blanche, un peu teintée de jaune sous la peau, un peu grossière, demi-cassante, suffisante en eau sucrée, relevée et plus ou moins parfumée suivant le sol ou la saison.

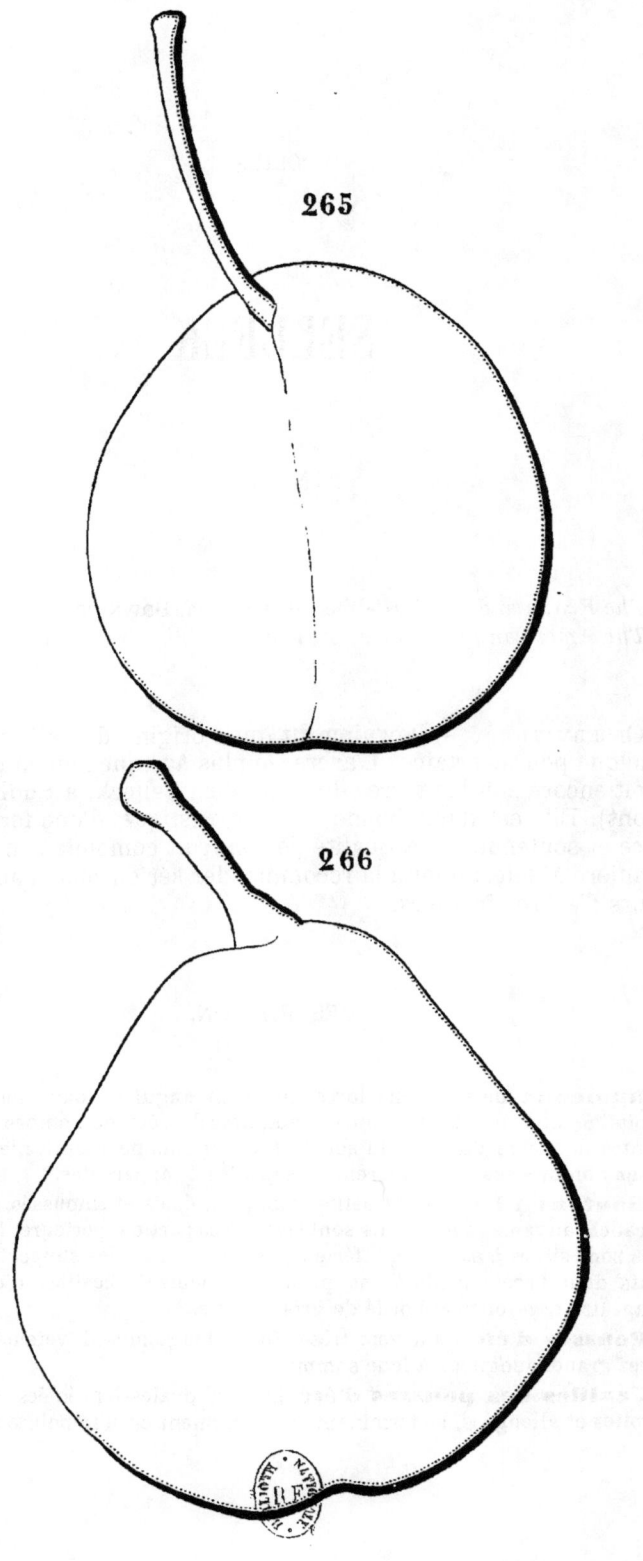

265. POIRE DE CHEVALIER DE BUTTNER.   266. SELLECK.

SELLECK

(N° 266)

The Fruits and the fruit-trees of America. Downing.
The American fruit Culturist. Thomas.

Observations. — Downing dit que l'origine de cette variété est quelque peu incertaine. L'arbre, le plus âgé que l'on en connaisse, croît encore sur les terres de Columbus Selleck, à Sudbury (Vermont). Elle est d'une bonne vigueur, rustique, d'une fertilité précoce et soutenue, et la qualité de son fruit complète son mérite de manière à déterminer à la recommander sérieusement aux cultivateurs d'arbres fruitiers.

DESCRIPTION.

Rameaux de moyenne force, finement anguleux dans leur contour, droits, à entre-nœuds très-courts, jaunâtres du côté de l'ombre et à peine teintés de rouge du côté du soleil et à leur sommet; lenticelles blanches, assez nombreuses, irrégulièrement espacées et apparentes.
Boutons à bois assez petits, coniques, épais et émoussés, à direction parallèle au rameau lorsqu'ils sont situés à sa partie supérieure, bien écartés s'ils sont situés à sa partie inférieure, soutenus sur des supports bien saillants dont l'arête médiane se prolonge finement; écailles d'un marron rougeâtre très-foncé et bordé de gris argenté.
Pousses d'été d'un vert très-clair et longtemps duveteuses sur une assez grande longueur à leur sommet.
Feuilles des pousses d'été petites, ovales-lancéolées ou ovales-étroites et allongées, se terminant régulièrement en une pointe bien aiguë,

bien creusées en gouttière et un peu arquées, bordées de dents fines et extraordinairement peu profondes, bien couchées et aiguës, s'abaissant assez peu sur des pétioles longs, très-grêles et flexibles.

Stipules en alênes courtes et fines.

Feuilles stipulaires manquant ordinairement.

Boutons à fruit assez petits, ovoïdes, courts, renflés et exactement aigus; écailles d'un marron rougeâtre bien foncé.

Fleurs moyennes; pétales ovales, peu concaves, à onglet un peu long, écartés entre eux; divisions du calice assez courtes, à peine recourbées en dessous; pédicelles de moyenne longueur, de moyenne force et duveteux.

Feuilles des productions fruitières obovales-élargies, se terminant brusquement en une pointe extraordinairement courte, à peine concaves ou presque planes, finement et peu profondément crénelées plutôt que dentées, s'abaissant bien sur des pétioles longs, très-grêles et très-flexibles.

Caractère saillant de l'arbre : teinte générale du feuillage d'un vert herbacé peu foncé; nervure médiane des feuilles des productions fruitières souvent colorée de rouge; toutes les feuilles mollement soutenues sur leurs pétioles longs et grêles.

Fruit assez gros, ovoïde-piriforme, court et épais, souvent un peu déformé dans son contour, atteignant sa plus grande épaisseur au-dessous du milieu de sa hauteur; au-dessus de ce point, s'atténuant assez promptement par une courbe d'abord convexe puis concave en une pointe courte, un peu épaisse, bien obtuse ou tronquée à son sommet; au-dessous du même point, s'atténuant par une courbe largement convexe pour diminuer assez sensiblement d'épaisseur vers la cavité de l'œil.

Peau un peu épaisse et cependant tendre, d'abord d'un vert clair et vif semé de points bruns, un peu larges, bien arrondis, bien régulièrement espacés et apparents. Une rouille d'un brun fauve couvre ordinairement le sommet du fruit et la cavité de l'œil d'où elle s'épanche en une sorte de réseau vraiment caractéristique, ressemblant à celui qui recouvre la peau de certaines Reinettes dorées, telle que la Reinette de Breda. A la maturité, **septembre**, le vert fondamental passe au beau jaune citron chaud et brillant et le côté du soleil se dore ou se flamme d'un peu de rouge, mais rarement et seulement sur les fruits bien exposés.

Œil demi-ouvert, à divisions courtes, dressées, placé dans une cavité étroite, un peu profonde, souvent divisée par ses bords en des côtes peu prononcées et qui se prolongent souvent d'une manière assez sensible sur la hauteur du fruit.

Queue peu longue, peu forte, épaissie à son point d'attache au rameau et à son point d'insertion dans un pli charnu formé par la pointe du fruit et dans lequel elle est le plus souvent repoussée obliquement.

Chair blanche, assez fine, beurrée ou demi-beurrée, suffisante en eau richement sucrée et parfumée, constituant un fruit de bonne qualité.

MADAME DUPARC

(N° 267)

Notice pomologique. DE LIRON D'AIROLES.

OBSERVATIONS.—Cette variété est un gain de M. Bessard-Duparc, propriétaire à la Paclaye, près Savenay (Loire-Inférieure). Elle fut publiée pour la première fois, par M. de Liron d'Airoles. Elle donna ses premiers fruits vers 1845. Elle a été répandue dans le commerce, aussi sous le nom, très-peu convenable, de Bergamotte Duparc, car son fruit n'a ni la forme, ni la saveur qui constituent une Bergamotte. Elle forme un grand arbre, d'une belle dimension, d'un rapport précoce et riche, mais la qualité de son fruit laisse trop à désirer pour que l'on puisse bien en recommander la multiplication.

DESCRIPTION.

Rameaux de moyenne force, anguleux dans leur contour, droits, à entre-nœuds un peu longs, d'un jaune verdâtre ; lenticelles blanchâtres, très-larges, très-espacées et apparentes.

Boutons à bois à peine moyens, coniques, peu aigus, à direction tantôt parallèle au rameau, tantôt un peu écartée, soutenus sur des supports un peu saillants dont l'arête médiane se prolonge seule et distinctement; écailles d'un marron rougeâtre clair, bordé de gris blanchâtre.

Pousses d'été d'un vert intense à leur base, un peu lavées de rouge et bien duveteuses à leur sommet.

Feuilles des pousses d'été petites, ovales-elliptiques ou ovales-arrondies, se terminant brusquement en une pointe très-courte et très-fine, peu concaves ou presque planes, non arquées, bordées de dents fines, couchées et aiguës, assez bien soutenues sur des pétioles un peu longs, grêles et redressés.

Stipules très-courtes, en alênes recourbées.

Feuilles stipulaires manquant le plus souvent.

Boutons à fruit moyens, conico-ovoïdes, obtus; écailles d'un marron clair, les extérieures largement recouvertes de gris blanchâtre.

Fleurs moyennes; pétales largement arrondis, parfois échancrés à leur sommet, concaves et dressés; divisions du calice de moyenne longueur et étalées; pédicelles de moyenne longueur, de moyenne force et laineux.

Feuilles des productions fruitières moyennes, ovales-arrondies, se terminant plus ou moins brusquement en une pointe courte et bien aiguë, très-peu concaves, ondulées dans leur contour, bordées de dents très-fines et très-peu profondes, assez bien soutenues sur des pétioles longs, de moyenne force et peu flexibles.

Caractère saillant de l'arbre : teinte générale du feuillage d'un beau vert décidé; ampleur des feuilles de la base des pousses d'été faisant contraste avec la petite dimension des feuilles de leur sommet; aspect général d'une grande vigueur.

Fruit moyen, ovoïde-piriforme, ordinairement uni dans son contour, atteignant sa plus grande épaisseur bien au-dessous du milieu de sa hauteur; au-dessus de ce point, s'atténuant par une courbe d'abord à peine convexe puis ensuite à peine concave en une pointe un peu longue, épaisse et bien obtuse; au-dessous du même point, s'arrondissant par une courbe largement convexe jusque vers la cavité de l'œil.

Peau un peu épaisse, d'abord d'un vert gai semé de points d'un vert plus foncé et peu apparents. Une rouille assez dense, d'un brun un peu grisâtre, couvre parfois le sommet du fruit et cerne toujours l'œil. A la maturité, **octobre, novembre,** le vert fondamental s'éclaircit beaucoup.

Œil grand, ouvert, encastré dans la base largement obtuse du fruit qu'il dépasse par ses divisions fermes et dressées.

Queue un peu longue, assez forte, épaissie à son point d'attache au rameau, un peu courbée, verdâtre, charnue à son point d'attache sur la pointe obtuse et un peu déprimée du fruit.

Chair blanche, grossière, demi-beurrée, pierreuse autour du cœur, peu abondante en eau douce, sucrée et peu parfumée.

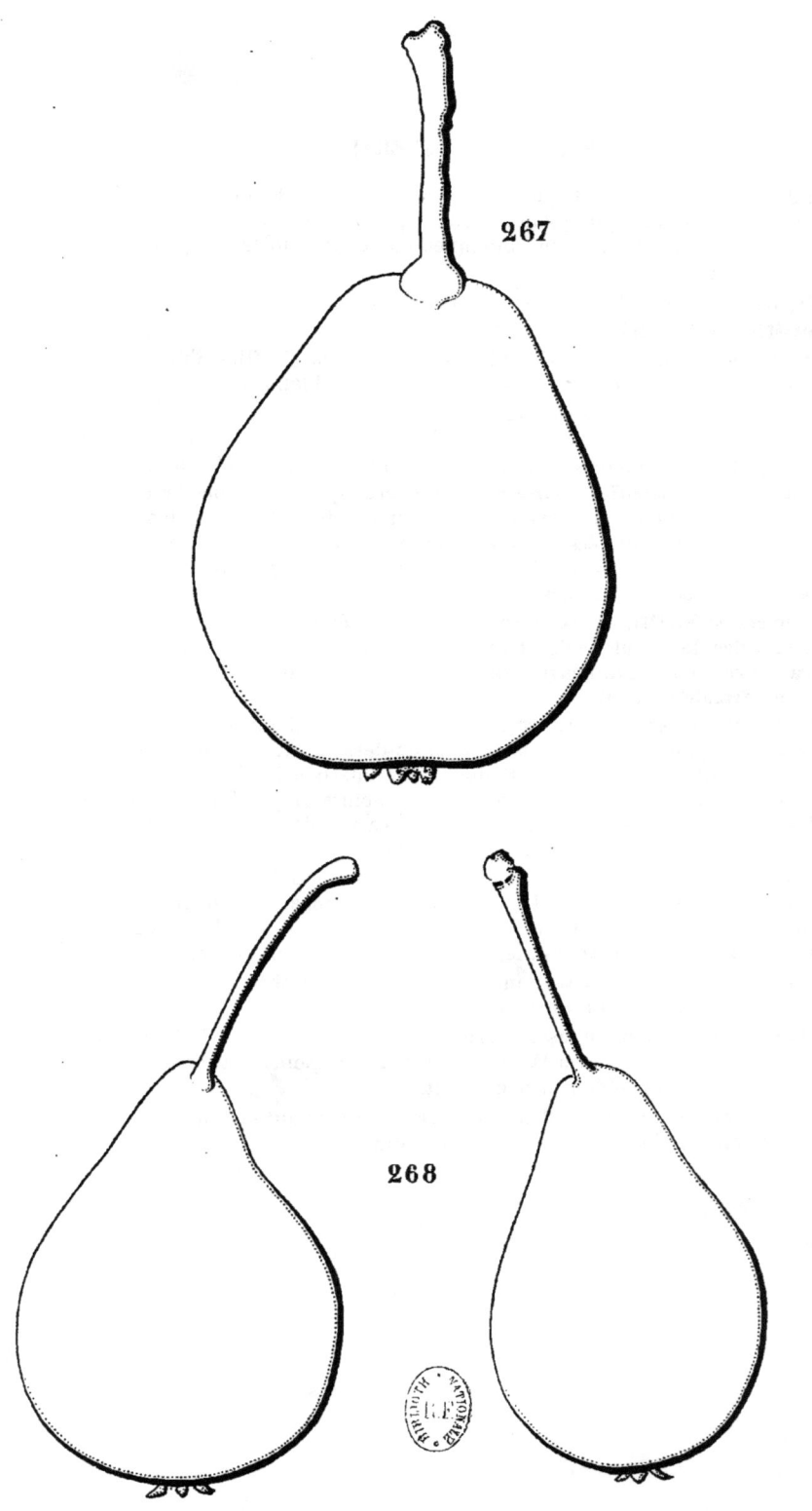

267, MADAME DU PARC. 268, PETIT MUSCAT LONG D'ÉTÉ.

PETIT MUSCAT LONG D'ÉTÉ

(KLEINE LANGE SOMMER MUSKATELLER)

(N° 268)

Beitrage zum Handbuch über die Obstbaumzucht. Christ.
Systematisches Handbuch der Obstkunde. Dittrich.
Illustrirtes Handbuch der Obstkunde. Jahn.

Observations. — J'ai reçu cette variété du regretté M. Jahn, de Meiningen, et après l'avoir comparée dans sa végétation et dans son fruit avec les différentes variétés de Muscat que je cultive et avec celles décrites dans les auteurs français anciens et modernes, j'ai dû la considérer comme réellement distincte. — L'arbre, d'une bonne vigueur aussi bien sur cognassier que sur franc, est d'une croissance vive; il pousse des branches bien érigées et bien feuillues. Soumis à la taille, il se prête bien à la forme de vase ou à celle de pyramide girandole. Sa haute tige forme une tête élevée, de bonne tenue et convient très-bien au verger de campagne par sa rusticité et sa grande fertilité. Son fruit est d'assez bonne qualité.

DESCRIPTION.

Rameaux d'une bonne force bien soutenue jusqu'à leur sommet même un peu épaissi, anguleux dans leur contour, droits, d'un gris rougeâtre; lenticelles grisâtres, larges, allongées, peu apparentes.
Boutons à bois gros, coniques, un peu allongés et un peu aigus, à direction peu écartée du rameau, soutenus sur des supports très-peu saillants et dont l'arête médiane se prolonge distinctement; écailles un peu entre ouvertes, entièrement recouvertes de gris blanchâtre.
Pousses d'été bientôt colorées de rouge sur toute leur longueur et couvertes à leur sommet d'un duvet blanc, court et épais.

Feuilles des pousses d'été les plus jeunes petites, puis augmentant graduellement d'ampleur à mesure qu'elles se rapprochent de la partie inférieure de ces pousses, se terminant plus ou moins brusquement en une pointe assez courte et bien aiguë, un peu repliées sur leur nervure médiane et un peu arquées, bordées de dents fines, peu profondes, couchées et émoussées, bien dressées sur des pétioles bien raides et augmentant aussi progressivement de longueur.

Stipules de moyenne longueur, linéaires, très-étroites, presque filiformes et bien colorées de rouge.

Feuilles stipulaires assez fréquentes.

Boutons à fruit petits, conico-ovoïdes, peu aigus; écailles intérieures d'un marron terne; écailles extérieures recouvertes de gris blanchâtre.

Fleurs assez grandes; pétales ovales-elliptiques, allongés, peu larges, concaves, à onglet long, écartés entre eux; divisions du calice de moyenne longueur, assez étroites et réfléchies en dessous; pédicelles longs, grêles et peu duveteux.

Feuilles des productions fruitières petites, ovales-elliptiques et un peu allongées, se terminant peu brusquement en une pointe un peu longue et bien finement aiguë, creusées en gouttière et non arquées, bordées de dents très-fines, très-peu profondes, couchées et un peu aiguës, assez peu soutenues sur des pétioles un peu longs, grêles et divergents.

Caractère saillant de l'arbre : teinte générale du feuillage d'un vert clair et un peu mat; la plupart des plus jeunes feuilles tachées ou bordées d'un joli rouge doré; presque toutes les feuilles petites; rameaux bien colorés de rouge de bonne heure.

Fruit petit, tantôt turbiné-ovoïde, tantôt conico-ovoïde, ordinairement uni dans son contour, atteignant sa plus grande épaisseur plus ou moins au-dessous du milieu de sa hauteur; au-dessus de ce point, s'atténuant par une courbe d'abord convexe puis plus ou moins brusquement concave en une pointe courte, peu épaisse et aiguë; au-dessous du même point, s'arrondissant par une courbe bien convexe jusque dans la cavité de l'œil.

Peau épaisse et ferme, d'abord d'un vert clair semé de points d'un vert plus foncé, nombreux et régulièrement espacés. Souvent une tache d'une rouille d'un brun clair couvre le sommet du fruit. A la maturité, **fin de juillet et commencement d'août**, le vert fondamental passe au jaune citron clair sur lequel les points deviennent très-peu apparents et qui, du côté du soleil, se dore ou se lave d'un rouge orangé sur lequel les points sont plus visibles et arrivent parfois au rouge foncé.

Œil moyen, ouvert et demi-ouvert, à divisions courtes, fermes, dressées et parfois réfléchies en dedans, placé dans une cavité très-peu profonde, évasée et souvent divisée dans ses bords par des côtes très-aplanies, qui rarement se prolongent d'une manière un peu sensible sur la hauteur du fruit.

Queue longue, grêle, d'un jaune verdâtre, ordinairement courbée, attachée un peu obliquement à une petite excroissance charnue et plissée circulairement.

Chair d'un blanc à peine teinté de jaune, assez fine, un peu ferme, demi-beurrée, peu abondante en eau richement sucrée et hautement musquée.

BERGAMOTTE CRAPAUD

(N° 269)

Catalogue Narcisse Gaujard, de Wetteren.
BERGAMOTTE BUFO. *Dictionnaire de pomologie.* André Leroy.
KRÖTEN BERGAMOTTE. *Illustrirtes Handbuch der Obstkunde.* Jahn.

Observations. — Cette variété, d'origine inconnue, a probablement reçu son nom de l'apparence de la peau de son fruit dont la couleur d'un rouge brun teinté de violet lui donne quelque ressemblance avec celle d'un crapaud. — L'arbre est presque aussi vigoureux sur cognassier que sur franc. Sa végétation peut se plier aux formes soumises à la taille, mais la haute tige, abandonnée à elle-même, lui convient mieux. Sa rusticité, sa fertilité soutenue, la consistance de son fruit supportant facilement le transport, en recommandent la culture dans le verger de campagne.

DESCRIPTION.

Rameaux forts et allongés, très-finement anguleux dans leur contour, à peine flexueux, à entre-nœuds longs, d'un brun verdâtre à l'ombre, colorés sur la plus grande partie de leur étendue d'un rouge sanguin intense et vif; lenticelles blanches, arrondies, assez nombreuses, bien régulièrement espacées et un peu apparentes.

Boutons à bois très-petits, coniques, courts et un peu aigus, à direction très-écartée du rameau, soutenus sur des supports renflés dont l'arête médiane se prolonge très-finement; écailles d'un marron noirâtre terne et un peu ombré de gris.

Pousses d'été d'un vert vif, colorées de rouge vineux et duveteuses sur une longue étendue à leur partie supérieure.

Feuilles des pousses d'été moyennes, ovales-élargies ou ovales-elliptiques et courtes, se terminant un peu brusquement en une pointe un peu longue et bien aiguë, un peu repliées sur leur nervure médiane et un peu arquées, bordées de dents bien larges, assez profondes et obtuses, soutenues horizontalement sur des pétioles très-courts, de moyenne force et redressés.

Stipules longues, linéaires-étroites.

Feuilles stipulaires se présentent quelquefois.

Boutons à fruit gros, conico-ovoïdes, un peu allongés et bien aigus; écailles d'un marron rougeâtre.

Fleurs grandes; pétales bien arrondis, un peu concaves; divisions du calice de moyenne longueur, larges à leur base, finement aiguës et étalées; pédicelles assez courts, bien forts et peu duveteux.

Feuilles des productions fruitières très-grandes, ovales-élargies ou ovales-arrondies, se terminant tantôt régulièrement, tantôt brusquement en une pointe extraordinairement courte, à peine repliées sur leur nervure médiane ou peu concaves, bordées de dents très-peu profondes ou presque entières, assez mal soutenues sur des pétioles très-longs, forts et cependant souples.

Caractère saillant de l'arbre : feuilles des pousses d'été d'un vert jaune clair, vif et brillant; feuilles des productions fruitières d'un vert bleu du plus intense; ampleur extraordinaire des feuilles des productions fruitières; aspect général d'une grande vigueur.

Fruit petit ou presque moyen, turbiné-ventru, souvent un peu irrégulier dans son contour, atteignant sa plus grande épaisseur au-dessous du milieu de sa hauteur; au-dessus de ce point, s'atténuant par une courbe à peine convexe ou à peine concave en une pointe courte, épaisse et tronquée à son sommet; au-dessous du même point, s'atténuant par une courbe largement convexe pour diminuer sensiblement d'épaisseur vers la cavité de l'œil.

Peau un peu ferme, d'abord d'un vert intense et mat semé de points bruns, extraordinairement petits et nombreux. On remarque un peu de rouille dans la cavité de l'œil et parfois quelques traits de cette rouille s'épanchent au-delà de la cavité de la queue sur la partie supérieure du fruit. A la maturité, **octobre**, le vert fondamental s'éclaircit un peu en jaune et le côté du soleil, sur les fruits bien exposés, est lavé d'un rouge brun violacé d'un vilain aspect.

Œil très-grand pour le volume du fruit, à divisions larges, grisâtres, étalées dans une cavité qui le contient exactement et souvent un peu irrégulière par ses bords.

Queue de moyenne longueur, un peu forte, à peine courbée, attachée le plus souvent perpendiculairement dans une petite cavité dont les bords se divisent en côtes assez distinctes, qui se prolongent un peu sur la hauteur du fruit.

Chair blanchâtre, grossière, demi-cassante, abondante en eau sucrée, bien vineuse, sans parfum appréciable, constituant un fruit seulement de seconde qualité.

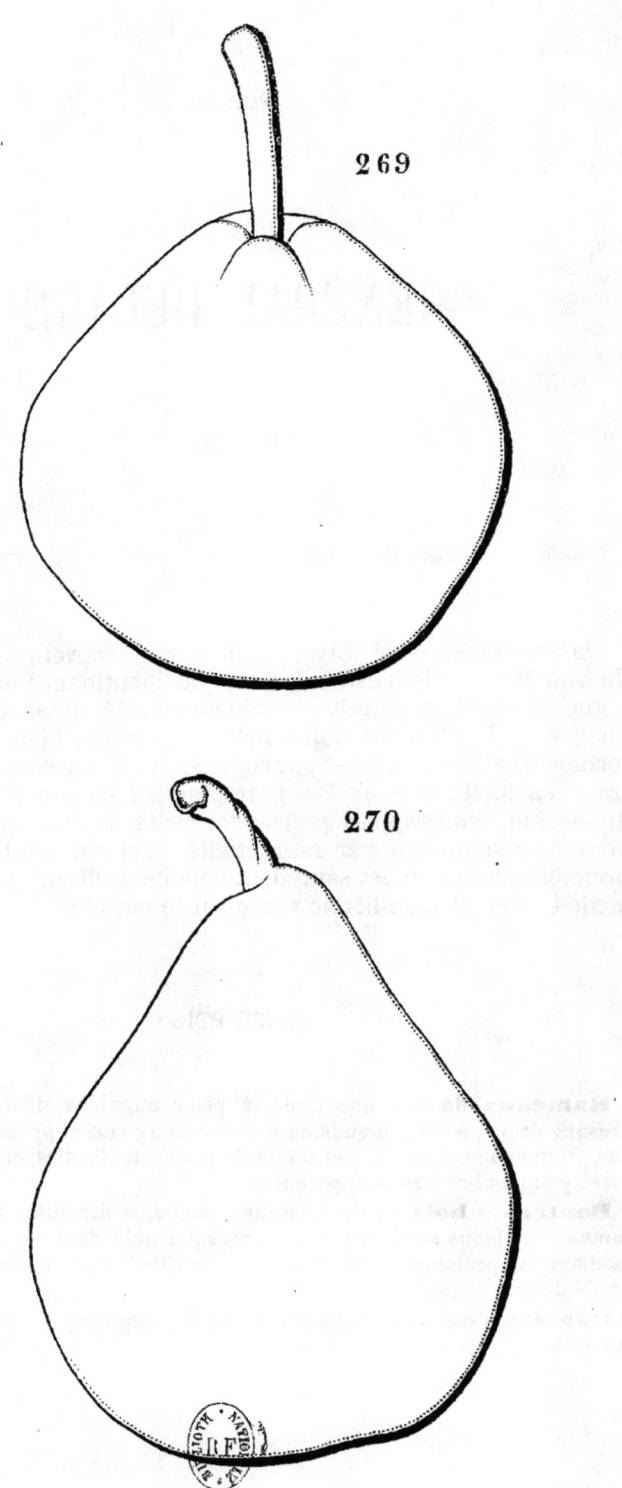

269. BERGAMOTTE CRAPAUD. 270. GÉNÉRAL DELAGE.

GÉNÉRAL DELAGE

(N° 270)

Catalogue Bivort. 1851-1852.

Observations. — M. Bivort indique cette variété comme un gain de Van Mons ; elle n'est, toutefois, pas mentionnée dans son Catalogue de 1823, et aurait probablement été obtenue après cette époque. — L'arbre est d'une belle végétation, bien équilibrée, et forme de belles pyramides sur cognassier. D'une bonne vigueur sur franc, sa haute tige s'élève promptement en une tête de grande dimension, d'un rapport précoce et riche. Il convient surtout au verger de campagne par sa rusticité, et si son fruit n'est pas de première qualité, il est sain, d'un volume suffisant, d'un transport facile et peut être de bonne vente sur le marché.

DESCRIPTION.

Rameaux de moyenne force, à peine anguleux dans leur contour, presque droits, à entre-nœuds de moyenne longueur et presque égaux entre eux, d'un rouge clair un peu teinté de jaune ; lenticelles blanches, larges, assez peu nombreuses et apparentes.

Boutons à bois petits, coniques, aigus, à direction très-écartée du rameau, soutenus sur des supports presque nuls dont les côtés et l'arête médiane se prolongent très-finement ; écailles d'un marron brillant et bordé de gris argenté.

Pousses d'été d'un vert clair, lavées de rouge et peu duveteuses à leur sommet.

Feuilles des pousses d'été moyennes, presque elliptiques, s'atténuant un peu longuement pour se terminer presque régulièrement en une pointe peu longue, bien repliées sur leur nervure médiane et peu arquées, bordées de dents écartées entre elles, irrégulières et peu profondes, assez bien soutenues sur des pétioles longs, de moyenne force, un peu redressés.

Stipules assez courtes, en alênes fines.

Feuilles stipulaires manquant presque toujours.

Boutons à fruit à peine moyens, coniques-allongés, maigres et finement aigus; écailles d'un marron rougeâtre foncé et uniforme.

Fleurs grandes; pétales arrondis-élargis, concaves, se recouvrant quelquefois bien entre eux, un peu veinés de rose avant l'épanouissement; divisions du calice longues, élargies à leur base, peu réfléchies en dessous; pédicelles de moyenne longueur, grêles et presque glabres.

Feuilles des productions fruitières plus petites que celles des pousses d'été, presque elliptiques, se terminant un peu brusquement en une pointe courte et très-aiguë, creusées en gouttière et recourbées en dessous seulement par leur pointe, souvent largement ondulées dans leur contour ou quelquefois contournées sur leur longueur, presque entières par leurs bords, bien soutenues sur des pétioles assez longs, de moyenne force et raides.

Caractère saillant de l'arbre : teinte générale du feuillage d'un vert intense; tête bien touffue et aspect général de vigueur.

Fruit moyen, conique-piriforme, un peu allongé et bien ventru, atteignant sa plus grande épaisseur bien au-dessous du milieu de sa hauteur; au-dessus de ce point, s'atténuant par une courbe d'abord peu convexe puis concave en une pointe un peu longue, maigre et aiguë; au-dessous du même point, s'atténuant par une courbe largement convexe pour diminuer assez sensiblement d'épaisseur vers la cavité de l'œil.

Peau peu épaisse et tendre, d'abord d'un vert clair semé de points gris cernés de vert plus foncé, nombreux et apparents. Rarement on trouve quelques traces de rouille dans la cavité de l'œil. A la maturité, **fin de juillet et commencement d'août**, le vert fondamental passe au jaune paille, souvent encore teinté de verdâtre, et le côté du soleil est flammé d'un rouge terne sur lequel des points jaunâtres sont cernés d'un rouge plus foncé et un peu terreux.

Œil grand, fermé, à divisions larges et cornées, placé dans une cavité large, peu profonde, un peu irrégulière par ses bords.

Queue un peu longue, de moyenne force, flexible, épaissie à son point d'attache au rameau, contournée comme la pointe du fruit, plissée circulairement et dont elle semble former la continuation.

Chair blanche, fine, beurrée, fondante, abondante en eau légèrement sucrée, rafraîchissante, relevée d'un parfum de musc plus ou moins prononcé.

M^c LAUGHLIN

(N° 271)

The Fruits and the fruit-trees of America. Downing.
The American fruit Culturist. Thomas.
Dictionnaire de pomologie. André Leroy.

Observations.— D'après Downing, cette variété serait originaire du comté de Maine et aurait été propagée, pour la première fois, par M. S. L. Goodale, de Saco. — L'arbre, d'une vigueur contenue sur cognassier, est d'une croissance lente et semble cependant rustique. Sa végétation indique la nécessité de quelques soins pour en obtenir des formes régulières. Sa fertilité est bonne sans être très-grande, et son fruit de bonne qualité.

DESCRIPTION.

Rameaux peu forts, unis dans leur contour, à peine coudés à leurs entre-nœuds courts et jaunâtres; lenticelles blanches, très-petites, peu nombreuses et très-peu apparentes.

Boutons à bois moyens, coniques, un peu épais, un peu aigus, parfois éperonnés, à direction bien écartée du rameau, soutenus sur des supports saillants dont les côtés et l'arête médiane ne se prolongent pas; écailles d'un marron rougeâtre brillant et bordé de blanc argenté.

Pousses d'été d'un vert assez intense, colorées de rouge vineux et peu duveteuses sur une longue étendue à leur partie supérieure.

Feuilles des pousses d'été petites, ovales-étroites et bien atténuées vers le pétiole, se terminant régulièrement en une pointe courte et très-fine, une peu creusées en gouttière et un peu arquées, irrégulièrement bordées de dents très-peu profondes, bien couchées et peu aiguës, soutenues à peu près horizontalement sur des pétioles courts, très-grêles et peu redressés.

Stipules moyennes, en alênes fines.

Feuilles stipulaires manquant le plus souvent.

Boutons à fruit moyens ou assez petits, conico-ovoïdes, un peu allongés, un peu aigus; écailles d'un beau marron rougeâtre.

Fleurs assez petites; pétales ovales-élargis, un peu rétrécis à leur sommet, un peu écartés entre eux; divisions du calice un peu longues, un peu étroites et recourbées en dessous; pédicelles courts, de moyenne force, bien verts et un peu laineux.

Feuilles des productions fruitières moyennes, ovales plus ou moins allongées et quelques-unes très-allongées et étroites, se terminant régulièrement en une pointe souvent nulle, un peu repliées sur leur nervure médiane et arquées, bordées de dents très-peu profondes, bien couchées et souvent peu appréciables, bien soutenues sur des pétioles un peu longs, un peu forts et fermes.

Caractère saillant de l'arbre : les plus jeunes feuilles d'un vert presque jaune; feuilles adultes d'un vert clair et mat; pousses d'été bien colorées de rouge vineux à leur sommet.

Fruit moyen ou presque gros, conique-piriforme, court et un peu ventru, souvent irrégulier dans son contour, atteignant sa plus grande épaisseur bien au-dessous du milieu de sa hauteur; au-dessus de ce point, s'atténuant par une courbe peu convexe ou d'abord un peu convexe puis à peine concave en une pointe peu longue, bien épaisse et tronquée à son sommet; au-dessous du même point, s'atténuant par une courbe largement convexe pour diminuer un peu d'épaisseur vers la cavité de l'œil.

Peau bien épaisse, d'abord d'un vert peu foncé et mat, semé de petits points d'un vert plus foncé, nombreux et très-régulièrement espacés. Une rouille brune et fine couvre la cavité de l'œil et se disperse aussi parfois en taches irrégulières surtout du côté du soleil. A la maturité, **novembre et décembre**, le vert fondamental s'éclaircit en jaune terne et le côté du soleil, sur les fruits bien exposés, est taché d'un rouge vif parfois un peu teinté de brun sur ses bords.

Œil grand, ouvert, à divisions courtes et bien aiguës, placé dans une cavité étroite, peu profonde, le contenant exactement, divisée dans ses bords par des plis qui se prolongent un peu sur le ventre du fruit, mais d'une manière assez obscure.

Queue assez courte, épaisse, charnue et cependant bien ferme, souvent un peu courbée et attachée plus ou moins perpendiculairement dans un large pli et dans une dépression irrégulière.

Chair blanchâtre, demi-fine, grenue, laissant un peu de marc dans la bouche, abondante en eau richement sucrée, vineuse et relevée d'un parfum propre assez difficile à qualifier.

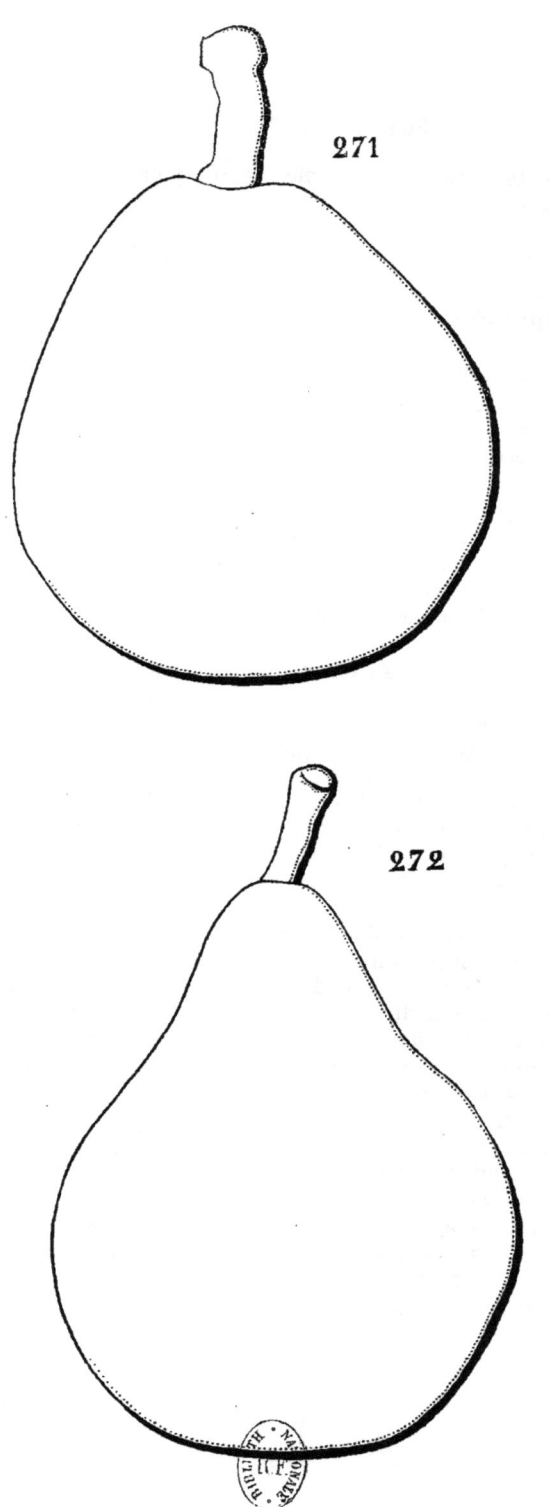

271, Mc LAUGHLIN. 272, TARQUIN.

TARQUIN

(N° 272)

Traité des arbres fruitiers. Duhamel.
Dictionnaire de pomologie. André Leroy.
EPARGNE D'HIVER. *Pomona franconica.* Mayer.
TARQUINSBIRNE. *Systematisches Handbuch der Obstkunde.* Dittrich.

Observations. — Cette variété est d'origine très-ancienne et inconnue. — Son arbre robuste est d'une fertilité grande et régulière. Son fruit est bon à cuire, d'une longue et facile conservation, et comme il est assez mal attaché, il serait à propos de lui donner une position abritée dans le verger.

DESCRIPTION.

Rameaux de moyenne force, souvent terminés par un bouton à fruit, unis dans leur contour, un peu coudés à leurs entre-nœuds courts, de couleur noisette à l'ombre, d'un rouge lie de vin plus ou moins foncé du côté du soleil; lenticelles jaunâtres, plutôt allongées, larges et cependant peu apparentes.

Boutons à bois moyens, coniques, peu longs, épais et peu aigus, à direction écartée du rameau, soutenus sur des supports presque nuls dont les côtés et l'arête médiane ne se prolongent pas; écailles d'un marron rougeâtre terne, un peu bordé de gris blanchâtre.

Pousses d'été d'un brun grisâtre à leur base, colorées de rouge à leur sommet un peu duveteux.

Feuilles des pousses d'été moyennes ou petites, ovales ou ovales-élargies, courtes, se terminant régulièrement en une pointe courte, presque planes ou peu concaves, parfois un peu contournées, bordées de dents irrégulières, très-peu profondes et manquant souvent, s'abaissant un peu sur des pétioles très-courts, très-forts, presque horizontaux et un peu colorés de rouge.

Stipules longues, lancéolées-élargies.

Feuilles stipulaires assez fréquentes.

Boutons à fruit moyens, conico-ovoïdes, renflés, aigus, un peu anguleux dans leur contour; écailles d'un marron rougeâtre très-foncé et terne.

Fleurs petites; pétales ovales, concaves, dressés, un peu roses avant l'épanouissement; divisions du calice courtes et recourbées en dessous; pédicelles courts et un peu grêles.

Feuilles des productions fruitières moyennes, ovales-elliptiques, se terminant régulièrement en une pointe courte, presque planes et un peu recourbées en dessous, ordinairement entières ou bordées de dents imperceptibles, s'abaissant un peu sur des pétioles très-inégaux entre eux, forts et un peu redressés.

Caractère saillant de l'arbre : teinte générale du feuillage d'un vert grisâtre sur lequel tranche bien la couleur foncée des rameaux.

Fruit moyen ou presque gros, régulièrement piriforme, un peu ventru, le plus souvent uni dans son contour, atteignant sa plus grande épaisseur bien au-dessous du milieu de sa hauteur; au-dessus de ce point, s'atténuant par une courbe d'abord convexe puis largement concave en une pointe un peu longue, peu épaisse et obtuse; au-dessous du même point, s'atténuant par une courbe largement convexe pour diminuer un peu sensiblement d'épaisseur vers la cavité de l'œil.

Peau un peu épaisse et ferme, d'abord d'un vert herbacé semé de points bruns, petits, nombreux, bien régulièrement espacés et se confondant un peu sous un nuage d'une rouille de couleur carmélite qui s'étend sur une grande partie de sa surface et se condense, soit sur le sommet du fruit, soit sur sa base. A la maturité, **fin d'hiver et printemps**, le vert fondamental passe au jaune citron, la rouille se dore et le côté du soleil se distingue par un ton un peu plus chaud.

Œil grand, ouvert, à divisions longues, bien étalées contre les parois d'une cavité étroite, peu profonde qui le contient exactement.

Queue de moyenne longueur, un peu forte, bien ligneuse, un peu courbée, attachée le plus souvent un peu obliquement et à fleur de la pointe obtuse du fruit.

Chair d'un blanc un peu jaunâtre ou verdâtre, assez fine, ferme, cassante, peu abondante en eau sucrée, un peu vineuse, mais sans parfum propre.

NAPOLÉON SAVINIEN

(N° 273)

Annales de pomologie belge. BIVORT.
The Fruits and the fruit-trees of America. DOWNING.
Dictionnaire de pomologie. ANDRÉ LEROY.

OBSERVATIONS. — Obtenue dans le jardin de la Société Van Mons, cette variété, suivant les usages de ses statuts, fut dédiée à M. Napoléon Savinien, curé à Liernu, province de Namur, dont le tour était arrivé de devenir parrain d'un nouveau gain de cette association. — L'arbre, vigoureux aussi bien sur cognassier que sur franc, se prête facilement aux formes soumises à la taille et s'élève en haute tige régulière et d'une bonne tenue. Son fruit, de bonne qualité, est d'une maturation assez prolongée.

DESCRIPTION.

Rameaux forts, très-obscurément anguleux dans leur contour, peu flexueux, d'un brun jaunâtre ou verdâtre; lenticelles larges, allongées, rares et apparentes.

Boutons à bois petits, coniques, courts, épaissis à leur base et peu aigus, à direction presque parallèle au rameau, soutenus sur des supports très-peu saillants dont les côtés et l'arête médiane se prolongent très-peu distinctement; écailles d'un marron clair bordé de gris blanchâtre.

Pousses d'été d'un vert très-clair et pâle, légèrement lavées de rouge et très-peu duveteuses à leur sommet.

Feuilles des pousses d'été moyennes, ovales, s'atténuant souvent promptement pour se terminer en une pointe longue et étroite, un peu creusées en gouttière et non arquées, bordées de dents fines, peu profondes et un peu aiguës, bien soutenues sur des pétioles longs, grêles et bien redressés.

Stipules assez longues, linéaires-étroites et caduques.

Feuilles stipulaires manquant le plus souvent.

Boutons à fruit à peine moyens, conico-ovoïdes, maigres, un peu allongés et aigus ; écailles d'un beau marron foncé et uniforme.

Fleurs petites ; pétales elliptiques-arrondis, concaves, entièrement blancs avant l'épanouissement ; divisions du calice assez courtes, bien élargies à leur base, un peu recourbées en dessous par leur pointe ; pédicelles de moyenne longueur, de moyenne force et duveteux.

Feuilles des productions fruitières plus grandes que celles des pousses d'été, ovales un peu allongées, s'atténuant plus ou moins régulièrement en une pointe longue, bien repliées sur leur nervure médiane et bien arquées, bordées de dents fines, très-peu profondes, très-peu appréciables, se recourbant sur des pétioles longs, grêles et raides.

Caractère saillant de l'arbre : teinte générale du feuillage d'un vert bien décidé ; toutes les feuilles bien repliées et bien arquées ; tous les pétioles longs et grêles.

Fruit moyen, turbiné-ventru ou piriforme-ventru, ordinairement assez régulier dans son contour, atteignant sa plus grande épaisseur bien près de sa base ; au-dessus de ce point, s'atténuant un peu brusquement par une courbe d'abord largement convexe puis très-légèrement concave en une pointe plus ou moins longue, un peu épaisse et bien obtuse ; au-dessous du même point, s'arrondissant brusquement pour s'aplatir ensuite autour de la cavité de l'œil.

Peau fine, mince, délicate, d'abord d'un vert d'eau peu foncé semé de points bruns, nombreux, larges et apparents, souvent irrégulièrement dispersés et se mélangeant avec des taches arrondies d'une rouille épaisse, rude au toucher, qui se condense sur le sommet du fruit et devient squammeuse dans la cavité de l'œil. A la maturité, **décembre**, le vert fondamental passe au jaune citron clair, et sur les fruits bien exposés, le côté du soleil est doré ou lavé d'un peu de rouge orangé.

Œil grand, ouvert ou demi-ouvert, à divisions très-courtes, bien aiguës, fermes, ordinairement dressées et souvent caduques, placé dans une cavité large, peu profonde, presque aplatie dans son fond et un peu sillonnée par ses bords.

Queue courte, peu forte, bien ligneuse, un peu courbée, d'un beau brun, insérée un peu obliquement entre des plis charnus formés par la pointe du fruit.

Chair d'un blanc un peu jaunâtre, surtout sous la peau, demi-fine, fondante, un peu pierreuse vers le cœur, abondante en eau bien sucrée, relevée et richement parfumée.

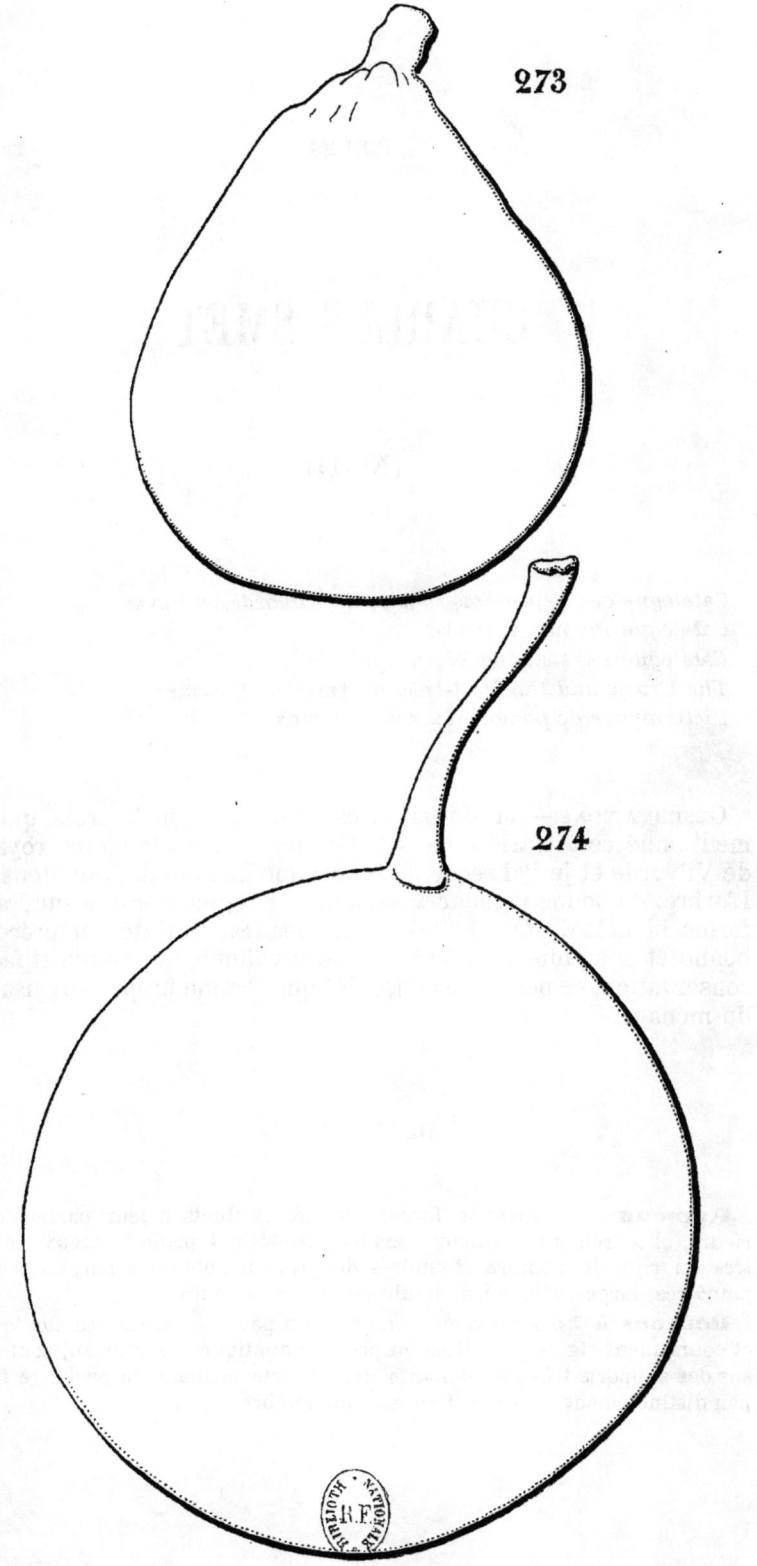

273, NAPOLÉON SAVINIEN. 274, CHARLES SMET.

CHARLES SMET

(N° 274)

Catalogue des Pépinières royales de Vilvorde. DE BAVAY.
Catalogue BIVORT. 1851-1852.
Catalogue PAPELEU, de Wetteren.
The Fruits and the fruit-trees of America. DOWNING.
Dictionnaire de pomologie. ANDRÉ LEROY.

OBSERVATIONS. — M. de Bavay est le premier, je le crois, qui ait mentionné cette variété dans le Catalogue des pépinières royales de Vilvorde et je l'ai reçue de lui comme un gain de Van Mons. — L'arbre, de bonne vigueur aussi bien sur cognassier que sur franc, forme bientôt de très-belles pyramides. Sa fertilité est précoce, bonne et soutenue. Son fruit, de beau volume, de longue et facile conservation, ne peut être considéré que comme propre aux usages du ménage.

DESCRIPTION.

Rameaux de moyenne force, allongés et fluets à leur partie supérieure, obscurément anguleux dans leur contour, à peine flexueux, verdâtres du côté de l'ombre et ombrés de gris du côté du soleil; lenticelles jaunâtres, larges, allongées, nombreuses et apparentes.
Boutons à bois moyens, coniques, un peu courts, renflés sur le dos et courtement aigus, parallèles ou presque appliqués au rameau, soutenus sur des supports très-peu saillants dont l'arête médiane se prolonge très-peu distinctement; écailles d'un marron sombre.

Pousses d'été d'un vert décidé, à peine lavées de rouge et presque glabres à leur sommet.

Feuilles des pousses d'été grandes ou assez grandes, ovales-élargies, se terminant régulièrement en une pointe peu aiguë, peu repliées sur leur nervure médiane ou presque planes, irrégulièrement et peu profondément découpées plutôt que dentées par leurs bords, soutenues horizontalement sur des pétioles courts, de moyenne force et peu flexibles.

Stipules longues, linéaires, peu aiguës.

Feuilles stipulaires très-fréquentes.

Boutons à fruit moyens, conico-ovoïdes, allongés, un peu maigres et finement aigus ; écailles d'un beau marron rougeâtre foncé.

Fleurs grandes ; pétales ovales, souvent bien atténués et aigus à leur sommet, peu concaves, à onglet court, se touchant entre eux ; divisions du calice de moyenne longueur, bien fines et recourbées en dessous ; pédicelles longs, peu forts et glabres.

Feuilles des productions fruitières grandes, ovales bien élargies ou ovales cordiformes, se terminant presque régulièrement en une pointe très-courte et bien aiguë, planes, entières ou presque entières par leurs bords, soutenues horizontalement sur des pétioles courts, de moyenne force, divergents et peu souples.

Caractère saillant de l'arbre : teinte générale du feuillage d'un vert herbacé tendre et plutôt mat que brillant ; toutes les feuilles bien élargies ; tous les pétioles remarquablement courts et peu souples.

Fruit gros, sphérico-conique, ordinairement bosselé et déformé dans son contour par des élévations inégales et aplanies, atteignant sa plus grande épaisseur peu au-dessous du milieu de sa hauteur ; au-dessus de ce point, s'arrondissant par une courbe largement convexe pour se terminer presque en forme de demi-sphère ; au-dessous du même point, s'arrondissant par une courbe plus convexe jusque dans la cavité de l'œil.

Peau épaisse, ferme, d'abord d'un vert décidé semé de points bruns, très-nombreux, bien régulièrement espacés et un peu apparents. Une rouille fauve bien fine couvre ordinairement la cavité de l'œil et s'étend un peu au-delà de ses bords. A la maturité, **courant et fin d'hiver**, le vert fondamental s'éclaircit plus ou moins en jaune ou même passe au jaune intense et le côté du soleil, sur les fruits les mieux exposés, se couvre souvent d'un nuage de roux bronzé.

Œil grand, fermé ou demi-fermé, placé dans une cavité un peu large, plus ou moins profonde et ordinairement largement ondulée par ses bords.

Queue longue, forte, bien ligneuse, un peu épaissie à son point d'attache au rameau, tantôt droite, tantôt un peu courbée, tantôt attachée à fleur du sommet du fruit, tantôt un peu repoussée dans un pli large et peu profond.

Chair blanchâtre, demi-fine, demi-cassante, suffisante en eau douce, assez sucrée, mais sans parfum bien appréciable.

CULLEM

(N° 275)

Catalogue Van Mons. 1823.
BEURRÉ CULLEM. *Bulletin de la Société Van Mons.*

OBSERVATIONS. — J'ai reçu cette variété de M. Bivort, vers 1850. C'est à tort que M. André Leroy attribue la synonymie de Beurré Cullem au Besi de Montigny. Cette variété qui est un gain de Van Mons, comme il l'annonce dans son Catalogue, page 42, n° 1023, est entièrement différente de ce Besi auquel quelques pomologistes ont déjà voulu rapporter plusieurs autres variétés nouvelles. L'époque de maturité du Beurré Cullem, sa forme, les caractères botaniques de l'arbre qui le produit, rien ne permet de confondre ces deux variétés. La qualité de ses fruits est réellement bonne, mais elle en est tellement avare, qu'il est à croire qu'elle a été négligée par les arboriculteurs à cause de ce défaut.

DESCRIPTION.

Rameaux forts, bien épaissis à leur sommet, presque unis dans leur contour, bien coudés à leurs entre-nœuds, de couleur jaunâtre très-légèrement teintée de rouge du côté du soleil; lenticelles blanchâtres, larges, un peu saillantes, assez nombreuses et apparentes.

Boutons à bois gros, coniques, bien épaissis à leur base et courts, un peu aigus, à direction très-écartée du rameau auquel ils sont parfois attachés perpendiculairement ou presque perpendiculairement, soutenus sur des supports extraordinairement renflés dont les côtés se prolongent très-obscurément; écailles d'un marron noirâtre largement bordé de gris argenté.

Pousses d'été d'un vert jaunâtre, un peu lavées de rouge à leur sommet couvert d'un duvet très-court et très-peu serré.

Feuilles des pousses d'été moyennes, ovales-elliptiques et étroites, se terminant régulièrement en une pointe fine, un peu repliées sur leur nervure médiane, bordées de dents larges et peu aiguës, soutenues à peu près horizontalement sur des pétioles assez longs, forts et cependant pliant un peu sous le poids de la feuille.

Stipules longues, linéaires, aiguës.

Feuilles stipulaires fréquentes.

Boutons à fruit moyens, coniques, un peu allongés et un peu aigus ; écailles intérieures d'un beau marron brillant, les extérieures de couleur moins foncée.

Fleurs moyennes; pétales ovales-allongés, concaves, un peu roses avant l'épanouissement; divisions du calice courtes et étalées; pédicelles courts, de moyenne force, un peu duveteux.

Feuilles des productions fruitières plus grandes que celles des pousses d'été, plus sensiblement atténuées à leur base, se terminant brusquement en une pointe courte, concaves, bordées de dents moins larges et moins profondes, retombant sur des pétioles longs, grêles et flexibles.

Caractère saillant de l'arbre : toutes les feuilles remarquablement allongées ; pétioles des feuilles des productions fruitières longs, bien grêles et bien flexibles.

Fruit moyen, piriforme-ovoïde, uni dans son contour, atteignant sa plus grande épaisseur au-dessous du milieu de sa hauteur; au-dessus de ce point, s'atténuant par une courbe d'abord peu convexe puis légèrement concave en une pointe un peu longue, épaisse et bien obtuse; au-dessous du même point, s'atténuant par une courbe très-peu convexe pour diminuer un peu sensiblement d'épaisseur vers la cavité de l'œil.

Peau fine et cependant un peu ferme, d'abord d'un vert tendre semé de petits points d'un brun fauve, nombreux et serrés. On remarque aussi quelques traces d'une rouille fine d'un brun clair se dispersant sur sa surface et se condensant, soit sur le sommet du fruit, soit dans la cavité de l'œil. A la maturité, **octobre, novembre**, le vert fondamental passe au jaune paille blanchâtre, le côté du soleil se lave de rouge doré ou rouge aurore et les taches de rouille y sont plus nombreuses.

Œil moyen, demi-fermé, à divisions courtes, jaunâtres, fermes et souvent caduques, placé dans une cavité assez étroite et peu profonde.

Queue courte, forte, ligneuse, d'un brun clair comme la rouille qui l'entoure à sa base, attachée un peu obliquement dans un pli ou repoussée presque horizontalement sur une protubérance charnue qui termine le fruit.

Chair d'un blanc jaunâtre, un peu transparente, fine, un peu ferme et cependant fondante, abondante en eau sucrée et dont la saveur rappelle celle de l'ancien Doyenné blanc.

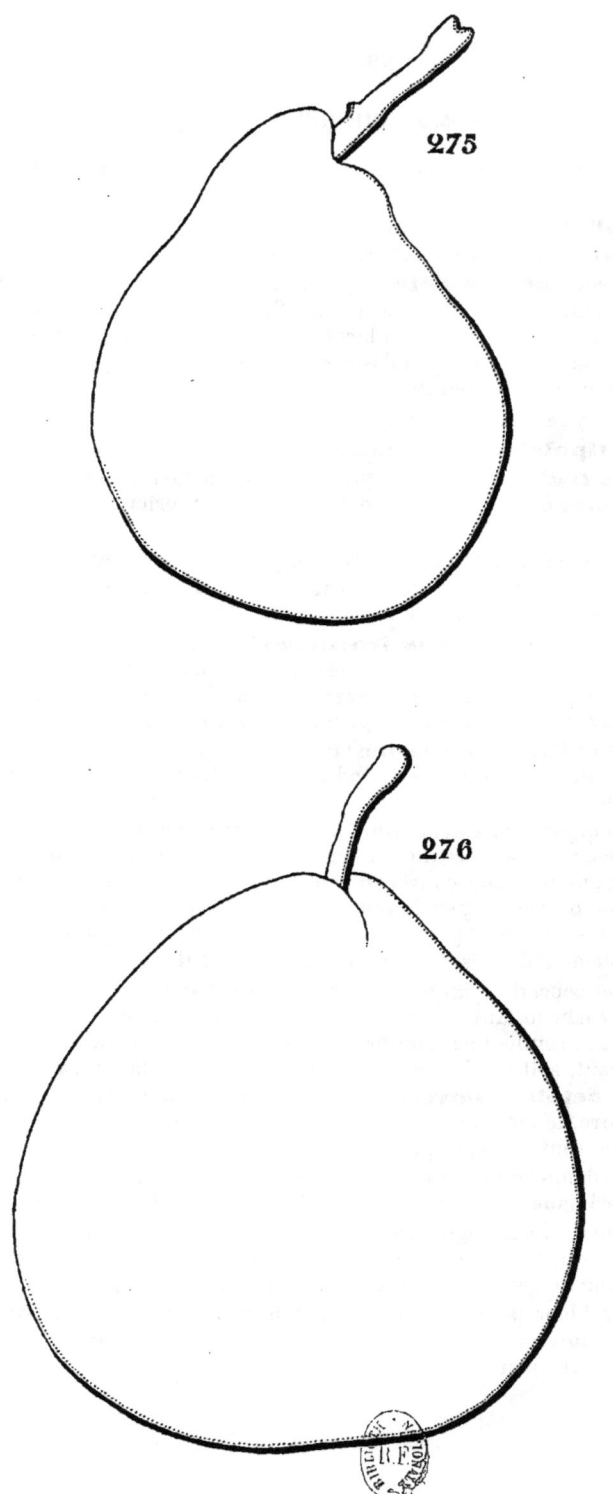

275. CULLEM. 276. BEURRÉ DE FÉVRIER.

BEURRÉ DE FÉVRIER

(N° 276)

Annales de pomologie belge. Boisbunel.
Revue horticole. A. Dupuis.
The Fruits and the fruit-trees of America. Downing.
Dictionnaire de pomologie. André Leroy.
FEBRUAR BUTTERBIRNE. *Illustrirtes Handbuch der Obstkunde.* Jahn.

Observations. — M. Boisbunel fils, qui s'est fait un nom parmi les semeurs français, obtint cette variété dont le premier rapport eut lieu en 1856. Elle mérite la culture pour la qualité de son fruit de longue garde et pour sa bonne végétation.

DESCRIPTION.

Rameaux de moyenne force, unis dans leur contour, épaissis à leur sommet souvent surmonté d'un bouton à fruit, presque droits, à entre-nœuds inégaux entre eux, d'un brun verdâtre; lenticelles blanches, arrondies, assez peu nombreuses et apparentes.

Boutons à bois un peu gros, coniques, courts, épaissis à leur base et peu aigus, à direction peu écartée du rameau, soutenus sur des supports saillants dont les côtés et l'arête médiane ne se prolongent pas; écailles presque noires, largement bordées de gris argenté.

Pousses d'été d'un vert clair et teinté de rouge sur presque toute leur longueur du côté du soleil, colorées de rouge plus intense à leur sommet peu duveteux.

Feuilles des pousses d'été petites, exactement ovales, se terminant régulièrement en une pointe peu longue, planes, bordées de dents fines et très-peu profondes, soutenues horizontalement sur des pétioles longs, grêles et divergents.

Stipules longues, linéaires-étroites et dentées.

Feuilles stipulaires assez fréquentes.

Boutons à fruit moyens, coniques un peu courts, épaissis à leur base, peu aigus; écailles d'un marron rougeâtre bien foncé.

Fleurs grandes; pétales ovales-elliptiques, peu concaves, à long onglet, bien écartés entre eux, peu roses avant l'épanouissement; divisions du calice courtes, étroites et bien recourbées en dessous; pédicelles longs, peu forts et peu duveteux.

Feuilles des productions fruitières petites, tantôt exactement ovales, tantôt ovales-elliptiques et plus courtes, se terminant brusquement en une pointe extrêmement courte, un peu repliées sur leur nervure médiane ou un peu concaves, bordées de dents très-peu appréciables ou presque entières, assez bien soutenues sur des pétioles peu longs, grêles et raides.

Caractère saillant de l'arbre : teinte générale du feuillage d'un vert herbacé; toutes les feuilles bien régulières dans leur forme.

Fruit moyen ou presque gros, ovoïde-piriforme ou turbiné-ovoïde et alors très-ventru, irrégulier et bosselé dans son contour, atteignant sa plus grande épaisseur bien au-dessous du milieu de sa hauteur; au-dessus de ce point, s'atténuant par une courbe irrégulièrement convexe ou irrégulièrement concave en une pointe peu longue, plus ou moins épaisse et un peu tronquée à son sommet; au-dessous du même point, s'arrondissant par une courbe largement convexe pour ensuite s'aplatir souvent un peu autour de la cavité de l'œil.

Peau fine, mince, unie, d'abord d'un vert décidé semé de petits points gris cernés de vert un peu plus foncé et souvent à peine visibles, ou se confondant avec de petites taches d'une rouille fine d'un gris brun, irrégulièrement disséminées et se condensant pour former l'étoile, soit dans la cavité de la queue, soit dans celle de l'œil. A la maturité, **courant d'hiver**, le vert fondamental s'éclaircit ou blanchit du côté de l'ombre et le côté du soleil un peu plus vert se couvre parfois d'un soupçon de rose sur les fruits bien exposés.

Œil moyen, ouvert ou demi-ouvert, un peu enfoncé dans une cavité étroite, peu profonde, ordinairement unie dans ses parois et régulière par ses bords.

Queue de moyenne longueur, peu forte, ligneuse, ordinairement un peu courbée, attachée un peu obliquement dans une petite cavité où elle est repoussée à sa base par une bosse charnue.

Chair d'un blanc un peu verdâtre, un peu transparente, fine, bien fondante, abondante en eau douce, sucrée, un peu vineuse et relevée d'un léger parfum de musc, constituant un fruit de bonne qualité.

BEURRÉ SAINT-LOUIS

(N° 277)

Dictionnaire de pomologie. ANDRÉ LEROY.
LUDWIGS BUTTERBIRNE. *Systematisches Handbuch der Obstkunde.* DITTRICH.

OBSERVATIONS. — J'ai reçu cette variété de M. André Leroy et il la tenait des collections d'arbres fruitiers du Comice horticole d'Angers. Dittrich donne une description malheureusement trop courte d'un Beurré Louis, obtenu, d'après lui, par Van Mons. Cependant les caractères qu'il définit se rapportent bien au fruit du jardin du Comice horticole d'Angers où avaient été recueillis bon nombre des gains du célèbre semeur belge, nous pensons que la synonymie que nous adoptons a une grande probabilité d'exactitude. — L'arbre, de vigueur normale sur cognassier, exige quelques soins pour être maintenu sous forme régulière. Sa fertilité est assez grande et soutenue. Son fruit est d'assez bonne qualité.

DESCRIPTION.

Rameaux de moyenne force, peu anguleux dans leur contour, presque droits, à entre-nœuds courts, d'un brun verdâtre du côté de l'ombre et bruns du côté du soleil ; lenticelles blanchâtres, assez petites, assez nombreuses, un peu saillantes et un peu apparentes.
Boutons à bois très-petits, coniques, aigus, à direction très-écartée du rameau, soutenus sur des supports un peu renflés et dont l'arête médiane

se prolonge seule et un peu distinctement; écailles d'un marron rougeâtre, finement bordé de gris blanchâtre.

Pousses d'été d'un vert bien décidé, longtemps couvertes d'un duvet grisâtre.

Feuilles des pousses d'été moyennes, obovales, longtemps couvertes d'un duvet cotonneux, creusées en gouttière et arquées, le plus souvent entières ou parfois bordées de dents irrégulières, se recourbant sur des pétioles courts, un peu duveteux, colorés de rouge et horizontaux.

Stipules courtes, lancéolées, très-caduques.

Feuilles stipulaires rares.

Boutons à fruit petits, ovoïdes, à pointe courte et souvent un peu recourbée; écailles rougeâtres et un peu nuancées de jaune.

Fleurs presque moyennes; pétales ovales irrégulièrement arrondis, bien étalés, presque planes; divisions du calice élargies à leur base et bien cotonneuses, comme les pédicelles qui sont courts et forts.

Feuilles des productions fruitières plus élargies que celles des pousses d'été, quelques-unes véritablement arrondies, à peu près planes, entières par leurs bords, longtemps garnies d'un duvet cotonneux, soutenues horizontalement sur des pétioles courts, de moyenne force et redressés.

Caractère saillant de l'arbre : teinte générale du feuillage d'un vert grisâtre; feuilles des pousses d'été bien creusées en gouttière.

Fruit moyen, ovoïde-piriforme ou ovoïde, souvent irrégulier dans son contour, atteignant sa plus grande épaisseur plus ou moins au-dessous du milieu de sa hauteur; au-dessus de ce point, s'atténuant par une courbe d'abord largement convexe puis largement concave en une pointe courte ou un peu longue, obtuse ou presque aiguë; au-dessous du même point, s'arrondissant par une courbe largement convexe jusque vers l'œil.

Peau un peu épaisse et ferme, d'abord d'un vert mat semé de points d'un vert plus foncé, très-petits et nombreux. On remarque aussi quelquefois des traits d'une rouille brune disséminés irrégulièrement sur sa surface. A la maturité, **fin d'août et commencement de septembre**, le vert fondamental passe au jaune verdâtre et le côté du soleil est lavé et taché d'un rouge léger sur lequel les points verts sont cernés de jaune.

Œil grand, ouvert, placé dans une dépression étroite dont les divisions étalées et allongées dépassent les bords.

Queue assez longue, ligneuse, d'un beau brun moucheté de blanc, attachée un peu obliquement à la pointe du fruit plissée circulairement.

Chair d'un blanc jaunâtre, peu fine, demi-fondante, abondante en eau sucrée, vineuse et relevée, assez agréable lorsque les influences du sol ou de la saison ne lui ont pas fait contracter un peu trop d'âpreté.

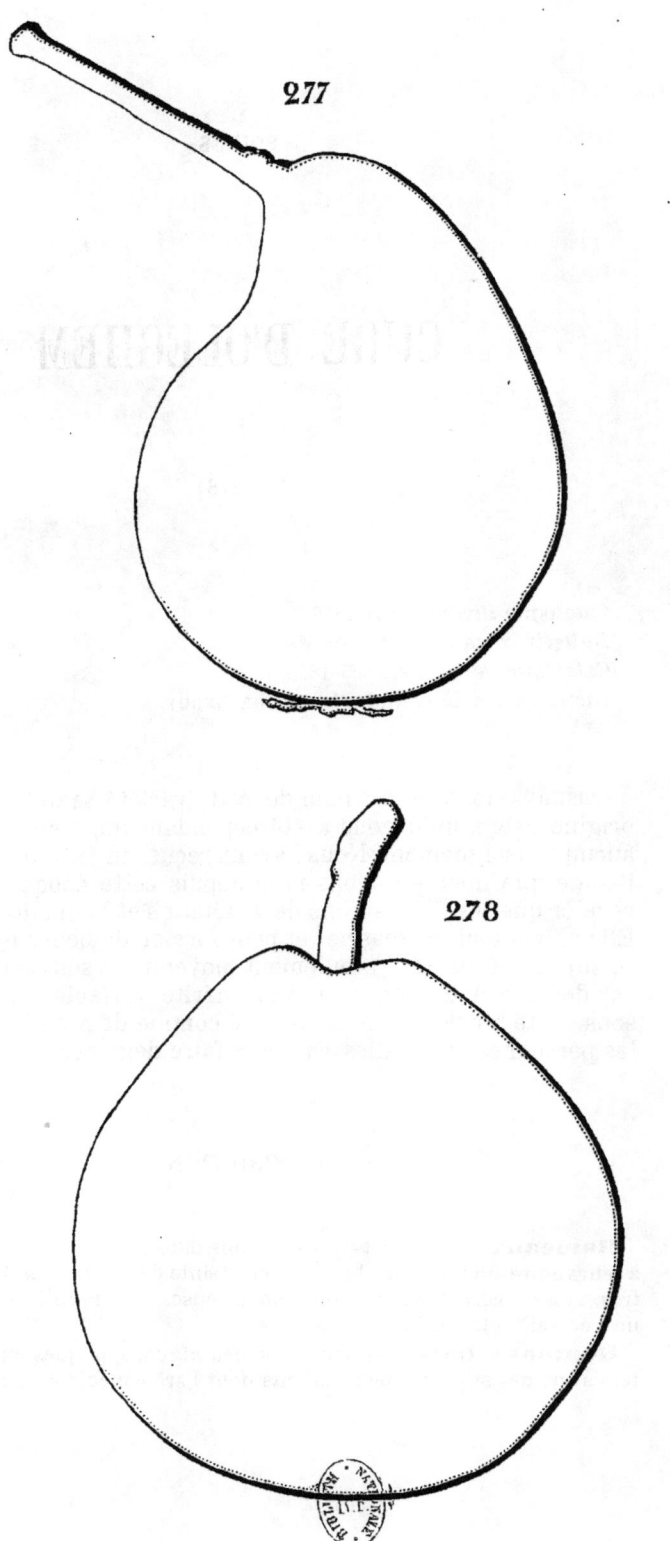

277. BEURRÉ St-LOUIS. 278. CURÉ D'OLEGHEM.

CURÉ D'OLEGHEM

(N° 278)

Catalogue Bivort. 1851-1852.
Bulletin de la Société Van Mons.
Catalogue de Bavay. 1855-1856.
Dictionnaire de pomologie. André Leroy.

Observations. — Le nom de cette variété semble indiquer une origine belge, qu'il nous a été cependant impossible d'établir sur aucun renseignement. Nous l'avons reçue, en 1852, de M. Bivort, et l'étude que nous en avons faite depuis cette époque, n'a pu nous révéler que ses dispositions de végétation et la qualité de son fruit. Elle se plait sur cognassier et peut former de belles pyramides sur ce sujet. Sa fertilité est seulement moyenne et souvent interrompue par des alternats. Son fruit, d'un mérite variable, suivant les saisons, a été plusieurs fois considéré comme de première qualité par les personnes auxquelles j'ai pu le faire déguster.

DESCRIPTION.

Rameaux un peu forts, presque unis dans leur contour, un peu coudés à leurs entre-nœuds, d'un brun un peu teinté de rouge ; lenticelles blanchâtres, assez larges, bien arrondies, nombreuses, bien régulièrement espacées, un peu saillantes et bien apparentes.

Boutons à bois gros, coniques, peu aigus, appliqués au rameau, soutenus sur des supports peu saillants dont l'arête médiane se prolonge seule et un peu distinctement; écailles d'un marron rougeâtre, largement bordé de gris argenté.

Pousses d'été bien fluettes à leur sommet, d'un vert clair un peu teinté de rouge du côté du soleil, et colorées de rouge sanguin à leur sommet couvert d'un duvet soyeux et blanchâtre.

Feuilles des pousses d'été grandes, ovales-cordiformes et bien élargies, se terminant assez souvent en une pointe obtuse, un peu repliées sur leur nervure médiane, bordées de dents larges et très-obtuses ou plutôt crénelées, assez bien soutenues sur des pétioles longs, forts, redressés et colorés de rouge.

Stipules très-longues, linéaires, dentées.

Feuilles stipulaires rares.

Boutons à fruit moyens ou petits, ovoïdes, aigus ; écailles d'un marron foncé et uniforme.

Fleurs petites ; pétales ovales-élargis, un peu irréguliers dans leur contour, roses avant l'épanouissement ; divisions du calice courtes et annulaires ; pédicelles assez courts, de moyenne force et laineux.

Feuilles des productions fruitières à peu près de la même grandeur et de la même forme que celles des pousses d'été, un peu recourbées en dessous par leur pointe, bordées de dents peu profondes et émoussées, assez bien soutenues sur des pétioles très-longs, un peu grêles et bien redressés.

Caractère saillant de l'arbre : teinte générale du feuillage d'un vert intense ; rameaux bien mouchetés de lenticelles apparentes qui persistent sur le bois de deux et trois ans.

Fruit moyen, sphérico-ovoïde, ordinairement uni dans son contour, atteignant sa plus grande épaisseur presque au milieu ou très-peu au-dessous du milieu de sa hauteur ; au-dessus de ce point, s'atténuant par une courbe largement convexe en une pointe assez courte, épaisse et un peu tronquée ou bien obtuse à son sommet ; au-dessous du même point, s'arrondissant par une courbe un peu plus convexe jusque dans la cavité de l'œil.

Peau épaisse et ferme, d'abord d'un vert clair semé de points d'un gris fauve, bien régulièrement espacés et assez apparents. A la maturité, **fin de septembre et commencement d'octobre**, le vert fondamental passe au jaune paille pâle et le côté du soleil se colore largement d'un rouge sanguin vif sur lequel les points d'un gris jaune sont plus larges et bien plus apparents.

Œil grand, demi-fermé, à divisions jaunâtres, comprimé dans une cavité large, profonde, irrégulière dans ses parois et bosselée sur ses bords.

Queue assez courte, plissée circulairement, attachée obliquement dans une cavité dont les bords se divisent en côtes émoussées.

Chair bien blanche, demi-fine, fondante ou demi-fondante, suffisante en eau bien sucrée, vineuse et plus ou moins parfumée.

SEMIS LÉON LECLERC

(N° 279)

Catalogue BIVORT. 1851-1852.
Handbuch aller bekannten Obstsorten. BIEDENFELD.

OBSERVATIONS. — J'ai reçu cette variété, il y a environ vingt ans, de M. Bivort et je n'ai pu depuis cette époque recueillir aucun renseignement sur son origine. Son nom semblerait indiquer qu'elle est un gain du député de Laval qui a enrichi la pomologie de quelques variétés de mérite. — L'arbre est d'une végétation assez faible sur cognassier et exige une taille courte pour le maintien de sa forme. Il se comporte bien en grande pyramide ou en haute tige sur franc. Sa fertilité est précoce et bonne, et son fruit est de bonne qualité pour l'époque hâtive de sa maturité.

DESCRIPTION.

Rameaux peu forts, allongés et fluets à leur sommet, à peine anguleux dans leur contour, un peu coudés à leurs entre-nœuds courts, d'un jaune clair; lenticelles blanches, arrondies, plus ou moins nombreuses, peu larges et apparentes.

Boutons à bois petits, coniques, un peu épais et un peu aigus, à direction écartée du rameau, soutenus sur des supports un peu saillants dont l'arête médiane se prolonge seule et à peine distinctement; écailles d'un marron noirâtre.

Pousses d'été d'un vert décidé, colorées d'un rouge sanguin foncé sur une grande longueur et peu duveteuses à leur sommet.

Feuilles des pousses d'été moyennes, ovales-elliptiques et sensiblement atténuées à leurs deux extrémités, se terminant brusquement en une pointe longue et finement aiguë, un peu creusées en gouttière et arquées, bordées de dents larges et assez profondes, assez mal soutenues sur des pétioles très-courts, grêles et flexibles.

Stipules de moyenne longueur, linéaires-étroites.

Feuilles stipulaires fréquentes.

Boutons à fruit petits, ovo-ellipsoïdes, obtus ; écailles d'un marron peu foncé.

Fleurs presque moyennes ; pétales ovales-élargis, bien concaves, liserés de rose avant l'épanouissement ; pédicelles longs, très-grêles et presque glabres.

Feuilles des productions fruitières plus grandes, plus allongées que celles des pousses d'été, ovales-élargies, se terminant un peu brusquement en une pointe un peu longue, tantôt creusées en gouttière, tantôt planes, bordées de dents fines, peu profondes et aiguës, s'abaissant un peu sur des pétioles de moyenne longueur, de moyenne force et peu redressés.

Caractère saillant de l'arbre : teinte générale du feuillage d'un vert jaunâtre ; feuilles des pousses d'été bien finement acuminées.

Fruit petit ou presque moyen sur arbre taillé, ovoïde souvent bien ventru, uni dans son contour, atteignant sa plus grande épaisseur au milieu ou très-peu au-dessous du milieu de sa hauteur ; au-dessus de ce point, s'atténuant par une courbe à peine convexe ou à peine concave en une pointe peu longue, épaisse et obtuse ; au-dessous du même point, s'atténuant par une courbe bien largement convexe pour diminuer un peu sensiblement d'épaisseur vers la cavité de l'œil.

Peau fine, mince, douce au toucher, d'abord d'un vert assez décidé semé de points d'un vert intense, petits et assez nombreux. Une tache d'une rouille brun jaunâtre couvre ordinairement le sommet du fruit. A la maturité, **commencement d'août**, le vert fondamental passe au jaune blanchâtre, un peu plus intense du côté du soleil, parfois aussi lavé d'un léger rouge sur lequel apparaissent des points grisâtres ou jaunâtres.

Œil assez grand, fermé, à divisions appliquées les unes aux autres, tantôt seulement un peu creusé dans la base du fruit, tantôt comprimé dans une cavité assez large, divisée dans ses bords en petites côtes qui ne se prolongent pas.

Queue assez longue, peu forte, ligneuse, tantôt attachée à fleur de la pointe déprimée du fruit et qui la repousse un peu obliquement, tantôt insérée dans une petite cavité un peu irrégulière par ses bords.

Chair blanche, demi-fine, fondante, abondante en eau bien sucrée et assez agréablement parfumée.

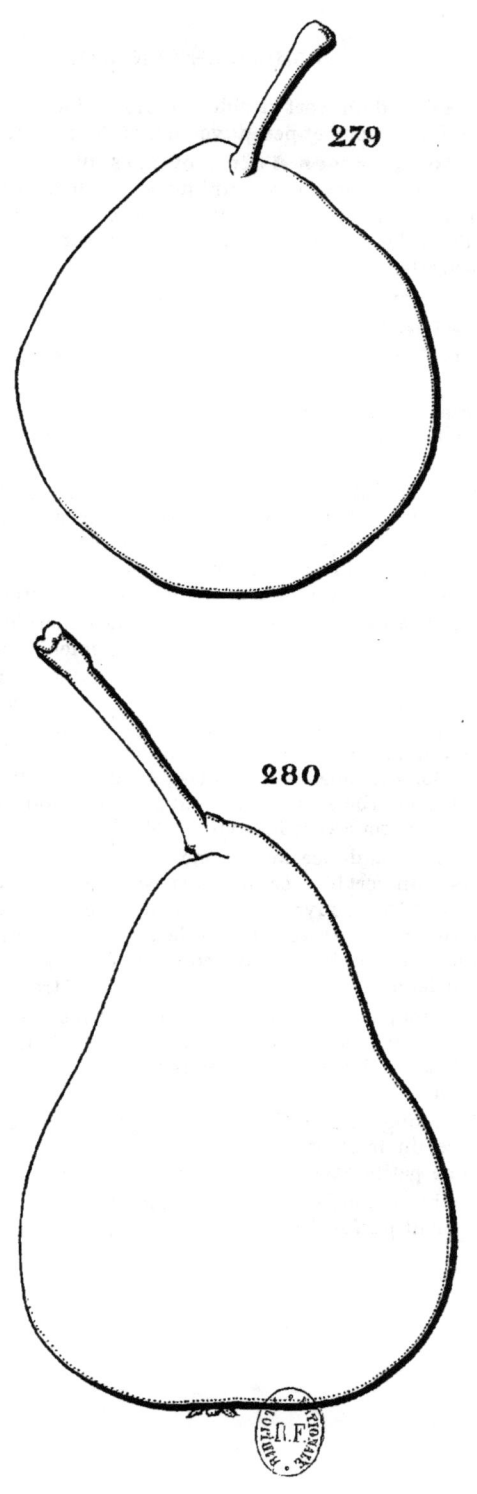

279, SEMIS LÉON LECLERC. 280. CALEBASSE LEROY.

CALEBASSE LEROY

(LEROYS FLASCHENBIRNE)

(N° 280)

Systematische Verzeichniss der Kernobstsorten. Diel.
Systematisches Handbuch der Obstkunde. Dittrich.
Dictionnaire de pomologie. André Leroy.

Observations. — Diel nous annonce que cette variété serait un gain de Van Mons et M. Leroy, malgré son désir de connaître quel était son homonyme auquel elle avait été dédiée, avoue qu'il n'a pu obtenir aucun renseignement. Quant à l'époque de son obtention, elle est postérieure à 1823, année de la publication du Catalogue de Van Mons dans lequel elle n'est pas mentionnée, et son nom fut publié, pour la première fois en 1833, dans le Catalogue systématique de Diel. Elle est d'une faible végétation sur cognassier et soutient si peu ses branches qu'il n'est possible d'en obtenir des formes régulières qu'en l'appuyant à un treillage. Son fruit se produit en bouquets qu'il est à propos d'éclaircir pour l'obtenir sous son volume normal, et sa qualité est alors assez remarquable pour qu'il puisse être recommandé. Probablement sa haute tige sur franc, plus vigoureuse et rustique, conviendrait au grand verger.

DESCRIPTION.

Rameaux peu forts, bien anguleux dans leur contour, à peine flexueux, à entre-nœuds courts et bien égaux entre eux, colorés d'un rouge sanguin intense sur toute leur étendue ; lenticelles jaunâtres, très-petites, assez peu nombreuses et très-peu apparentes.

Boutons à bois assez petits, exactement coniques, aigus, même piquant presque comme des épines, à direction très-écartée du rameau, souvent éperonnés, soutenus sur des supports saillants dont l'arête médiane se prolonge bien distinctement; écailles d'un marron rougeâtre foncé et brillant, largement maculées de gris argenté.

Pousses d'été grêles, de bonne heure entièrement colorées d'un rouge sanguin intense et finement duveteuses à leur sommet.

Feuilles des pousses d'été petites, exactement ovales, se terminant peu brusquement en une pointe un peu longue, très-fine et très-aiguë, bien creusées en gouttière et à peine arquées, bordées de dents extraordinairement fines et peu profondes ou souvent presque entières, bien soutenues sur des pétioles un peu longs, bien grêles, bien dressés et bien raides.

Stipules en alênes de moyenne longueur ou un peu longues.

Feuilles stipulaires manquant le plus souvent.

Boutons à fruit moyens, coniques, bien maigres, très-allongés et très-finement aigus; écailles d'un beau marron rougeâtre foncé et brillant.

Fleurs assez petites; pétales obovales-elliptiques, peu concaves, à onglet court, peu écartés entre eux; divisions du calice assez courtes et peu recourbées en dessous; pédicelles longs, un peu forts et peu duveteux.

Feuilles des productions fruitières petites, ovales un peu élargies, se terminant un peu brusquement en une pointe un peu longue et fine, concaves et à peine arquées, bordées de dents fines, très-peu profondes et aiguës, parfois presque entières, assez bien soutenues sur des pétioles de moyenne longueur, très-grêles et très-flexibles.

Caractère saillant de l'arbre : teinte générale du feuillage d'un vert herbacé et mat; feuilles des pousses d'été d'un vert presque jaune et les plus jeunes bien colorées de rouge; toutes les feuilles petites, bien régulièrement ovales, très-finement et très-peu profondément dentées; rameaux bien colorés.

Fruit moyen ou presque moyen, tantôt conique-piriforme, tantôt presque cylindrique et étranglé vers le milieu de sa hauteur, atteignant sa plus grande épaisseur bien près de sa base; au-dessus de ce point, s'atténuant plus ou moins brusquement par une courbe plus ou moins concave en une pointe longue, un peu épaisse et bien obtuse à son sommet; au-dessous du même point, s'arrondissant brusquement par une courbe bien convexe et jusque vers l'œil.

Peau épaisse et ferme, d'abord d'un vert d'eau peu foncé semé de points d'un gris vert, nombreux, régulièrement espacés et un peu apparents. Une rouille rousse se disperse parfois sur la surface du fruit, surtout sur sa base, et se condense bien autour de l'œil. A la maturité, **fin d'août et commencement de septembre**, le vert fondamental passe au jaune clair assez brillant et le côté du soleil, sur les fruits bien exposés, se lave d'un rouge doré marbré de rouge sanguin.

Œil moyen, demi-ouvert, à divisions fines, fermes et recourbées en dehors, placé tantôt à fleur de la base du fruit, tantôt dans une dépression très-peu sensible.

Queue tantôt courte, tantôt un peu longue, grêle, un peu courbée, attachée à fleur de la pointe obtuse du fruit souvent un peu écrasée et formant des plis circulaires et réguliers.

Chair jaunâtre, demi-fine, demi-beurrée, pierreuse vers le cœur, suffisante en eau richement sucrée et bien parfumée, constituant un fruit d'assez bonne qualité et de maturation prolongée.

CITRON DES CARMES A LONGUE QUEUE

(N° 281)

Dictionnaire de pomologie. ANDRÉ LEROY.

OBSERVATIONS. — Cette variété, obtenue dans les pépinières de M. André Leroy, à Angers, donna ses premiers fruits en 1850, et fut propagée par lui dès 1855. Elle a par sa végétation les plus grands rapports avec l'ancien Citron des Carmes, mais son fruit est de maturité beaucoup plus tardive. Sa vigueur est très-contenue sur cognassier et il n'est pas facile d'en obtenir des formes régulières. Son fruit est d'une qualité trop insuffisante pour l'époque à laquelle il mûrit, au moment des meilleures poires, aussi elle ne peut être considérée que comme variété d'amateur.

DESCRIPTION.

Rameaux peu forts, obscurément anguleux dans leur contour, droits, à entre-nœuds courts, d'un brun rougeâtre ; lenticelles très-petites, assez nombreuses et peu apparentes.

Boutons à bois moyens, coniques-épais et émoussés, à direction très-peu écartée du rameau, soutenus sur des supports saillants dont les côtés se prolongent peu distinctement ; écailles entièrement recouvertes de gris cendré.

Pousses d'été d'un vert clair, à peine lavées de rouge et à peine duveteuses à leur sommet.

Feuilles des pousses d'été petites ou à peine moyennes, exactement ovales, se terminant peu brusquement en une pointe longue, concaves et non arquées, celles situées à la partie supérieure des pousses finement dentées, celles de la partie inférieure entières par leurs bords, soutenues à peu près horizontalement sur des pétioles longs, grêles, redressés et peu flexibles.

Stipules courtes, filiformes, très-caduques.

Feuilles stipulaires manquant toujours.

Boutons à fruit gros, ovo-ellipsoïdes, peu aigus; écailles extérieures d'un marron peu foncé et largement maculées de gris blanchâtre; écailles intérieures couvertes d'un duvet fauve.

Fleurs grandes; pétales ovales-élargis, concaves, souvent chiffonnés, un peu lavés de rose avant l'épanouissement; divisions du calice longues et recourbées en dessous seulement par leur pointe; pédicelles de moyenne longueur, de moyenne force et peu duveteux.

Feuilles des productions fruitières petites, très-régulièrement ovales, se terminant peu brusquement en une pointe longue, concaves, entières par leurs bords, bien soutenues sur des pétioles assez courts, extraordinairement grêles et cependant bien raides et redressés.

Caractère saillant de l'arbre : teinte générale du feuillage d'un vert très-clair; toutes les feuilles bien régulièrement ovales; tous les pétioles bien grêles et cependant bien fermes; toutes les feuilles assez longuement acuminées.

Fruit petit ou presque moyen, turbiné-conique, ordinairement uni dans son contour, atteignant sa plus grande épaisseur bien au-dessous du milieu de sa hauteur; au-dessus de ce point, s'atténuant par une courbe peu convexe en une pointe plus ou moins courte et un peu obtuse; au-dessous du même point, s'arrondissant par une courbe bien convexe pour ensuite s'aplatir un peu autour de la cavité de l'œil.

Peau épaisse et ferme, d'abord d'un vert pâle semé de points gris, très-petits, nombreux, régulièrement espacés et peu apparents. Une tache d'une rouille brune et épaisse couvre souvent le sommet du fruit et parfois aussi sa base. A la maturité, **fin d'août et commencement de septembre**, le vert fondamental passe au jaune citron clair et le côté du soleil est très-légèrement lavé ou flammé de rouge rosat.

Œil grand, ouvert, à divisions larges et longues, étalées dans une cavité peu profonde, un peu évasée et régulière par ses bords.

Queue bien longue, grêle, ligneuse, ferme, verte à sa base et colorée de brun à son point d'attache au rameau, le plus souvent attachée dans un pli charnu dont un des côtés plus relevé la repousse un peu obliquement.

Chair blanchâtre, demi-fine, ferme, demi-cassante, suffisante en eau sucrée, bien relevée, constituant un fruit seulement de seconde qualité.

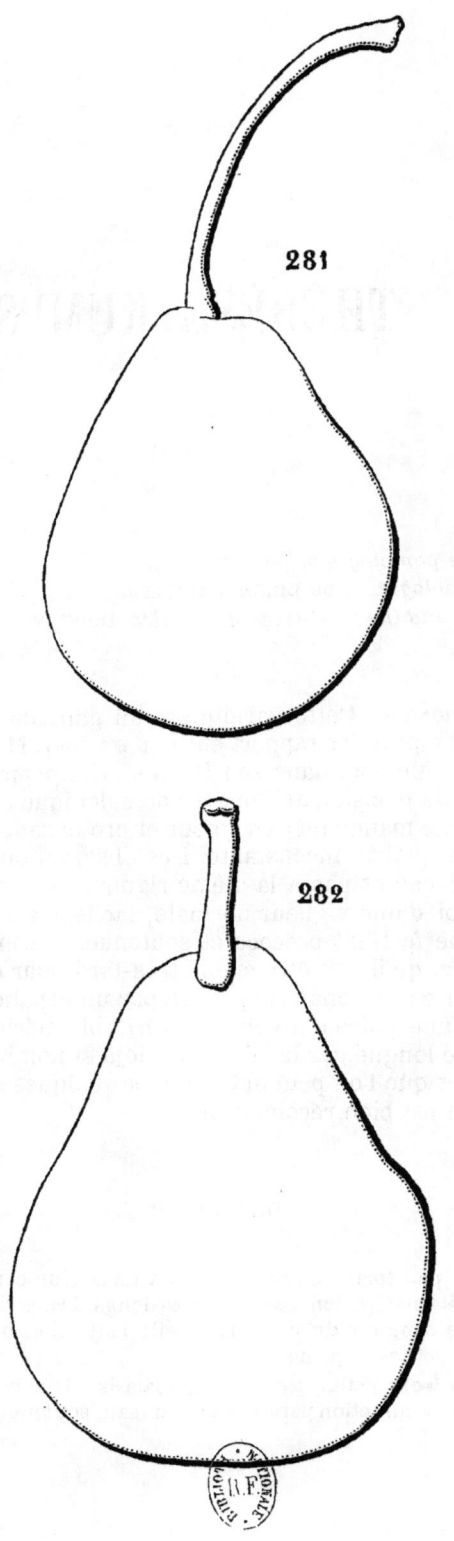

281, CITRON DES CARMES A LONGUE QUEUE. 282, THÉRÈSE KUM

THÉRÈSE KUMPS

(N° 282)

Annales de pomologie belge. Bivort.
Notice pomologique. de Liron d'Airoles.
The Fruits and the fruit-trees of America. Downing.

Observations. — Cette variété est un gain de M. Grégoire, de Jodoigne. Son premier rapport eut lieu en 1847. M. André Leroy la mentionne seulement dans son *Dictionnaire pomologique*, en s'en rapportant à la décision du Congrès pomologique de France, qui l'a rejetée comme manquant de vigueur et produisant des fruits rachitiques et de qualité inconstante. Des observations de vingt-deux ans ne me décident pas à la même rigueur. — L'arbre a toujours été chez moi d'une vigueur normale, facile à soumettre à toutes formes, d'une fertilité précoce et soutenue. Si son fruit a été mal apprécié, c'est qu'il doit être cueilli très-tard pour qu'il soit achevé dans la texture de sa chair, et produit par un espalier à bonne exposition, c'est une poire d'hiver d'un véritable mérite. La collection des poires de longue garde n'est pas déjà si nombreuse pour condamner celles que l'on peut obtenir avec quelques soins, il est vrai, mais dont on est bien récompensé.

DESCRIPTION.

Rameaux peu forts, un peu anguleux dans leur contour, flexueux, à entre-nœuds alternativement courts et très-longs, bruns du côté de l'ombre, lavés de rouge sanguin du côté du soleil; lenticelles blanchâtres, extraordinairement petites, à peine visibles.

Boutons à bois petits, très-courts, épaissis à leur base, courtement et finement aigus, à direction parallèle au rameau, soutenus sur des supports renflés dont les côtés et l'arête médiane se prolongent un peu distinctement; écailles d'un marron rougeâtre très-foncé.

Pousses d'été d'un vert d'eau, un peu lavées de rouge à leur sommet couvert d'un duvet léger et peu serré.

Feuilles des pousses d'été moyennes, exactement ovales, se terminant peu brusquement en une pointe assez longue, très-peu repliées sur leur nervure médiane et à peine arquées, irrégulièrement découpées plutôt que dentées par leurs bords, soutenues presque horizontalement sur des pétioles longs, grêles et un peu redressés.

Stipules longues, linéaires-étroites et finement aiguës.

Feuilles stipulaires rares.

Boutons à fruit moyens, exactement coniques, un peu allongés mais peu aigus; écailles d'un marron rougeâtre foncé et brillant.

Fleurs moyennes; pétales ovales-allongés, étroits et aigus, à onglet assez long, bien écartés entre eux, lavés de rose vif avant l'épanouissement; divisions du calice de moyenne longueur et un peu recourbées en dessous; pédicelles courts, grêles et un peu laineux.

Feuilles des productions fruitières plus amples que celles des pousses d'été, ovales-élargies ou ovales-allongées, s'atténuant très-lentement pour se terminer un peu brusquement en une pointe courte, recourbée en dessous ou contournée, presque planes, parfois très-largement ondulées dans leur contour, entières par leurs bords, mal soutenues sur des pétioles longs et très-longs, grêles et très-flexibles.

Caractère saillant de l'arbre : teinte générale du feuillage d'un beau vert brillant; toutes les feuilles très-mollement soutenues sur leurs pétioles.

Fruit moyen, conique-piriforme, un peu ventru, rarement un peu irrégulier dans son contour, atteignant sa plus grande épaisseur bien au-dessous du milieu de sa hauteur; au-dessus de ce point, s'atténuant par une courbe d'abord largement convexe puis largement concave en une pointe un peu longue et bien obtuse à son sommet; au-dessous du même point, s'arrondissant par une courbe bien convexe jusque dans la cavité de l'œil.

Peau assez fine et tendre, d'abord d'un vert d'eau semé de points bruns, petits, nombreux, souvent plus concentrés sur certaines parties et se confondant avec des traces fines d'une rouille de même couleur qui se condense sur le sommet du fruit et forme une tache bien large, couvrant la cavité de l'œil et une partie de sa base. A la maturité, **courant d'hiver**, le vert fondamental passe au jaune mat et le côté du soleil se distingue seulement par un ton un peu plus chaud.

Œil exactement fermé, à divisions souvent caduques, placé dans une cavité étroite, un peu profonde, souvent irrégulière dans ses parois et par ses bords.

Queue de moyenne longueur, de moyenne force, un peu épaissie à son point d'attache au rameau, droite ou un peu courbée, bien ligneuse, attachée le plus souvent perpendiculairement entre des plis divergents formés par la pointe du fruit.

Chair jaunâtre, fine, serrée, beurrée, fondante, suffisante en eau richement sucrée, agréablement parfumée, constituant un fruit de première qualité.

LICURGUE

(LICURGUS)

(N° 283)

The Fruits and the fruit-trees of America. Downing.
The American fruit Culturist. Thomas.

Observations. — M. Downing dit que cette variété a été obtenue d'un pepin de Nélis d'hiver ou Colmar Nélis par M. Georges Hoadley, de Cleveland (Ohio); M. Thomas annonce, au contraire, qu'elle provient d'un pepin de la Seckel. A considérer les rapports de végétation de l'arbre et surtout d'apparence dans le fruit, l'opinion de M. Thomas me semble plus probable. La variété ancienne avec laquelle la Licurgue a le plus grand nombre de points de ressemblance est le Martin Sec. Forme du fruit, couleur de la peau, saveur de la chair, cependant plus fondante, indécision dans la maturité qui peut commencer dès le mois d'octobre et quelquefois se prolonger jusqu'en décembre, tout dans cette poire offre des similitudes avec le Martin Sec qu'il est rare de rencontrer dans deux variétés distinctes et qui pourraient faire croire à une identité complète, si les organes de l'arbre ne présentaient quelques différences. Sa végétation est assez maigre sur cognassier, et ne suffit sur franc qu'à la formation d'une tête de peu d'étendue et à branches un peu pendantes. Son rapport est précoce et abondant, et son fruit de première qualité.

DESCRIPTION.

Rameaux peu forts, un peu anguleux dans leur contour, un peu flexueux, à entre-nœuds courts, verdâtres; lenticelles blanches, petites, arrondies, peu nombreuses et apparentes.

Boutons à bois petits, coniques, un peu renflés sur le dos, aigus, presque appliqués au rameau, soutenus sur des supports un peu saillants dont l'arête médiane se prolonge seule un peu distinctement; écailles d'un marron rougeâtre, presque entièrement recouvertes de gris blanchâtre.

Pousses d'été d'un vert clair et un peu jaune, lavées de rouge et peu duveteuses à leur sommet.

Feuilles des pousses d'été moyennes, ovales-élargies, se terminant peu brusquement en une pointe courte et fine, creusées en gouttière et non arquées, soutenues horizontalement sur des pétioles assez courts, grêles et redressés, bordées de dents fines, bien couchées et aiguës.

Stipules moyennes, en forme d'alênes fines.

Feuilles stipulaires manquant le plus souvent.

Boutons à fruit petits, coniques, peu aigus; écailles d'un marron rougeâtre bien foncé, celles extérieures largement bordées de gris blanchâtre.

Fleurs petites; pétales ovales, étroits, un peu allongés, à peine concaves, à onglet court, écartés entre eux, peu roses avant l'épanouissement; divisions du calice courtes, finement aiguës et recourbées en dessous; pédicelles courts, grêles et duveteux.

Feuilles des productions fruitières plus grandes que celles des pousses d'été, les unes ovales-elliptiques, les autres ovales bien élargies, se terminant toutes un peu brusquement en une pointe courte et fine, bien creusées en gouttière et non arquées, bordées de dents bien fines, peu profondes, couchées et bien aiguës, assez bien soutenues ou s'abaissant peu sur des pétioles courts, grêles et redressés.

Caractère saillant de l'arbre : teinte générale du feuillage d'un vert jaune; toutes les feuilles plus ou moins élargies, bien creusées en gouttière, courtement et finement acuminées.

Fruit petit, piriforme un peu ventru, atteignant sa plus grande épaisseur au-dessous du milieu de sa hauteur; au-dessus de ce point, s'atténuant par une courbe d'abord convexe puis légèrement concave en une pointe tantôt un peu épaisse, tantôt maigre, tantôt tronquée, tantôt aiguë à son sommet; au-dessous du même point, s'arrondissant par une courbe bien convexe pour s'aplatir ensuite un peu autour de la cavité de l'œil.

Peau épaisse, d'un vert intense que l'on entrevoit seulement à travers une couche d'une rouille de couleur canelle, uniforme, parfois un peu rude au toucher et qui recouvre toute sa surface. A la maturité, **d'octobre à décembre**, la rouille s'éclaircit un peu et le côté du soleil est recouvert d'un rouge brun intense sur lequel des points grisâtres, nombreux, régulièrement espacés sont bien apparents.

Œil très-petit, fermé, à divisions le plus souvent caduques, placé dans une petite cavité étroite et un peu profonde.

Queue courte, grêle, ligneuse, attachée un peu obliquement à fleur de la pointe aiguë du fruit ou un peu repoussée dans un pli peu prononcé, lorsque la pointe est tronquée.

Chair jaune et veinée de vert, bien fine, fondante, un peu pierreuse vers le cœur, abondante en eau richement sucrée, vineuse, acidulée et agréablement parfumée.

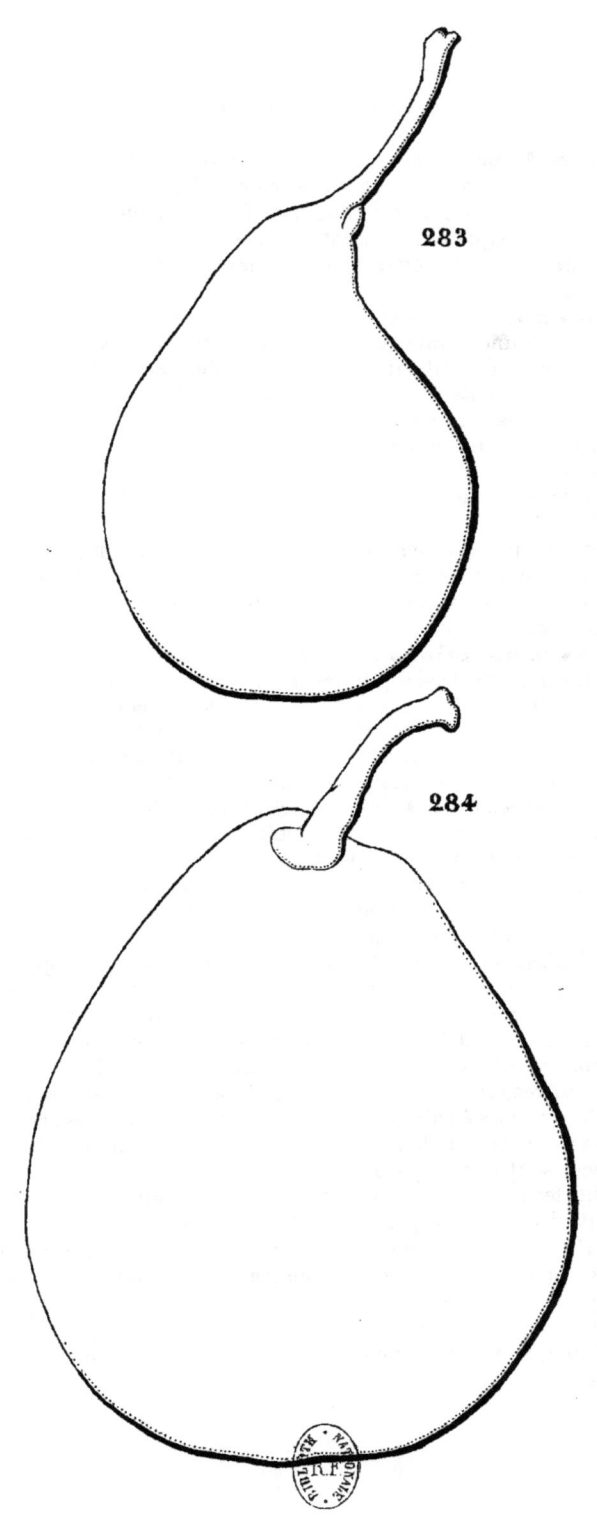

283, LICURGUE. 284, BEURRÉ DEFAYS.

BEURRÉ DEFAYS

(N° 284)

The fruit Manual. Robert Hogg.
The Fruits and the fruit-trees of America. Downing.
Handbuch aller bekannten Obstsorten. Biedenfeld.
Dictionnaire de pomologie. André Leroy.
BEURRÉ AUDUSSON D'HIVER. *Catalogue* de Bavay. 1855-1856.

Observations. — Obtenue par M. Rouillard, jardinier aux Champs-Saint-Martin, près d'Angers, cette variété rapporta pour la première fois en 1839 ou 1840. La qualité de son fruit a été appréciée de manières bien différentes, et effectivement elle est sujette à varier suivant le sol et le climat. Dans un terrain sec et sous une température moyenne, un peu chaude, il n'atteint pas certainement le degré de premier mérite, mais son eau bien sucrée et bien parfumée en font une excellente poire à compotes, et l'arbre qui le produit est d'une si belle végétation, d'une rusticité et d'une fertilité tellement à toute épreuve, que sa culture peut être bien recommandée.

DESCRIPTION.

Rameaux forts, à peine anguleux dans leur contour, un peu coudés à leurs entre-nœuds très-inégaux entre eux, verdâtres à l'ombre et rougeâtres du côté du soleil ; lenticelles grisâtres, un peu larges, saillantes, nombreuses et apparentes.

Boutons à bois gros, coniques-allongés et peu aigus, à direction bien écartée du rameau, soutenus sur des supports éperonnés dont l'arête médiane se prolonge quelquefois très-finement; écailles recouvertes d'une sorte de duvet gris et fauve.

Pousses d'été d'un vert olive foncé à leur base, d'un vert clair à leur sommet peu duveteux.

Feuilles des pousses d'été moyennes, ovales-élargies, se terminant brusquement en une pointe courte, un peu repliées sur leur nervure médiane et bien arquées, bordées de dents inégales, très-espacées et peu profondes, se recourbant sur des pétioles de moyenne longueur, forts et le plus souvent horizontaux.

Stipules assez courtes, lancéolées-étroites.

Feuilles stipulaires fréquentes.

Boutons à fruit assez gros, coniques-allongés et un peu obtus; écailles d'un marron très-clair, les intérieures recouvertes d'un duvet fauve.

Fleurs moyennes; pétales ovales et tronqués à leur extrémité, un peu roses avant l'épanouissement; pédicelles très-courts, grêles et un peu duveteux.

Feuilles des productions fruitières plus grandes que celles des pousses d'été, ovales-cordiformes et élargies, se terminant en une pointe tantôt courte, tantôt un peu longue, presque planes, entières ou bordées de dents très-peu appréciables, assez peu soutenues sur des pétioles assez longs, assez forts, horizontaux ou peu redressés.

Caractère saillant de l'arbre : teinte générale du feuillage d'un vert vif et brillant; surface des fruits très-inégale lorsqu'ils sont encore jeunes.

Fruit gros ou assez gros, turbiné-allongé ou conico-cylindrique, ordinairement uni dans son contour, atteignant sa plus grande épaisseur, tantôt presque au milieu, tantôt au-dessous du milieu de sa hauteur; au-dessus de ce point, s'atténuant plus ou moins par une courbe d'abord peu convexe puis à peine concave en une pointe un peu longue, épaisse et largement tronquée à son sommet; au-dessous du même point, s'atténuant par une courbe à peine convexe pour diminuer un peu sensiblement d'épaisseur vers la cavité de l'œil.

Peau assez mince et cependant ferme, d'abord d'un vert pâle semé de points d'un gris brun, petits, peu apparents et peu nombreux surtout du côté de l'ombre. A la maturité, **février, mars**, le vert fondamental passe au jaune brillant, lavé d'un peu de rouge du côté du soleil, sur les fruits bien exposés.

Œil petit, presque fermé, à divisions courtes, fermes et dressées ou un peu fléchies en dedans, placé dans une cavité assez profonde et divisée par ses bords en côtes peu prononcées.

Queue assez courte, ligneuse, peu forte, attachée plus ou moins obliquement dans une cavité un peu irrégulière par ses bords.

Chair blanche, transparente, demi-cassante, abondante en eau bien sucrée et bien parfumée.

PETITE BERGAMOTTE JAUNE D'ÉTÉ

(KLEINE GELBE SOMMERBERGAMOTTE)

(N° 285)

Versuch einer Systematisches Beschreibung. Diel.
Systematisches Handbuch der Obstkunde. Dittrich.

OBSERVATIONS. — Cette variété, que j'ai reçue aussi sous le nom de Bergamotte d'Août, est d'une origine inconnue. Elle mérite d'attirer l'attention des arboriculteurs par sa jolie végétation, son arbre robuste et son fruit de bonne qualité.

DESCRIPTION.

Rameaux de moyenne force, souvent épaissis et surmontés d'un bouton à fruit à leur sommet, à peine flexueux, à entre-nœuds courts, d'un brun peu foncé; lenticelles blanchâtres, petites, assez nombreuses et peu apparentes.

Boutons à bois moyens, coniques, un peu épais et peu aigus, à direction écartée du rameau, soutenus sur des supports peu saillants dont l'arête médiane seule se prolonge et finement; écailles d'un marron rougeâtre foncé, brillant et largement maculé de gris argenté.

Pousses d'été d'un vert clair et colorées d'un jaune rougeâtre à leur sommet couvert d'un duvet gris, court et serré.

Feuilles des pousses d'été moyennes, presque elliptiques et élargies, se terminant en une pointe finement aiguë, bien repliées sur leur nervure médiane, souvent largement ondulées dans leur contour ou contournées, bordées de dents fines, peu profondes et aiguës, soutenues horizontalement sur des pétioles courts, très-forts et raides.

Stipules longues, lancéolées, dentées.

Feuilles stipulaires peu fréquentes.

Boutons à fruit moyens, conico-ovoïdes et aigus ; écailles d'un beau marron foncé et uniforme.

Fleurs assez grandes; pétales bien élargis, peu concaves, se recouvrant entre eux, blancs avant l'épanouissement; divisions du calice courtes, bien larges et brusquement aiguës; pédicelles assez courts, un peu grêles et duveteux.

Feuilles des productions fruitières bien élargies, presque rondes, se terminant brusquement en une pointe courte, aiguë et souvent contournée, concaves, ondulées dans leur contour, bordées de dents très-fines et très-peu profondes, pendantes sur des pétioles très-longs, grêles et flexibles.

Caractère saillant de l'arbre : teinte générale du feuillage d'un vert jaunâtre; feuilles des productions fruitières presque toutes remarquablement concaves et ondulées, et soutenues par des pétioles très-longs.

Fruit petit, parfois presque moyen, sphérico-conique et sensiblement plus large que haut, bien uni dans son contour, atteignant sa plus grande épaisseur à peu près au milieu de sa hauteur; au-dessus de ce point, s'atténuant promptement par une courbe largement convexe et parfois à peine concave en une pointe courte et obtuse; au-dessous du même point, s'arrondissant par une courbe bien convexe pour ensuite s'aplatir autour de la cavité de l'œil.

Peau un peu épaisse et ferme, d'abord d'un vert pâle et bien uniforme, semé de points gris vert, nombreux, bien régulièrement espacés et bien apparents. Quelquefois une tache d'une rouille très-fine et d'un brun jaunâtre s'étale en étoile sur le sommet du fruit. A la maturité, **fin d'août**, le vert fondamental passe au jaune blanchâtre, et le côté du soleil ordinairement ne se distingue que par un jaune plus clair ou un peu doré.

Œil grand, presque fermé, à divisions larges, molles et vertes, placé entre des plis, presque à fleur de la base du fruit ou dans une dépression très-peu sensible.

Queue assez longue, un peu forte, d'un brun jaunâtre, attachée à une protubérance charnue qui termine le fruit et qui souvent la repousse un peu obliquement.

Chair bien blanche, bien fine, serrée, suffisante en eau sucrée, relevée d'un acide fort agréable, constituant un fruit de bonne qualité.

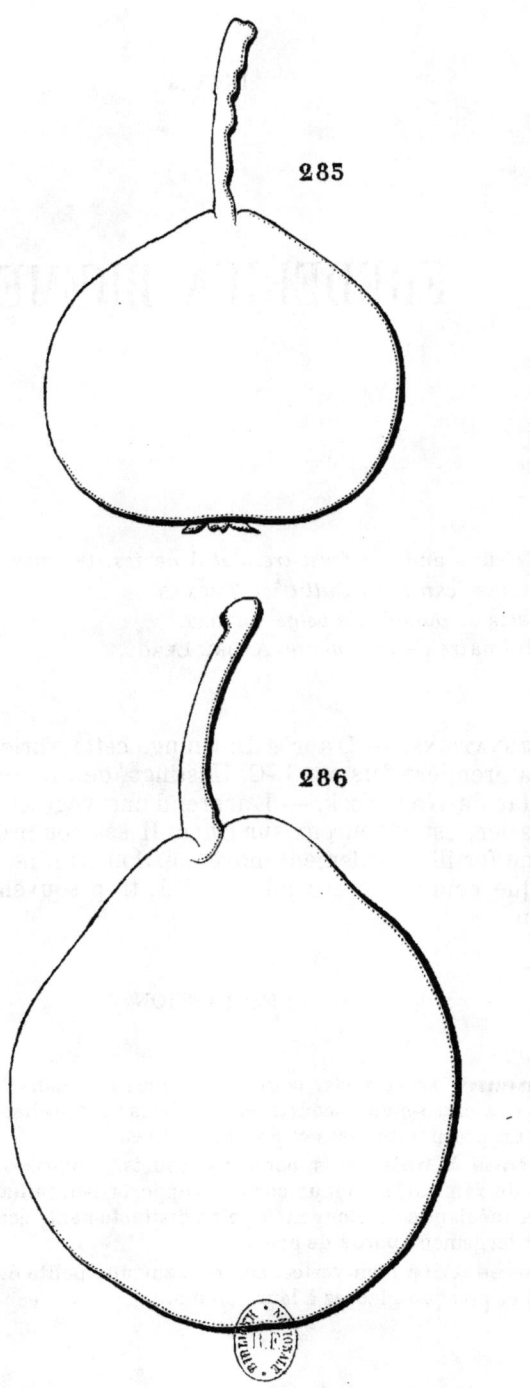

285, PETITE BERGAMOTTE JAUNE D'ÉTÉ.   286, FREDERIKA BREMER.

FREDERIKA BREMER

(N° 286)

The Fruits and the fruit-trees of America. Downing.
The American fruit Culturist. Thomas.
Annales de pomologie belge. Bivort.
Dictionnaire de pomologie. André Leroy.

Observations. — D'après Downing, cette variété fut propagée pour la première fois par J.-C. Hastings, de Clinton, comté d'Oneida, Etat de New-York. — L'arbre, d'une végétation contenue sur cognassier, est vigoureux sur franc. Il est peu précoce au rapport et d'une fertilité seulement moyenne. Son fruit ne peut être considéré que comme de seconde qualité; trop souvent il manque de parfum.

DESCRIPTION.

Rameaux assez forts, courts, presque unis dans leur contour, peu flexueux, à entre-nœuds courts et verdâtres; lenticelles grisâtres, un peu larges, un peu nombreuses et peu apparentes.

Boutons à bois petits, coniques, courts, émoussés, à direction bien écartée du rameau, soutenus sur des supports peu saillants dont les côtés et l'arête médiane se prolongent à peine distinctement; écailles d'un marron foncé et largement bordé de gris argenté.

Pousses d'été bien vertes, colorées sur une petite étendue d'un rouge bien vif et presque glabres à leur sommet.

Feuilles des pousses d'été grandes, ovales-élargies, s'atténuant un peu promptement en une pointe large et cependant bien aiguë, planes ou un peu concaves, bordées de dents fines, un peu profondes et un peu aiguës, assez bien soutenues sur des pétioles de moyenne longueur, de moyenne force et redressés.

Stipules longues, linéaires-étroites, un peu dentées et bien persistantes.

Feuilles stipulaires se présentant assez souvent.

Boutons à fruit petits, sphérico-ovoïdes, bien obtus; écailles d'un marron foncé et uniforme.

Fleurs petites; pétales ovales-elliptiques, un peu allongés, bien atténués à leurs deux extrémités, écartés entre eux, colorés de rose avant l'épanouissement; divisions du calice courtes et un peu recourbées en dessous; pédicelles assez courts, grêles et duveteux.

Feuilles des productions fruitières plus petites que celles des pousses d'été, tantôt régulièrement elliptiques, tantôt ovales-elliptiques, se terminant plus ou moins brusquement en une pointe très-courte et bien fine, planes ou à peine concaves, bien régulièrement bordées de dents fines et aiguës, soutenues horizontalement sur des pétioles courts, grêles et raides.

Caractère saillant de l'arbre : feuilles des productions fruitières sensiblement plus petites que celles des pousses d'été et bien régulièrement dentées; toutes les feuilles presque planes.

Fruit moyen, tantôt turbiné-piriforme et court, tantôt turbiné-sphérique et ordinairement tourmenté dans son contour, atteignant sa plus grande épaisseur, tantôt plus, tantôt moins au-dessous du milieu de sa hauteur; au-dessus de ce point, s'atténuant plus ou moins promptement par une courbe convexe en une pointe épaisse et largement obtuse; au-dessous du même point, s'arrondissant par une courbe bien convexe jusque dans la cavité de l'œil.

Peau épaisse, ferme, d'abord d'un vert clair et tendre semé de points d'un gris vert, largement espacés et apparents quoique petits. On ne remarque ordinairement que quelques traits d'une rouille très-légère dans la cavité de l'œil. A la maturité, **septembre**, le vert fondamental s'éclaircit en jaune et le côté du soleil est doré ou, sur les fruits bien exposés, lavé d'un soupçon de rouge.

Œil petit, fermé, à divisions souvent caduques, enfoncé dans une cavité en forme de large entonnoir profond et bien évasé, assez souvent un peu irrégulier par ses bords sur lesquels le fruit se tient cependant solidement assis.

Queue un peu longue, forte, d'un brun clair, souvent courbée, épaissie à son point d'attache dans un pli ou petite cavité irrégulière dont les bords plus relevés d'un côté la repousse un peu obliquement.

Chair bien blanche, demi-fine, tendre, beurrée, peu abondante en eau sucrée, vineuse mais sans parfum appréciable.

BERGAMOTTE ROUGE DE MAYER

(MAYERS ROTHE BERGAMOTTE)

(N° 287)

Illustrirtes Handbuch der Obstkunde. Jahn.
ROTHE BERGAMOTTE. *Pomona franconica.* Mayer.

Observations. — Cette variété, que j'ai reçue de M. Jahn, de Meiningen, a de grands rapports de ressemblance avec la Bergamotte rouge de Duhamel et pourrait bien être la même, mais elle ne doit pas être confondue avec les Bergamottes rouges des différents auteurs qui ont pour ainsi dire chacun donné le même nom à des variétés différentes. Nous pourrions citer entre eux M. Decaisne qui a voulu qualifier ainsi la Bergamotte Gansel des Anglais, le plus souvent appelée en France, Bergamotte d'Angleterre. — L'arbre, sur cognassier, est d'une végétation bien régulière, bien disposé naturellement à la forme pyramidale. Sa haute tige sur franc est d'une fertilité précoce et n'atteint qu'une dimension moyenne. Son fruit de jolie apparence, peu agréable cru, est surtout propre aux usages du ménage.

DESCRIPTION.

Rameaux de moyenne force, un peu anguleux dans leur contour, un peu flexueux, à entre-nœuds très-inégaux entre eux, d'un rouge vineux intense ; lenticelles blanches, petites, assez peu nombreuses et peu apparentes.

Boutons à bois moyens, coniques, un peu courts et peu aigus, à direction peu écartée du rameau, soutenus sur des supports peu saillants dont les côtés et l'arête médiane se prolongent très-finement ; écailles d'un marron rougeâtre foncé, très-largement bordé de gris blanchâtre.

Pousses d'été d'un vert d'eau peu foncé, à peine lavées de rouge à leur sommet et longtemps couvertes sur une grande partie de leur longueur d'un duvet très-court, ressemblant à une sorte de poussière.

Feuilles des pousses d'été petites, ovales-elliptiques, se terminant très-brusquement en une pointe un peu longue et très-finement aïguë, bien creusées en gouttière et à peine arquées, bien ondulées dans leur contour et entières par leurs bords, un peu duveteuses, irrégulièrement soutenues sur des pétioles de moyenne longueur, très-grêles et plus ou moins redressés.

Stipules en alènes très-courtes et très-fines, facilement caduques.

Feuilles stipulaires manquant toujours.

Boutons à fruit moyens, conico-ovoïdes, aigus; écailles d'un beau marron bien foncé.

Fleurs moyennes; pétales ovales-arrondis, concaves, à onglet court, se recouvrant un peu entre eux; divisions du calice longues, étroites et bien recourbées en dessous, presque annulaires; pédicelles de moyenne longueur, de moyenne force et cotonneux.

Feuilles des productions fruitières entièrement semblables à celles des pousses d'été, bien soutenues sur des pétioles assez courts, très-grêles, bien raides et redressés.

Caractère saillant de l'arbre : teinte générale du feuillage d'un vert d'eau voilé par un duvet fin et d'un gris blanchâtre; toutes les feuilles petites, bien creusées en gouttière, ondulées dans leur contour et très-finement acuminées; branches érigées.

Fruit moyen, tantôt piriforme-ovoïde, tantôt turbiné-ovoïde, ordinairement uni dans son contour, atteignant sa plus grande épaisseur tantôt plus, tantôt moins au-dessous du milieu de sa hauteur; au-dessus de ce point, s'atténuant promptement par une courbe tantôt convexe, tantôt d'abord convexe puis un peu concave en une pointe plus ou moins courte et toujours aiguë; au-dessous du même point, s'atténuant brusquement par une courbe peu convexe pour diminuer ensuite sensiblement d'épaisseur autour de la cavité de l'œil.

Peau épaisse, d'abord d'un vert gai semé de très-petits points d'un gris noirâtre, nombreux et très-peu apparents. On remarque quelques traces d'une rouille fauve, soit sur le sommet du fruit, soit dans la cavité de l'œil. A la maturité, **fin d'août et commencement de septembre**, le vert fondamental passe au jaune terne souvent encore un peu verdâtre et le côté du soleil, sur une très-large étendue, est coloré d'un rouge sanguin intense, brillant, semé de points grisâtres, très-petits, à peine visibles et cernés d'un rouge plus foncé.

Œil petit, ouvert ou demi-ouvert, à divisions fines et étroites, placé dans une dépression très-peu creusée et presque à fleur de la base du fruit.

Queue un peu longue, un peu forte, un peu épaissie à son point d'attache au rameau, d'un joli brun uniforme, le plus souvent courbée et insérée dans un pli formé par le sommet du fruit.

Chair blanchâtre, grossière, demi-cassante, laissant du marc dans la bouche, peu abondante en eau douce, sucrée et peu parfumée.

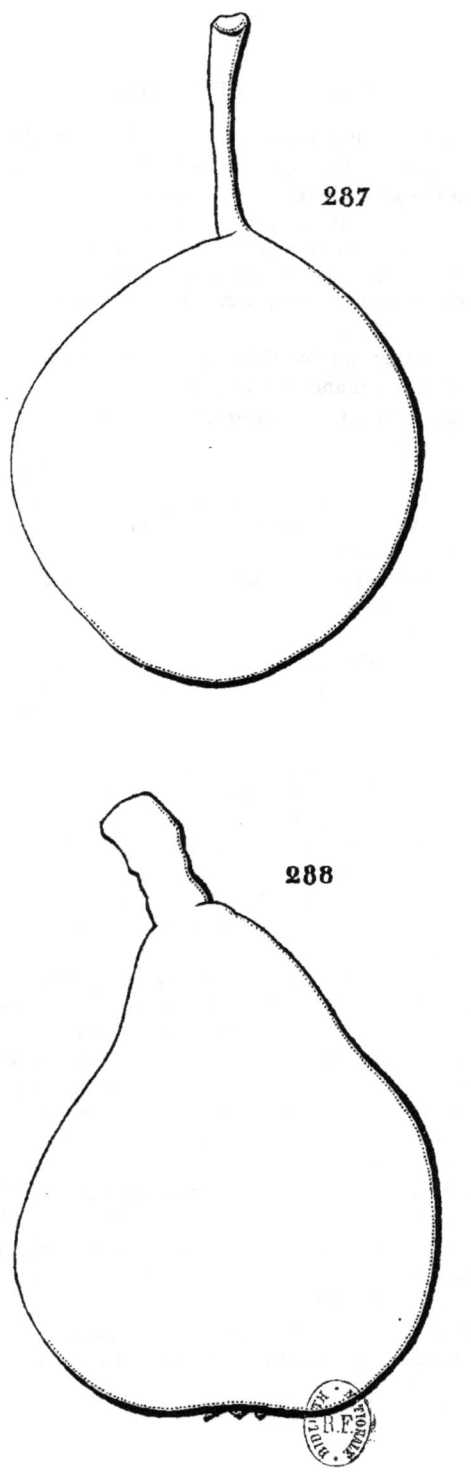

287. BERGAMOTTE JAUNE DE MAYER. 288. GROSSE QUEUE.

GROSSE QUEUE

(N° 288)

Jardin fruitier du Muséum. Decaisne.
Dictionnaire de pomologie. André Leroy.

Observations. — M. André Leroy attribue une origine ancienne à cette variété et a cru, d'après M. Decaisne, devoir l'assimiler à la Poire de Louvain que M. Bivort décrit dans son *Album de pomologie* et que nous avons aussi déjà reproduite dans le *Verger*. Je crois pouvoir contredire sûrement cette synonymie. Je tiens la Poire de Louvain de M. Bivort et la Grosse Queue de M. Decaisne, et je puis affirmer que ces deux variétés sont bien différentes. La Poire de Louvain est assez bonne pour pouvoir en recommander la culture, tandis que la Grosse Queue, malgré son mérite de prodigieuse fertilité qui lui est commun avec sa prétendue synonyme, est à rejeter entièrement.

DESCRIPTION.

Rameaux forts, anguleux dans leur contour, un peu flexueux, à entrenœuds longs, de couleur verdâtre; lenticelles jaunâtres, larges, très-nombreuses et apparentes.

Boutons à bois moyens, coniques, un peu comprimés et élargis à leur base, aigus à leur sommet, soutenus sur des supports bien saillants dont les côtés et l'arête médiane se prolongent distinctement; écailles d'un marron clair.

Pousses d'été bien allongées, d'un vert clair et gai, non colorées de rouge et couvertes d'un duvet blanc et soyeux à leur sommet.

Feuilles des pousses d'été moyennes, ovales un peu allongées, se terminant presque régulièrement en une pointe longue et très-finement aiguë, peu repliées sur leur nervure médiane, bordées de dents souvent inégales entre elles, peu profondes et peu aiguës, soutenues horizontalement sur des pétioles de moyenne longueur, de moyenne force et peu redressés.

Stipules en alènes peu longues et très-caduques.

Feuilles stipulaires se présentent quelquefois.

Boutons à fruit moyens, exactement ovoïdes et aigus; écailles d'un marron clair.

Fleurs moyennes; pétales obovales, à peine concaves, à onglet très-long, bien écartés entre eux; divisions du calice de moyenne longueur, très-finement aiguës et bien recourbées en dessous; pédicelles courts, assez forts et à peine duveteux.

Feuilles des productions fruitières ovales ou obovales-elliptiques, se terminant brusquement en une pointe un peu longue et très-finement aiguë, planes, bordées de dents très-peu profondes, couchées et un peu aiguës, soutenues à peu près horizontalement sur des pétioles longs, grêles et divergents.

Caractère saillant de l'arbre : teinte générale du feuillage d'un vert décidé et brillant; toutes les feuilles des productions fruitières bien planes et presque horizontales.

Fruit moyen, piriforme-ovoïde, court et épais, très-ventru et ordinairement régulier dans son contour, atteignant sa plus grande épaisseur presque au milieu ou très-peu au-dessous du milieu de sa hauteur; au-dessus de ce point, s'atténuant par une courbe d'abord brusquement convexe puis largement concave en une pointe peu longue, peu épaisse et obtuse à son sommet; au-dessous du même point, s'atténuant moins brusquement par une courbe peu convexe pour diminuer assez sensiblement d'épaisseur vers la cavité de l'œil, autour de laquelle il s'aplatit un peu de manière à se tenir solidement debout.

Peau un peu épaisse et ferme, d'abord d'un vert très-clair semé de points d'un gris brun, très-largement et irrégulièrement espacés. Une tache d'une rouille fauve et très-fine s'étale ordinairement dans la cavité de l'œil. A la maturité, **fin de septembre**, le vert fondamental passe au jaune citron clair, doré ou légèrement flammé de rouge du côté du soleil.

Œil moyen ou grand, ouvert, à divisions courtes, placé dans une cavité peu profonde, bien évasée, plissée dans ses parois et divisée par ses bords en des côtes très-obscures et très-largement aplanies.

Queue courte, très-forte, un peu élastique, attachée tantôt perpendiculairement, tantôt obliquement dans un pli charnu formé par la pointe du fruit.

Chair d'un blanc très-légèrement teinté de jaune, peu fine, tendre sans être fondante, peu abondante en eau sucrée, acidulée, sans parfum appréciable.

TABLE ALPHABÉTIQUE

DU

TOME IV. — POIRES.

(Les numéros d'ordre des descriptions et des planches sont indiqués à la suite de chaque fruit. Les synonymes sont en caractères italiques.)

	Numéros d'ordre
Aarer Pfundbirne, Poire Livre de l'Aar	206
Adolphe Fouquet	226
Amiral Cécile	261
Andenken an Bouvier, Souvenir de Simon Bouvier	197
Aqueuse de Meiningen	231
Baguet	200
Belle de Stresa	213
Belle-et-Bonne de la Pierre	233
Bergamotte Bufo, Bergamotte Crapaud	269
Bergamotte Crapaud	269
— de Darmstadt	205
— de Donauer	252
— rouge de Mayer	287
— Sanguine	225
Besi de Héric, Besi d'Hery	255
— d'Hery	255
Beurré Audusson d'hiver, Beurré Defays	284
— *Baguet,* Baguet	200
— Baud	193
— *Cullem,* Cullem	275
— Defays	284
— de Février	276
— de Lederbogen	218
— de Mortefontaine	263
— Durand	239
— Hudellet	240

	Numéros d'ordre
Beurré Langelier	232
— *Lefèvre,* Beurré de Mortefontaine	263
— Liebart	246
— *Mary,* Fondante-Mary	208
— Mauxion	221
— Rouppe	236
— Saint-Louis	277
— Samoyeau	257
— Sucré	247
Bezi d'Hery, Besi d'Hery	255
Blut Bergamotte, Bergamotte Sanguine	225
Bourgemester, Bouvier Bourgmestre	194
Bouvier Bourgmestre	194
Brüsseler Zuckerbirne, Sucrée de Bruxelles	230
Bürgermeister Bouvier, Bouvier Bourgmestre	194
Buttners Sachsische Ritterbirne, Poire de Chevalier de Buttner	265
Calebasse Leroy	280
Chamoisine, Beurré Liebart	246
Charles Smet	274
Citron de Saint-Paul	207
Citron des Carmes à longue queue	281
Colmar de Mars	262

TABLE ALPHABÉTIQUE

	Numéros d'ordre
Conseiller Ranwez	244
Cuisse-Madame	251
Cullem	275
Curé d'Oleghem	278
Dallas	242
Darmstadter Bergamotte, Bergamotte de Darmstadt	205
De Deux-fois-l'An	245
De la Vezouzière, Vezouzière	248
Des Trois Frères	219
Die Mary, Fondante-Mary	208
Doat	202
Docteur Koch	196
Donauers Bergamotte, Bergamotte de Donauer	252
Double blossomed, Double-fleur	254
Double-fleur	254
Doyenné de la Grifferaye	198
Doyenné de Lorraine	201
Dumon-Dumortier	250
Egérie	216
Epargne d'hiver, Tarquin	272
Epine-royale de Courtray	256
European honey, De Deux-fois-l'An	245
Februar Butterbirne, Beurré de Février	276
Fille du Melon de Knops, Belle-et-Bonne de la Pierre	233
Fondante-de-Septembre	259
Fondante d'Ingendaël	258
Fondante-Mary	208
Frauenschenkel, Cuisse-Madame	251
Frederika Bremer	286
Gelbe Laurentiusbirne, St-Laurent jaune	212
Général Delage	270
Gerdessen	223

	Numéros d'ordre
Gerdessens Weigsdorfer Butterbirne, Gerdessen	223
Gloward	220
Grosse-Queue	288
Hanners	228
Heyers Zuckerbirne, Sucrée d'Heyer	235
Honey, De Deux-fois-l'An	245
Jungfernbirne Mecklembürger, Virginale du Mecklembourg	214
Kleine gelbe Sommerbergamotte, Petite Bergamotte jaune d'été	285
Kleine lange Sommer Muscateller, Petit Muscat long d'été	268
Kleine Petersbirne, Petite poire de Pierre	243
Kröten Bergamotte, Bergamotte Crapaud	269
Kuhfuss, Pied-de-Vache	210
Lafayette	199
La Marie, Fondante-Mary	208
Lange Gratiole, Poire Livre de l'Aar	206
Lange grüne Herbstbirne, Verte-longue	253
Lederbogens Butterbirne, Beurré de Lederbogen	218
Leroys Flaschenbirne, Calebasse Leroy	280
Licurgue	283
Licurgus, Licurgue	283
Liebart, Beurré Liebart	246
Liebarts Butterbirne, Beurré Liebart	246
Longue-Sucrée	217
Lothringer Dechantsbirne, Doyenné de Lorraine	201

TABLE ALPHABÉTIQUE

	Numéros d'ordre
Ludwigs Butterbirne, Beurré Saint-Louis	277
Mac Laughlin	271
Madame Duparc	267
Madame Favre	234
Maria de Nantes	241
Marie-Louise Nova	204
Mary, Fondante-Mary	208
Mayers rothe Bergamotte, Bergamotte rouge de Mayer	287
Meininger Wasserbirne, Aqueuse de Meiningen	231
Monchallard	222
Monsallard, Monchallard	222
Mouille-Bouche	253
Napoléon Savinien	273
Neue Marie-Louise, Marie-Louise Nova	204
Petite Bergamotte jaune d'été	285
Petite Comtesse Palatine	195
Petite poire de Pierre	243
Petit Muscat long d'été	268
Pfalzgrafine Kleine, Petite Comtesse Palatine	195
Pied-de-Vache	210
Poire de Chevalier de Buttner	265
Poire Livre de l'Aar	206
Poire de Pepin	209
Président Parigot	224
Rapalje, *Rapelje*, Rapelge	203
Rapelge	203
Roi-Guillaume	238
Rosabirne	260
Rosanne	227
Rothe Bergamotte, Bergamotte rouge de Mayer	287
Rouppes Butterbirne, Beurré Rouppe	236
Rousselet satin, Sucrée de Bruxelles	230
Rousselet Thaon	229
Saint-André	249
Saint-Germain nouveau, St-Germain Van Mons	264
Saint-Germain Van Mons	264
Saint-Laurent jaune	212
Selleck	266
Semis Léon Leclerc	279
Simon Bouvier	215
Simon Bouvier, Souvenir de Simon Bouvier	197
Soldat-Bouvier	211
Souvenir de Simon Bouvier	197
Sucrée de Bruxelles	230
Sucrée d'Heyer	235
Sucrée Van Mons, Sucrée de Bruxelles	230
Tarquin	272
Tarquinsbirne, Tarquin	272
Thérèse Kumps	282
Van Mons Saint-Germain, Saint-Germain Van Mons	264
Vermillon-d'en-haut	237
Verte-dans-pomme, Sucrée de Bruxelles	230
Verte-longue	253
Verte-longue d'automne, Verte-longue	253
Vezouzière	248
Virginale du Mecklembourg	214
Wildling von Hery, Besi d'Hery	255
Zuckerbirne lange, Longue sucrée	217
Zweimal blühende und Zweimal tragende, De Deux-fois-l'An	245

EN VENTE A LA LIBRAIRIE G. MASSON
120, BOULEVARD St-GERMAIN, A PARIS

OUVRAGES DU MÊME AUTEUR :

POMOLOGIE GÉNÉRALE

Suite du VERGER
Par Alphonse MAS

Paraissant dans le même format que le VERGER, avec planches noires.

En vente : Tome I. Poires, 96 fruits.................. 12 francs.
    Tome II. Prunes, 96 fruits................. 12 francs.
En souscription à 8 francs le volume :
  Tomes III, IV, V et VI, Poires.................. 384 fruits.
  Tomes VII et VIII. Pommes..................... 192 fruits.
  Tome IX. Prunes et Cerises..................... 96 fruits.

LE VERGER
HISTOIRE, CULTURE & DESCRIPTION
AVEC PLANCHES COLORIÉES
Des variétés de Fruits les plus généralement connues
Par A. MAS
8 volumes grand in-8° jésus

Volume I. *Poires d'hiver* .... 88 fruits.
    II. *Poires d'été* .... 120 —
    III. *Poires d'automne*..................... 176 —
 IV et V. *Pommes tardives* et *Pommes précoces*.... 120 —
    VI. *Prunes* .... 80 —
    VII. *Pêches*................................ 120 —
    VIII. *Cerises et Abricots*................... 88 —

Prix des 8 volumes cartonnés : 200 francs.

LE VIGNOBLE
HISTOIRE, CULTURE & DESCRIPTION
AVEC PLANCHES COLORIÉES
DES VIGNES A RAISINS DE TABLE ET A RAISINS DE CUVE
LES PLUS GÉNÉRALEMENT CONNUES
Par MM. MAS & PULLIAT

CINQUIÈME ANNÉE

Le **Vignoble** publie douze livraisons par année, grand in-8° jésus. Chaque livraison contient quatre aquarelles de Raisins dessinés d'après nature, avec texte descriptif. La durée de la publication sera de six ans, à partir du 1er janvier 1874.

L'abonnement part du 1er janvier et les livraisons paraissent le 15 du mois

Paris et les Départements, UN AN : 30 FRANCS

Les pays de l'Union postale, 32 francs. — Les autres pays, le port en sus.

www.ingramcontent.com/pod-product-compliance
Lightning Source LLC
Chambersburg PA
CBHW071417150426
43191CB00008B/951